手把手教你

快速看懂
电子电路图

付少波　编著

SHOUBASHOU JIAONI
KUAISU KANDONG
DIANZI DIANLUTU

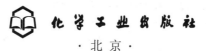

化学工业出版社

·北京·

内容简介

本书紧扣"怎样快速看懂电子电路图"的主题,从识读常用电子元器件及其单元电路入手,分门别类地介绍了电子电路图的识读方法,主要包括晶体三极管放大电路、集成运算放大器应用电路、选频电路与振荡电路、直流稳压电源电路、功率放大器、电力电子电路、门电路与组合逻辑电路、触发器与时序逻辑电路、脉冲波形的产生与整形电路等电路识读实例,内容丰富、图文并茂、通俗易懂,具有很强的实用性,可以帮助读者快速入门并提高电子电路的识读能力。

本书适合作为广大电子技术初学者、无线电爱好者和家电维修人员的速成教材,也可作为职业技术类院校岗位培训的辅导用书。

图书在版编目(CIP)数据

手把手教你快速看懂电子电路图 / 付少波编著.
北京 : 化学工业出版社,2024. 10. -- ISBN 978-7-122-
46248-0

Ⅰ. TN710

中国国家版本馆CIP数据核字第2024JL2707号

| 责任编辑:廉 静 | 文字编辑:毛亚园 |
| 责任校对:宋 玮 | 装帧设计:王晓宇 |

出版发行:化学工业出版社
　　　　　　(北京市东城区青年湖南街13号　邮政编码100011)
印　　装:河北延风印务有限公司
787mm×1092mm　1/16　印张16½　字数389千字
2024年12月北京第1版第1次印刷

购书咨询:010-64518888　　售后服务:010-64518899
网　　址:http://www.cip.com.cn
凡购买本书,如有缺损质量问题,本社销售中心负责调换。

定　　价:69.80元
版权所有　违者必究

前言
PREFACE

随着电子信息技术的飞速发展，现代电子产品的应用已经深入人们日常生活的方方面面。虽然这些电子产品的功能不尽相同，但其所选用的电子元器件、基本单元电路的结构、基本作用和工作原理基本相同。

因此，越来越多的技术人员开始从事电子电路开发设计、电子产品维修等工作，而电子技术是一项技术性很强的工作，要求技术人员具有扎实的理论知识和丰富的实践经验。为帮助广大读者和电子技术初学者系统掌握电子电路图的识读本领，使他们尽快了解并掌握各种元器件的性能特点和基本作用，各种功能电路的电路结构、工作原理和分析方法，更快地掌握看图、识图、分析电路的方法技巧，编者结合自身长期从事电子技术教学工作的实践和经验，编写了本书。

本书在内容上力求精简实用，图文并茂，通俗易懂；在内容编排上力求由浅入深，循序渐进，符合知识认知规律。本书从电子元器件识别入手，采用图片与文字相结合的方式，注重实用性和可操作性，有助于读者系统掌握识读电子电路图的方法。本书既可作为广大电子技术初学者、无线电爱好者和家电维修人员的速成教材，也可作为职业技术类院校岗位培训的辅导用书。

本书是在2015年7月出版的《教你快速看懂电子电路图》一书的基础上做改版，原书重印15次，印刷数万册，受到了广大读者的普遍欢迎。这次改版，针对广大读者重点关注的内容进行了充实提高，重点增加了数字逻辑部件的识别及数字集成电路的识读分析方法。另外，在章节编排上也作了相应调整，更加符合广大读者的需要。

由于编者水平有限，书中难免有疏漏之处，敬请广大读者朋友批评指正。

编著者
2024年4月

目录
CONTENTS

7

第 7 章　功率放大器

8

第 8 章　电力电子电路

9

第 9 章　门电路与组合逻辑电路

10

第 10 章　触发器与时序逻辑电路

11

第 11 章　脉冲波形的产生与整形电路

参考文献

第 1 章

电子电路图
基础知识

电子电路图用来表示电子产品的组成和各元器件之间的连接关系，帮助我们了解电子电路结构、工作原理、电路性能以及装配方式等信息，是电子产品的"档案"。因此，正确快速地识别电子电路图是分析和设计电子产品的必备基础。

对初学者来说，复杂的电子电路图上布满了密密麻麻的图形符号，根本不知从何下手识图。其实，电子电路的构成具有很强的规律性，任何一张错综复杂、表现形式不同的电子电路图都是由一些最基本的电子电路按一定规律组合而成的。构成复杂电子电路图的最基本电路称为单元电路，只要掌握了基本单元电路，任何复杂的电路都可以看成是基本单元电路的集合。

1.1 电子电路图的功能与分类

电子电路图的种类繁多，常用的电子电路图主要有方框图、电路原理图、印制电路板图、元器件分布图等类型。

1.1.1 方框图

方框图是将一个完整的电路（或整机电路）划分成若干部分，各个部分用方框表示，每一个方框用文字或符号说明。各方框之间用线条连接起来，表明各部分的相互连接关系。图1-1所示为收音机整机电路的方框图。因此，方框图可简明扼要地描述电子电路的主要组成单元，包括名称及各单元电路之间的关系，还表达了信号传输的方向，而不需要画出具体元器件及其具体连接情况。

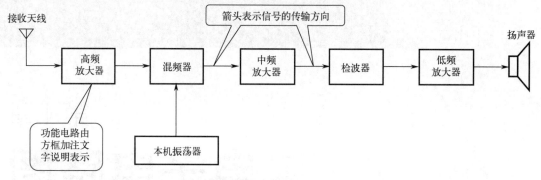

图1-1 收音机整机电路方框图

1.1.2 电路原理图

本书中提到的电子电路图均指电路原理图。电路原理图是最常见的一种电子电路图，也是我们常说的"电路图"，它由代表不同电子元器件的电路符号构成。图1-2所示为小型收音机的电路原理图。

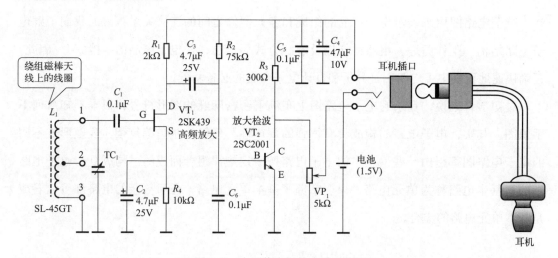

图1-2 小型收音机的电路原理图

电路原理图主要由图形符号、文字符号、注释性字符、连线等构成。

（1）图形符号

图形符号表示某种电子元器件，是构成电路原理图的主体。图1-2所示电路中，用"—□—"表示电阻器，用"—||—"表示电容器等。

（2）文字符号

通常在图形符号旁还要标注元器件的文字符号。图1-2所示电路中，文字符号"R"表示电阻器、"C"表示电容器、"VT"表示晶体管等。在一张电路图中，对于多个相同的元器件，通过用文字符号后加序号的方式来区分，如多个电阻器分别用R_1、R_2、R_3等表示。

（3）注释性字符

注释性字符用来说明元器件的具体型号或数值大小，通常标注在图形符号和文字符号的旁边。图1-2所示电路中，通过注释性字符可以知道电阻器 R_1 的电阻值为 2kΩ，电容器 C_1 的电容值为 0.1μF，晶体管 VT_1 的型号为 2SK439。

注释性字符还可以用来对图形符号进行文字性说明，图1-2所示电路中，注释性字符"绕组磁棒天线上的线圈"对线圈 L_1 做了进一步说明。

（4）连线

电路原理图中，用连线表示各元器件间的电气连接关系。

1.1.3 印制电路板图

在电路原理图完成后，还必须设计印制电路板（printed circuit board，PCB），由制板厂家依据用户设计的印制电路板图制作出印制电路板，如图1-3所示为某一电源电路的印制电路板图。

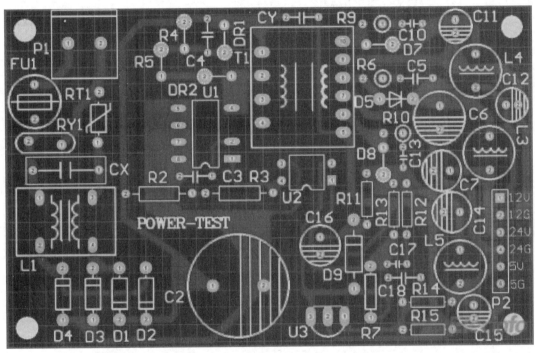

图1-3 某一电源电路的印制电路板图

印制电路板通常是在绝缘基材上，按照预定的设计，制成印制线路、印制元件或两者结合而成的导电图形的成品板。根据导电层数目的不同，印制电路板分为单面电路板、双面电路板和多层电路板。

1.1.4 元器件分布图

元器件分布图是一种直观表示实物电路中元器件实际分布情况的图纸。在元器件分布图中，元器件的位置和标识都与实物图对应，可以很方便地找到主要元器件和集成电路。图1-4所示电路为某品牌手机的实物电路板和元器件分布图，在图1-4（a）所示的实物电路板中可以很容易地找到对应的集成电路，如图1-4（b）所示。

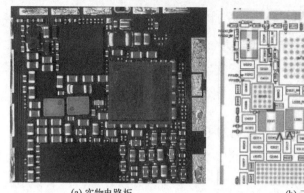
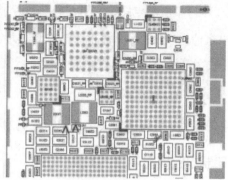

(a) 实物电路板   (b) 元器件分布图

图1-4　实物电路板与元器件分布图

1.2　电子电路图的一般识读步骤

本节主要介绍电子电路图（简称电路图）的识读方法。电子电路图的识读可按照如下四个步骤进行。

（1）了解电子产品功能

弄清楚电子产品的整体功能和主要技术指标，便可对电路图有一个整体的认识。可根据电路图的名称初步了解电子产品的整体功能，如收音机是接收电台信号，处理后将信号还原并输出声音的信息处理设备；直流稳压电源是经降压、整流、滤波和稳压，将交流电压信号转换成所需直流电压信号的电子设备。

（2）确定电路的总输入端和输出端

电路图一般是按照信号处理的流程进行绘制的，通常信号输入端位于整张电路图的左侧，信号处理作为主要部分位于中间，信号输出端则位于最右侧。对于比较复杂的电路，输入与输出的位置也不固定。找出电路的总输入端和输出端，有助于判断出电路的信号传输方向和处理流程。

（3）将复杂电路分解为若干单元电路

对于信号处理部分，一般是将整机电路图"化整为零"，分解为若干个单元电路。分解方法是通常以晶体管、集成电路等主要元器件为标志，根据信号的传输方向将电路图分解为若干个单元电路，并据此画出电路方框图，从而有助于理清各单元电路间的关系。对于图1-5所示的收音机电路，可划分为高频放大电路、本机振荡电路、混频和中放电路、中频放大电路、中放和检波电路共五个单元电路。

单元电路是构成复杂电路的基础。因此，应熟悉常用的单元电路，如整流电路、放大电路、振荡电路、开关电路、直流电源电路等。这些电路就像建房子用的砖瓦一样，再复杂的电路也都是由这些单元电路组合而成的。例如，超外差收音机就离不开放大电路和振荡电路，报警器总少不了开关电路。

（4）综合整机电路功能

综合各单元电路的功能，根据各单元电路间的相互连接关系"聚零为整"，分析出整机电路的功能，从而完成整机电路图的识读。

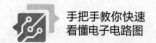

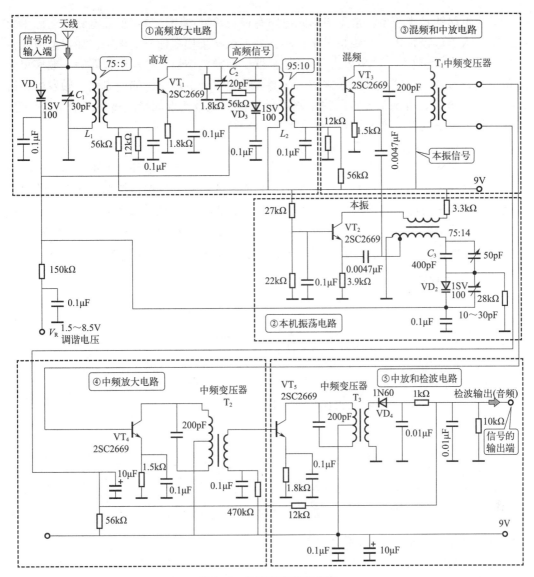

图1-5　收音机电路的分解

1.3　常用电子电路图的识读方法

本节主要介绍单元电路图、等效电路图和集成电路图等常用电路图的识读方法。

1.3.1　单元电路图的识读

（1）了解单元电路图的作用与功能

单元电路是能够完整表达某一电路结构和功能的最小电路单元，如某一级放大电路、某一级运算电路、整流电路、某一集成芯片的应用电路等。单元电路图是识读整机电路的必备基础，对深入理解电路的工作原理很有帮助。

单元电路的种类较多，常见的单元电路有模拟单元电路、数字单元电路、电源单元电路等几大类。模拟单元电路是用来传输、处理或产生模拟信号的电路，如模拟放大器（电压放大、电流放大、功率放大等）、振荡器、有源滤波器、电压比较器等。数字单元电路是用来传输、处理或产生数字信号（高、低电平）的电路，如门电路、触发器、寄存器、计数器等。电源单元电路为电路提供工作电源或实现能量的转换，如整流电路、滤波电路、稳压电路、逆变电路、直流变换电路等。

（2）确定单元电路与整机电路的连接端子

单元电路图主要是为了分析某单元电路的工作原理而单独从整机电路中画出的部分电路，因此在图中省去了与其无关的其他元器件及其连接，仅保留电源、输入和输出连接端子，这样单元电路图比较简洁，便于识读。如图1-6所示的单级放大电路就是从整机电路中划分出来的单元电路，在该单元电路与整机电路的连接处，根据信号的传输方向，分别用输入端 u_i 和输出端 u_o 表示，共用直流电源用 $+V$ 表示。在整机电路中，连接端子 u_i、u_o 和 $+V$ 一般不标注。

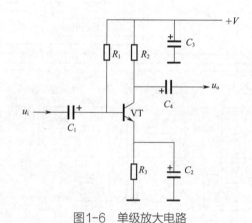

图1-6　单级放大电路

（3）分析单元电路的工作原理

单元电路的种类繁多，其工作原理的分析方法有所不同，但通常都是在确定电源、输入和输出端子的条件下，按照信号传输的方向，以晶体管、集成电路等元器件为核心展开分析。其中，搞清楚电路中各元器件的作用是分析电路工作原理的关键。

分析元器件在电路中的作用，可从直流电路和交流电路两个方面去分析。例如图1-6所示的单元电路中，发射极电阻 R_3 为直流负反馈电阻，由于并联了旁路电容 C_2，R_3 对于交流通路相当于短路接地，不起作用；耦合电容 C_1 和 C_4 起隔直通交的作用；电容 C_3 对直流电源 $+V$ 起抑制高频干扰的作用。

1.3.2　等效电路图的识读

等效电路图是一种为方便理解电路的工作原理而在某条件下的简化电路图，它与原电路在电路形式上有所不同，但在满足某条件时电路的作用相同。等效电路图在整机电路图中不会出现，只是在识读电路图的过程中，为有助于理解电路原理才画出的。常用的等效电路图有如下三种。

手把手教你快速
看懂电子电路图

（1）元器件等效电路图

对于一些功能较复杂的元器件，为了方便理解其工作原理，可抓住其主要特性抽象出其等效电路图，来代替电路中的该元器件。

例如图1-7（a）所示的双端陶瓷滤波器，在电路中的主要作用相当于一个 LC 串联谐振电路，因此可以用图1-7（b）所示的线圈 L_1 和电容 C_1 的串联电路来等效。而我们对 LC 串联谐振电路的特性比较熟悉，这将有助于理解双端陶瓷滤波器的工作原理。

再如，图1-6中的单级放大电路中的晶体管VT，其在交流小信号条件下的等效电路也称为晶体管的小信号模型，如图1-8所示。

（2）直流等效电路图

对于直流电源和交流电源（或交流信号源）同时作用的电路，其工作原理分析相对较复杂，可对电路仅在直流电源或交流电源（或交流信号源）单独作用时分别进行分析。电路仅在直流电源作用下的等效电路称为直流等效电路。画直流等效电路图时，要将原电路中的电容看作开路，将线圈看作短路。

图1-6所示的单级放大电路是在直流电源 $+V$ 和交流信号源 u_i 的共同作用下工作的。将电容 $C_1 \sim C_4$ 看作开路后，可画出其仅在直流电源 $+V$ 作用下的直流等效电路，如图1-9所示。该电路用于计算此放大电路的静态工作点。

（3）交流等效电路图

电路仅在交流电源（或交流信号源）作用下的等效电路称为交流等效电路。画交流等效电路图时，要将原电路中的电容看作短路，将线圈看作开路，将直流电源看作短路接地。

图1-6所示的单级放大电路，画其交流等效电路时，要将直流电源 $+V$ 短路接地，即电路仅在交流信号源 u_i 作用下工作，将电容 $C_1 \sim C_4$ 看作短路，晶体管VT用其小信号等效模型代替即可，如图1-10所示。该电路用于计算放大电路的动态参数，如电压放大倍数、输入电阻、输出电阻等。

1.3.3　集成电路图的识读

随着微电子技术的发展，集成电路广泛应用在电子电路中，使电子产品向多功能、微型化、低功耗等方向发展。

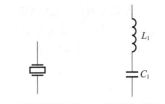

(a) 双端陶瓷滤波器　　(b) 等效电路图

图1-7　双端陶瓷滤波器及其等效电路图

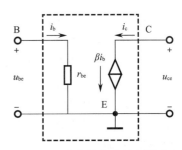

图1-8　晶体管的小信号模型

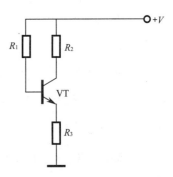

图1-9　单级放大电路的直流等效电路

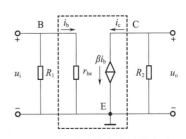

图1-10　单级放大电路的交流等效电路

集成电路的内部电路一般都较复杂，包含许多元器件和若干个单元电路，在电路图中通常将其作为一个元器件来看待。因此，在大多数电路图中并不画出集成电路的内部电路，而是以一个矩形或三角形的图框来表示，如图1-11所示为几种常见集成电路的图形符号。

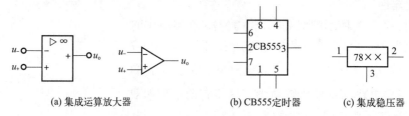

(a) 集成运算放大器　　　　(b) CB555定时器　　　(c) 集成稳压器

图1-11　几种常见集成电路的图形符号

在电路图中一般不画出集成电路的内部电路，使得含集成电路的电路图不像分立元件电路图那样直观易读，这就需要掌握集成电路的识图方法。

（1）了解集成电路的基本功能

集成电路往往是电路图中各单元电路的核心元器件，包含集成电路的单元电路一般是由一块或几块集成电路再配以必需的外围元器件构成的，集成电路的功能也反映了该单元电路的主要功能。因此，弄清楚集成电路的功能是分析单元电路功能和工作原理的关键和突破口。

集成电路的种类繁多，功能各异，可通过以下方法了解其主要功能。

① 根据电路图标注的集成电路的型号查阅集成电路手册等技术资料，了解集成电路的基本功能及相关数据；

② 在缺少可查阅技术资料的情况下，也可根据前级和后级电路的连接关系，推断出集成电路的基本功能。在图1-12所示的某扩音机电路原理图中，集成电路 IC_1 的前级电路是音量控制电路，输入电压信号经音量电位器 RP_1 作为 IC_1 的输入；集成电路 IC_1 的后级连接扬声器 BL 。因为音量电位器 RP_1 输出的电压信号不足以推动扬声器 BL 正常工作，所以在两者之间必须有一个功率放大器。因此可推断出，处于音量电位器 RP_1 和扬声器 BL 之间的集成电路 IC_1（LM3886）是集成功率放大器。

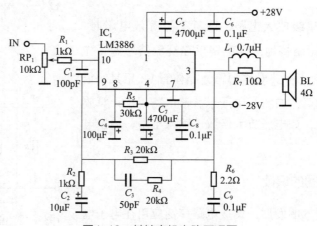

图1-12　某扩音机电路原理图

**手把手教你快速
看懂电子电路图**

（2）识别集成电路的引脚

集成电路的引脚是集成电路内部电路与外围电路的连接点，只有按要求在这些引脚上连接外围元器件或电路，集成电路才能实现其功能，因此每根引脚都有规定的含义和接法。集成电路通常都有电源端、接地端、输入信号端、输出信号端和一些其他接线端子。

① 电源端　电源端为集成电路引入直流工作电源，有单电源和双电源两种供电方式。单电源供电方式采用正直流电压作为工作电压，电源端处常标注"$+V_{CC}$"；双电源供电方式一般采用对称的正、负直流电压作为工作电压，对应有两个电源端，常标注"$+V_{CC}$"、"$-V_{SS}$"或"$-V_{EE}$"。

集成电路电源端的外电路还具有一些明显特点，比如电源端与地之间一般都接有大容量的电源滤波电容或并接小容量的高频滤波电容，如图1-12中的C_5和C_6。如果电路图中含有电源电路，集成电路的电源端会直接与对应电源电路的输出端相连接。

② 接地端　接地端将集成电路内部的地线与外电路的地线相连接，常用"GND"标注。有些集成电路可能有多个接地端，这是因为集成电路内部的前、后级单元电路分别有自己独立的接地端。

③ 输入信号端　除信号发生器、振荡器等信号源类集成电路外，集成电路一般至少有一个输入信号端，有时用"IN"标注。如集成运算放大器有同相和反相输入端，分别用u_+、u_-表示。

有的集成电路有多个输入信号端，这主要有以下几种情况：集成电路可处理多个输入信号；集成电路内部的前、后级单元电路分别有自己独立的输入信号端；集成电路内部包含有多个相互独立的单元电路，如双声道功放集成电路，两个声道均有各自的输入信号端。

集成电路的输入信号端也有一些外部特征，如一般通过电容、电阻、RC耦合电路或耦合变压器等耦合元件或电路与前级电路的输出端相连接。

④ 输出信号端　集成电路至少有一根输出信号引脚，有时用"OUT"标注。

有的集成电路有多个输出信号端，这主要有以下几种情况：集成电路有多路输出功能；集成电路内部的前、后级单元电路分别有自己独立的输出信号端；集成电路内部包含有多个相互独立的单元电路，如双声道功放集成电路，两个声道均有各自的输出信号端。

集成电路的输出端通常是直接连接扬声器、发光二极管、指示仪表等显示类器件，或通过电容、电阻、RC耦合电路或耦合变压器等耦合元件或电路与后级电路的输入端相连接。

⑤ 其他接线端子　除了上述电源端、接地端、输入信号端、输出信号端外，有些集成电路还有辅助引脚，起控制、自举、滤波、反馈等作用。

第 2 章

常用电子元器件及其单元电路

在了解了电子电路图的基础知识后，本章主要介绍常用电子元器件及其单元电路的识读方法，为后续顺利识读各种应用电路图打下基础。

2.1 识读电阻器及其单元电路

电阻器简称电阻，是指电流在电路中所遇到的阻力，电阻越大，电流所遇到的阻力就越大，因而电流就越小。电阻是电子产品中最基本、最常用的电子元件。电阻器有普通电阻器、可变电阻器、敏感电阻器等不同类型。

2.1.1 普通电阻器的识别

（1）普通电阻器的图形符号和外形

普通电阻器是最常用的电阻器，其图形符号如图 2-1 所示，文字符号用字母 "R" 和序号表示（如 R_1），外形如图 2-2 所示。

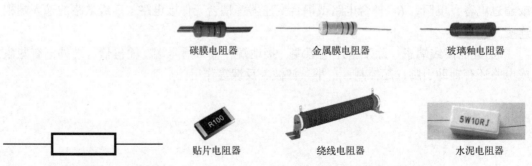

碳膜电阻器　　　　　金属膜电阻器　　　　　玻璃釉电阻器

贴片电阻器　　　　　绕线电阻器　　　　　水泥电阻器

图2-1　普通电阻器的图形符号　　　　图2-2　常见普通电阻器的外形

（2）电阻器型号的识别

电阻器型号的含义如表2-1所示。常用电阻器的型号一般由四部分组成。第一部分"R"表示电阻器的主称；第二部分为大写英文字母，表示电阻的材料；第三部分为数字或英文字母，表示电阻的类型；第四部分为数字，表示序号。

表2-1　电阻器型号的含义

电阻器型号含义				实例
第一部分	第二部分	第三部分	第四部分	
R	H 合成碳膜	1 普通	序号	例1：型号：RT11 含义：普通碳膜电阻 例2：型号：RJ71 含义：精密金属膜电阻
	I 玻璃釉膜	2 普通		
	J 金属膜	3 超高频		
	N 无机实心	4 高阻		
	G 沉积膜	5 高温		
	S 有机实心	7 精密		
	T 碳膜	8 高压		
	X 线绕	9 特殊		
	Y 氧化膜	G 高功率		
	F 复合膜	T 可调		

（3）普通电阻器的主要参数

普通电阻器的主要参数如图2-3所示。在选用电阻器时，需要根据实际性能需求和成本需求进行综合考虑。

图2-3　普通电阻器的主要参数

（4）普通电阻器标称值的表示方法

电阻器的标称值是指电阻器表面所标注的电阻值。电阻值的常用单位为欧姆（Ω）、千欧姆（kΩ）、兆欧姆（MΩ），其相互关系为：$1M\Omega = 10^3 k\Omega = 10^6 \Omega$。标称值的标注方法主要有以下四种。

① 直标法。直标法是把电阻的重要参数值直接打印在电阻体表面，如图2-4所示。

② 文字符号法。文字符号法是用数字和文字符号两者有规律地组合起来表示标称值。符号前的数字表示整数单位，符号后的数字表示小数。图2-5所示示

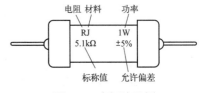

图2-4　直标法示例

例中， 3k3 表示电阻的标称值为 3.3kΩ， 3Ω3 表示电阻的标称值为 3.3Ω。

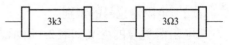

图2-5 文字符号法示例

③ 色标法。色标法是用不同颜色的色带或色点标注在电阻器表面上，以表示电阻器的标称值和允许偏差。色标法具有颜色醒目、标识清晰的优点。色标电阻常见的有四环色标电阻、五环色标电阻。

在图2-6（a）中，四环色标电阻的第1、2条色环表示有效数字，第3条色环表示倍率，第4色环表示允许偏差。把有效数字乘以倍率即为该电阻的阻值。在图2-6（b）所示示例中，一个四环色标电阻的4条色环的颜色从左至右依次为红、紫、橙、金，可知其阻值为 $27×10^3 = 27$ kΩ，其允许偏差为 ±5%。

在图2-7（a）中，五环色标电阻第1、2、3条色环表示有效数字，第4条色环表示倍率，第5色环表示允许偏差。把有效数字乘以倍率即为该电阻的阻值。在图2-7（b）所示示例中，一个电阻器的5条色环的颜色从左至右依次为黄、紫、黑、棕、棕，可知其阻值为 $470×10^1 = 4.7$ kΩ，允许偏差为 ±1%。

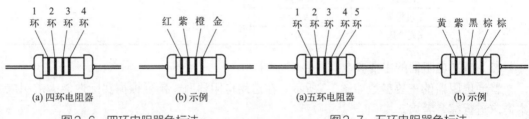

(a) 四环电阻器   (b) 示例

图2-6 四环电阻器色标法

(a) 五环电阻器   (b) 示例

图2-7 五环电阻器色标法

色标电阻器中各种色环所表示的意义如表2-2所示。

表2-2 色标电阻器中各种色环所表示的意义

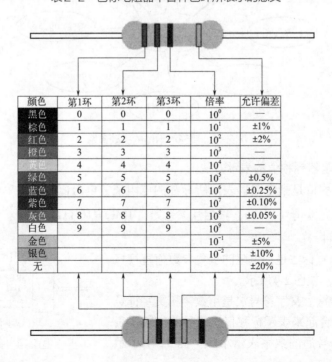

颜色	第1环	第2环	第3环	倍率	允许偏差
黑色	0	0	0	10^0	—
棕色	1	1	1	10^1	±1%
红色	2	2	2	10^2	±2%
橙色	3	3	3	10^3	—
黄色	4	4	4	10^4	—
绿色	5	5	5	10^5	±0.5%
蓝色	6	6	6	10^6	±0.25%
紫色	7	7	7	10^7	±0.10%
灰色	8	8	8	10^8	±0.05%
白色	9	9	9	10^9	
金色				10^{-1}	±5%
银色				10^{-2}	±10%
无					±20%

手把手教你快速
看懂电子电路图

④ 数标法。数标法主要用于贴片等小体积电阻，用三位数字表示标称值的标注方法。数字从左至右，第一、二个数字为有效数字，第三位数字为倍率，前两个有效数字乘以倍率就是这个电阻的阻值。在图2-8所示的示例中，103表示该电阻的阻值为10 kΩ。

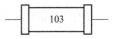

图2-8　数标法示例

2.1.2　普通电阻器单元电路

电阻器对直流电和交流电的阻抗相同，任何电流流过电阻器时都要受到一定的阻碍和限制，并且该电流必然在电阻器上产生电压降。

（1）电阻串联电路

两个或多个电阻顺次相连，并且在这些电阻中通过同一电流，这样的接法称为电阻的串联。多个电阻串联可用一个等效电阻 R 来代替，R 的阻值为各个串联电阻之和。在图2-9（a）所示电路中，$R = R_1 + R_2$。

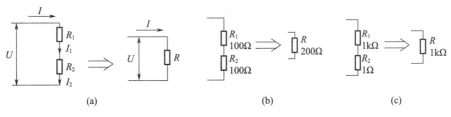

图2-9　电阻的串联

重要提示

① 两个相同阻值的电阻串联，其等效电阻值为原电阻值的2倍，如图2-9（b）所示；
② 大电阻与小电阻串联，其等效电阻值接近于大电阻，如图2-9（c）所示。

电阻串联可以构成分压电路，串联电阻上电压的分配与电阻值成正比。图2-10所示为典型的电阻串联分压电路，输入电压加到电阻 R_1 和 R_2 上。

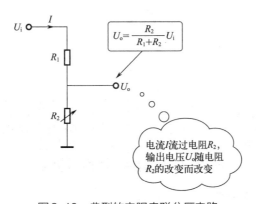

$$U_o = \frac{R_2}{R_1 + R_2} U_i$$

电流 I 流过电阻 R_2，输出电压 U_o 随电阻 R_2 的改变而改变

图2-10　典型的电阻串联分压电路

输出端的电压 U_o 为：

$$U_o = \frac{R_2}{R_1 + R_2} U_i$$

改变 R_1 或 R_2 的大小，就可以改变输出电压 U_o 的大小。当输入电压 U_i、R_1 固定不变时，如果 R_2 阻值增大，输出电压也将随之增大；反之，输出电压 U_o 将随之减小。

（2）电阻并联电路

两个或多个电阻连接在两个公共点之间的接法称为电阻的并联。多个电阻并联可用一个等效电阻 R 来代替，等效电阻 R 的倒数等于各个并联电阻的倒数之和。在图2-11（a）所示电路中，$\frac{1}{R} = \frac{1}{R_1} + \frac{1}{R_2}$。

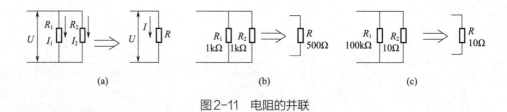

图2-11　电阻的并联

重要提示

① 两个相同阻值的电阻并联，其等效电阻值为原电阻值的一半，如图2-11（b）所示；
② 大电阻与小电阻并联，其等效电阻值接近于小电阻，如图2-11（c）所示。

电阻的并联可以构成分流电路，并联电阻上电流的分配与电阻值成反比。图2-12所示为典型的电阻并联分流电路，输入电压 U 加到并联电阻 R_1 和 R_2 上，产生的电流流过 R_1 和 R_2。

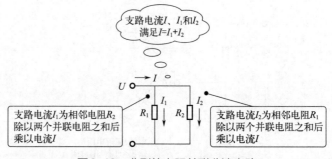

图2-12　典型的电阻并联分流电路

支路电流 I、I_1 和 I_2 分别为：

$$I = U / \frac{R_1 R_2}{R_1 + R_2}, \quad I_1 = \frac{U}{R_1}, \quad I_2 = \frac{U}{R_2}$$

支路电流 I_1 和 I_2 还可通过分流公式来计算，即：

$$I_1 = \frac{R_2}{R_1 + R_2} I, \quad I_2 = \frac{R_1}{R_1 + R_2} I$$

（3）电阻混联电路

既有电阻串联又有电阻并联的电路称为电阻混联电路。电阻混联电路可分为两种情况：一种是能用电阻串并联的方法简化为无分支回路的电路，称为简单电阻混联电路，如图2-13所示；另一种是不能用电阻串并联的方法简化为无分支回路的电路，称为复杂电阻混联电路，如图2-14所示。

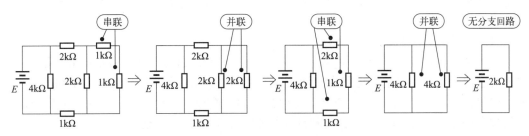

图2-13　简单电阻混联电路

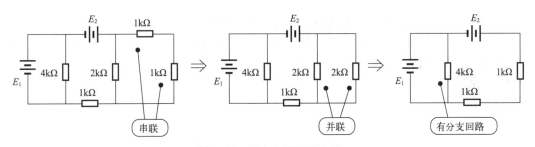

图2-14　复杂电阻混联电路

复杂电阻混联电路一般不容易直接看出电阻之间的串并联关系，常用的简化电路的方法是先利用电流的分合关系把电路转化为容易判断的串并联形式，然后再等效变换为无分支回路形式。如图2-15（a）所示的混联电路可简化为图2-15（b）所示的并联电路。

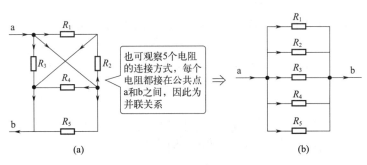

图2-15　混联电路的简化

判别混联电路的电阻串并联关系应把握以下三点，下面以图2-15、图2-16为例说明。

图2-16 混联电路的电阻串并联关系

① 看电路的结构特点。若两电阻中仅有一端相接且无其他分支就是串联，若两端分别相接就是并联。图2-16中，R_2 与 R_3 的两端分别相接，是并联；R_2 和 R_3 并联的等效电阻与 R_1 仅一端相接且无其他分支，是串联。

② 看电压电流的关系。若流经两电阻的电流是同一个电流就是串联，若两电阻上承受的是同一个电压就是并联。图2-16中，R_2 与 R_3 承受相同的电压，是并联；R_1 与 R_2 和 R_3 并联的等效电阻流过相同的电流，是串联。

③ 对电路作变形等效。对电路结构进行分析，选出电路的节点。以节点为基准，将电路结构变形，然后进行判别。图2-15（b）所示电路就是图2-15（a）所示电路的等效变换电路。

（4）电阻器星形联结与三角形联结

在实际电路中，电阻元件除采用串联、并联连接方式以外，还有既非串联又非并联的连接方式。比如在电阻炉电路中，就会用到星形联结和三角形联结这两种电路。

如图2-17（a）所示，将三个电阻元件的一端连接在一个节点上，而它们的另一端分别接到三个不同的端钮上，这样就构成了星形（Y形）联结网络。如果将三个电阻分别接到每两个端钮之间，使三个电阻本身构成一个回路，这样就构成了三角形（△形）联结网络，如图2-17（b）所示。

星形联结的电阻网络和三角形联结的电阻网络可以等效互换，等效互换后对外电路必须等效，如图2-18所示。根据端口等效原理，星形联结和三角形联结电阻网络的各电阻参数有一定的对应关系。

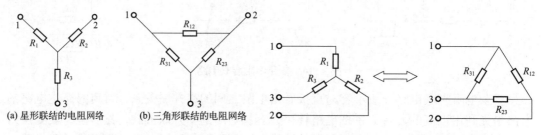

(a) 星形联结的电阻网络　　(b) 三角形联结的电阻网络

图2-17 星形联结和三角形联结的电阻网络　　图2-18 Y-△等效变换

△形网络变换为 Y 形网络，按式（2-1）~式（2-3）进行计算：

$$R_1 = \frac{R_{12}R_{31}}{R_{12} + R_{23} + R_{31}} \tag{2-1}$$

$$R_2 = \frac{R_{23}R_{12}}{R_{12} + R_{23} + R_{31}} \tag{2-2}$$

$$R_3 = \frac{R_{31}R_{23}}{R_{12} + R_{23} + R_{31}} \qquad (2\text{-}3)$$

Y 形网络变换为△形网络，按式（2-4）~式（2-6）进行计算：

$$R_{12} = \frac{R_1R_2 + R_2R_3 + R_3R_1}{R_3} \qquad (2\text{-}4)$$

$$R_{23} = \frac{R_1R_2 + R_2R_3 + R_3R_1}{R_1} \qquad (2\text{-}5)$$

$$R_{31} = \frac{R_1R_2 + R_2R_3 + R_3R_1}{R_2} \qquad (2\text{-}6)$$

利用 Y-△网络等效变换可将一个较复杂的电路简化成简单电路，为求解电路提供方便。Y 形网络中，若 $R_1 = R_2 = R_3 = R_Y$，则变换后的△形网络中的电阻 $R_{12} = R_{23} = R_{31} = R_\triangle$ 且 $R_\triangle = 3R_Y$。

三相异步电动机定子绕组通常有两种接法，即星形接法和三角形接法，如图2-19所示。星形接法的小功率电动机启动时对电网电压冲击力小，所以小功率电动机一般都是星形接线法。而大功率电动机启动时，为了避免电动机启动时对电网电压造成过大的冲击，减小启动时对电动机绕组和绝缘的冲击和耗损，通常采用 Y-△换接启动，以减小启动电流。

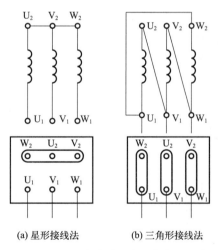

(a) 星形接线法　　　　(b) 三角形接线法

图2-19　三相异步电动机定子绕组 Y/△接法

2.1.3　可变电阻器的识别

可变电阻器是一种阻值可以改变的电阻器，用于需要改变电路阻值、调节电路的电压或电流的场合。

（1）可变电阻器的外形特征

可变电阻器的外形与普通电阻器有很大区别，如图2-20所示。

图2-20　可变电阻器

可变电阻器具有以下特征，根据这些特征可以在线路板中识别可变电阻器。

① 可变电阻器的体积比普通电阻器的体积大些，同时电路中可变电阻器较少，在线路板中能方便地找到它；

② 可变电阻器有三根引脚，这三根引脚有区别，一根为动片引脚，另两根是定片引脚，一般两根定片引脚之间可以互换使用，而定片与动片之间不能互换使用；

③ 可变电阻器上有一个调整口，用一字螺丝刀（螺钉旋具）可改变动片的位置，进行阻值的调整；

④ 可变电阻器上标有其标称值，这一标称值是两个定片引脚之间的阻值；

⑤ 小型塑料外壳的可变电阻器体积较小，而用于功率较大场合下的可变电阻器的体积较大。

（2）可变电阻器的电路图形符号

可变电阻器的电路图形符号如图2-21所示，其文字符号通常用"RP"表示。

2.1.4　可变电阻器单元电路

（1）立体声左右声道增益平衡调整电路

图2-22所示是音响功率放大器中左右声道增益平衡调整电路，其中RP_1是可变电阻器，与电阻 R_1 串联。

图2-21　可变电阻器的电路图形符号

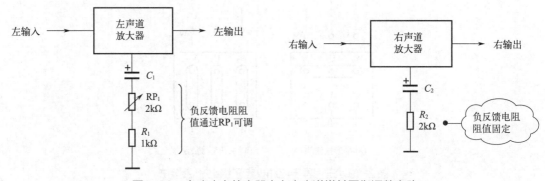

图2-22　音响功率放大器中左右声道增益平衡调整电路

在分析RP_1在电路中的作用前，首先了解一下立体声增益平衡调整电路的工作原理。

在双声道放大器中，严格要求左右声道放大器的增益相等。但由于电路元器件的离散性，左右声道放大器的增益不可能相等。为保证左右声道放大器的增益相等，需要设置左右声道增益平衡调整电路。通常的做法是：固定一个声道的增益，如将右声道电路的增益固定，将左声道的增益设置成可调整，左声道放大器中用RP_1和R_1构成增益可调整

**手把手教你快速
看懂电子电路图**

电路。右声道放大器中的 R_2 和 C_2 构成交流负反馈电路，R_2 为交流负反馈电阻，其值越大，放大器的放大倍数越小，反之则越大。电路中 C_2 只让交流信号通过 R_2，不让直流信号通过 R_2，这样 R_2 只对交流信号存在负反馈作用。

在了解了音响放大器中左右声道增益平衡调整电路的工作原理之后，就可以方便地分析 RP_1 在电路中的作用了。改变 RP_1 的阻值大小，就能改变左声道增益的大小。右声道电路中 R_2 的阻值确定，使右声道放大器的增益固定。以右声道放大器的增益为基准，改变 RP_1 的阻值，就能实现左声道放大器的增益等于右声道放大器的增益。可见，通过调整 RP_1 的阻值实现增益平衡非常简便。

（2）电机转速调整电路

如图2-23所示为双速直流电机转速调整电路。电路中的 S_1 是机芯开关；S_2 是用来转换电机转速的"常速/倍速"转换开关；电机的四根引脚中一根为电源引脚，一根为接地引脚，另两根引脚之间接转速控制电路，即 R_1 和 RP_1、R_2 和 RP_2。RP_1 和 RP_2 分别是常速和倍速下的转速微调可变电阻器，用来对直流电机的转速进行微调。电机转速的调整原理如下：

① 当转换开关在图2-23所示的"常速"状态时，R_1 和 RP_1 接入电路，调整 RP_1 的阻值大小就可以改变电机在常速下的转速，达到常速转速微调的目的。

② 当转换开关处于"倍速"状态时，R_1 和 RP_1 接入电路的同时，R_2 和 RP_2 通过开关 S_2 也接入电路，与 R_1 和 RP_1 并联，这时电机工作于倍速状态，调整 RP_2 的阻值大小可以改变电机在"倍速"状态下的转速，达到倍速转速微调的目的。

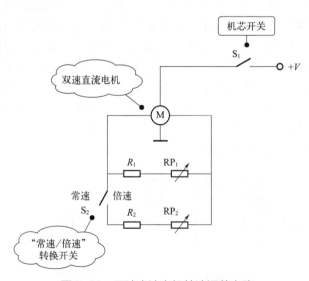

图2-23　双速直流电机转速调整电路

在倍速状态下，调整 RP_1 的阻值大小也能改变倍速下的电机转速，但这一调整又影响了常速下的电机转速，所以倍速下只能调整 RP_2。而且，只能先调准常速，再调准倍速，否则倍速调整后又影响常速。

2.1.5 敏感电阻器的识别

电子电路中除了采用普通电阻器外，还有一些敏感电阻器，如热敏电阻、光敏电阻、磁敏电阻等。

（1）热敏电阻的识别

热敏电阻是一种半导体材料制成的电子元件，其电阻值随温度变化而显著变化。热敏电阻根据其电阻温度特性的不同分为负温度系数（NTC）热敏电阻和正温度系数（PTC）热敏电阻。负温度系数热敏电阻的阻值随温度升高而减小，正温度系数热敏电阻的阻值随温度升高而增大。

常见的热敏电阻外形如图2-24所示。

热敏电阻的图形符号如图2-25所示。

图2-24　常见的热敏电阻外形

图2-25　热敏电阻的图形符号

NTC热敏电阻和PTC热敏电阻具有不同的电阻温度特性和应用领域，如NTC热敏电阻可以用来测温、温度补偿、抑制浪涌电流等。在实际应用中，需要根据具体需求来选择合适的热敏电阻类型。

（2）光敏电阻的识别

光敏电阻是利用半导体的导电特性原理而工作的，其阻值随入射光的强弱而变化，入射光线越强阻值越小；反之，入射光线越弱其阻值越大。在无光照时，光敏电阻呈高阻状态，暗电阻一般可达1.5MΩ；随着光照强度的升高，电阻值迅速降低，亮电阻值可小至1kΩ以下。当有光照射透明窗时，电路中有电流产生，从而实现了由光信号到电信号的转换。利用光敏电阻的这一特性，可以制作各种光控开关等电子电路。

常见光敏电阻的外形和图形符号如图2-26所示。其中，图形符号是在普通电阻器的图形符号旁边增加了两个箭头朝里的箭头线，以表示接收外来光线，从而形象地反映光敏电阻的电阻值能够随着入射光线的强弱变化而变化。

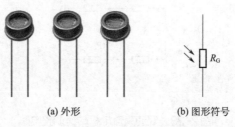

(a) 外形　　　　(b) 图形符号

图2-26　常见光敏电阻的外形和图形符号

（3）磁敏电阻的识别

某些材料的电阻值受磁场的影响而改变的现象称为磁阻效应。磁阻效应的基本原理

手把手教你快速
看懂电子电路图

是：在两端设置电流电极的元件中，由于外界磁场的存在，改变了电流的分布，电流所流经的途径变长，导致电极间的电阻值增加，如图2-27所示。

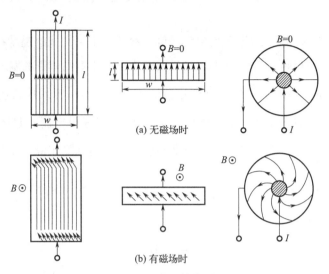

图2-27　磁阻效应原理

　　磁敏电阻是基于磁阻效应，电阻值随磁感应强度变化的磁敏元件，通常用锑化铟（InSb）或砷化铟（InAs）等对磁场具有敏感性的半导体材料制成，常用于磁场强度、漏磁的检测，在交流变换器、频率变换器、功率电压变换器、位移电压变换器等电路中作控制元件，还可用于接近开关、磁卡文字识别、磁电编码器、电动机测速等电路中。

　　磁敏电阻的实物外形如图2-28（a）所示。磁敏电阻有两根引脚、三根引脚和四根引脚三种。两根引脚的磁敏电阻内部只有一个磁敏电阻，如图2-28（b）所示。三根引脚的磁敏电阻内部有两个磁敏电阻相串联，两根引脚之间加5V直流工作电压，中间一根引脚作为输出，字母M表示其阻值与磁性相关，如图2-28（c）所示。此外还有四根引脚的磁敏电阻，也称双路差分磁敏电阻。

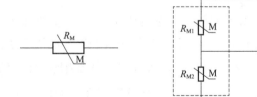

(a) 外形　　　　(b) 两根引脚的磁敏电阻图形符号　(c) 三根引脚的磁敏电阻图形符号

图2-28　磁敏电阻的实物外形和图形符号

2.1.6　敏感电阻器单元电路

（1）热敏电阻单元电路

① 惠斯通电桥测温电路　图2-29所示是由热敏电阻构成的惠斯通电桥测温电路，适用于对温度进行测量及调节的场合。电路中，R_1、R_2、R_3、R_T构成电桥，根据不同的测

量环境，选择不同的桥路电阻值和电源电压值。当环境温度变化时，热敏电阻 R_t 的电阻值则发生变化，电桥的输出电压 U_o 也会随之发生变化。因此，U_o 的大小即可间接反映所测量温度的大小。

② 温度补偿电路　图2-30所示是由负温度系数热敏电阻构成的温度补偿电路，其中负温度系数热敏电阻 R_T 连接在晶体管 VT_1 的基极回路中，用来对晶体管的温度特性进行补偿。

当温度 T 上升时，VT_1 的集电极电流 I_C 会增大。由于负温度系数热敏电阻 R_T 的电阻值随温度升高而减小，从而导致 VT_1 基极电位 V_B 下降，其基极电流 I_B 也随之下降，进而抑制了因温度升高导致的 I_C 的增加，实现温度补偿，从而达到稳定静态工作点的目的。

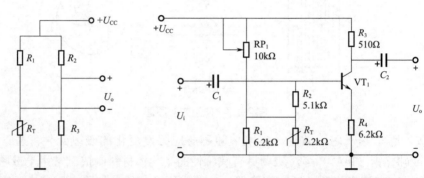

图2-29　由热敏电阻构成的　　　图2-30　由NTC热敏电阻构成的温度补偿电路
惠斯通电桥测温电路

（2）光敏电阻单元电路

① 由光敏电阻构成的自动调光电路　图2-31所示为由光敏电阻构成的自动调光电路。当无光线照射时，光敏电阻 R_G 的阻值很大，流过灯泡的电流很小，灯泡很暗。随着光照的增强，光敏电阻 R_G 的阻值变小，流过灯泡的电流增大，灯泡变亮，从而实现灯泡的亮度随光照强度变化的功能。

② 由光敏电阻构成的自动夜光灯电路　图2-32所示为由光敏电阻构成的自动夜光灯电路。用电位器 RP 设定基准电位，确定多大照度才能使灯泡自动点亮。当环境照度低时，光敏电阻 R_G 的阻值增大，集成运算放大器A的反相端电位变低，低于设定的基准电位，集成运算放大器A输出高电位驱动三极管 VT，VT驱动继电器K，夜光灯自动点亮。

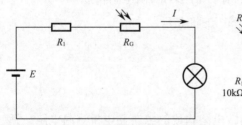

图2-31　由光敏电阻构成的自动
调光电路

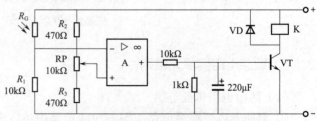

图2-32　由光敏电阻构成的自动夜光灯电路

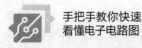

（3）磁敏电阻单元电路

① 由磁敏电阻构成的磁场检测电路　图2-33所示是由磁敏电阻构成的磁场检测电路。其中，R_1和R_2是磁敏电阻，A_1为电压比较器，磁敏电阻R_1和R_2、普通电阻R_3和R_4分别构成串联分压电路。R_3和R_4串联分压电路的输出电压通过电阻R_6加到电压比较器A_1的同相输入端，作为基准电压。磁敏电阻R_1和R_2串联分压电路的输出电压通过电阻R_5加到电压比较器A_1的反相输入端。

当磁场发生改变时，磁敏电阻R_1和R_2的阻值变化使电压比较器A_1反相输入端的电压相应变化，从而使电压比较器A_1的输出电压也随之变化，再经电容C_1耦合后输出。输出的电压U_o反映了磁场的变化情况。

② 由磁敏电阻构成的温度补偿电路　图2-34所示为由磁敏电阻构成的温度补偿电路。磁敏电阻R_{M1}和R_{M2}与普通电阻R_1和R_2构成桥路，A、B间接入负温度系数热敏电阻R_T与普通电阻R_P的并联电路，可以使输出U_o的温度特性得到较大改善。R_T和R_P可根据R_{M1}和R_{M2}选择最佳值。

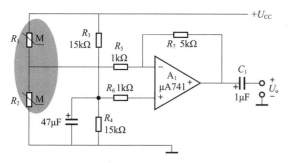

图2-33　由磁敏电阻构成的磁场检测电路

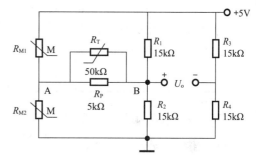

图2-34　由磁敏电阻构成的温度补偿电路

2.2　识读电容器及其单元电路

2.2.1　电容器的识别

电容器通常简称为电容，是电子产品中应用广泛的电子元件之一。电容器由两个极板组成，具有储存电荷的功能，其主要作用是滤波、谐振、信号耦合和移相等。

（1）电容器的图形符号和外形

电容器按其功能和使用领域可分为固定电容器和可变电容器两大类，固定电容器又分为无极性电容器和有极性电容器。电容器的图形符号如图2-35所示，文字符号用字

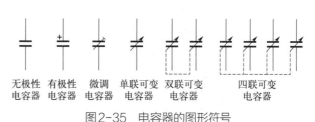

无极性电容器　有极性电容器　微调电容器　单联可变电容器　双联可变电容器　四联可变电容器

图2-35　电容器的图形符号

母"C"表示。常见电容器的外形如图2-36所示。

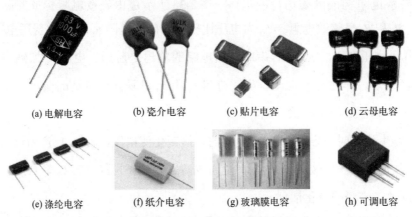

(a) 电解电容　　(b) 瓷介电容　　(c) 贴片电容　　(d) 云母电容

(e) 涤纶电容　　(f) 纸介电容　　(g) 玻璃膜电容　　(h) 可调电容

图2-36　常见电容器的外形

（2）电容器型号的识别

国产电容器的命名由四部分组成：

第一部分：用字母C表示主称；

第二部分：用字母表示介质材料；

第三部分：用数字或字母表示类别；

第四部分：用数字表示序号。

电容器的型号命名法如表2-3所示。

表2-3　电容器的型号命名法

第一部分：主称		第二部分：介质材料		第三部分：类别					第四部分：序号
				数字或字母	含义				
字母	含义	字母	含义		瓷介电容器	云母电容器	有机电容器	电解电容器	
C	电容器	A	钽电解	1	圆形	非密封	非密封	箔式	用数字表示序号，以区别电容器的外形尺寸及性能指标
		B	聚苯乙烯等非极性有机薄膜（常在"B"后面再加一字母，以区分具体材料。例如"BB"为聚丙烯，"BF"为聚四氟乙烯）	2	管形	非密封	非密封	箔式	
				3	叠片	密封	密封	烧结粉，非固体	
				4	独石	密封	密封	烧结粉，固体	
		C	高频陶瓷						
		D	铝电解	5	穿心		穿心		
		E	其他材料电解	6	支柱等				
		G	合金电解						
		H	纸膜复合	7				无极性	

手把手教你快速
看懂电子电路图

第一部分：主称		第二部分：介质材料		第三部分：类别					第四部分：序号
字母	含义	字母	含义	数字或字母	瓷介电容器	云母电容器	有机电容器	电解电容器	
C	电容器	I	玻璃釉	8	高压	高压	高压		用数字表示序号，以区别电容器的外形尺寸及性能指标
		J	金属化纸介						
		L	涤纶等极性有机薄膜（常在"L"后面再加一字母，以区分具体材料。例如"LS"为聚碳酸酯）	9			特殊	特殊	
				G	高功率型				
				T	叠片式				
		N	铌电解	W	微调型				
		O	玻璃膜						
		Q	漆膜	J	金属化型				
		T	低频陶瓷						
		V	云母纸	Y	高压型				
		Y	云母						
		Z	纸介						

（3）电容器的参数表示方法

电容器的标注参数主要有标称电容量、允许偏差和额定电压等。

固定电容器的参数表示方法有多种，主要有直标法、文字符号法、色标法、数标法等。

① 直标法　直标法在电容器中的应用最为广泛，在电容器上用数字直接标注出标称电容量、耐压等。如图2-37所示，某电容器上标有"CL12 510p±10% 160V"字样，表示该电容器是涤纶电容器，标称电容量为510pF，允许偏差为±10%，耐压为160V。

② 文字符号法　文字符号法是用数字和文字符号有规律的组合表示电容器的标称容量，如p10表示0.1pF，6p8表示6.8pF，2μ2表示2.2μF。

③ 色标法　采用色标法的电容器又称色码电容，色码表示的是电容器的标称容量。电容器上有3条色带，3条色带分别表示3个色码，如图2-38所示。色码的读码方向为从顶部向引脚方向读。对于图2-38所示电容器，棕、绿、黄依次为第1、2、3个色码。

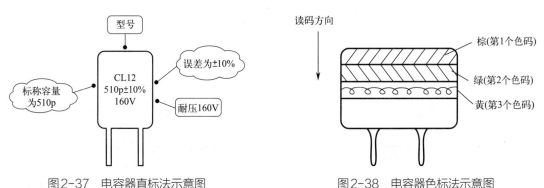

图2-37　电容器直标法示意图　　　　图2-38　电容器色标法示意图

在电容器色标法中，第1、2个色码表示有效数字，第3个色码表示倍率，标称容量的单位为pF。各色码的具体含义如表2-4所示。因此，图2-38所示电容器的标称容量为 $15 \times 10^4 \text{pF}$，即0.15μF。

表2-4 各色码的具体含义

色码颜色	黑色	棕色	红色	橙色	黄色	绿色	蓝色	紫色	灰色	白色
表示数字	0	1	2	3	4	5	6	7	8	9

④ 数标法　电容器数标法中，用3位数字来表示电容器的标称容量，再用一个字母来表示允许偏差。

图2-39所示是电容器数标法示意图。3位数字中，前两位数字表示有效数，第3位数字表示倍率，标称容量的单位是pF。如103电容，表示有效数是10，后面再乘以 10^3，即

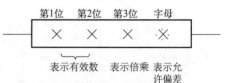

图2-39　电容器数标法示意图

$10 \times 10^3 \text{pF} = 0.01 \text{μF}$。

电容器允许偏差与电阻器相同，固定电容器允许偏差常用的是±5%、±10%和±20%。通常容量越小，允许偏差越小。

（4）电容器的特性

① 隔直通交特性　隔直通交特性是电容器的重要特性之一。直流电源对电容器充电结束后，电路中不再有电流流动，电容器对直流信号具有隔离作用，称为电容器的隔直特性。电容器能让交流信号顺利通过，称为电容器的通交特性。

图2-40为电容器的隔直通交特性示意图。其中，输入信号 u_I 可看作直流电压 U_I 和交流电压 u_i 的叠加。由于电容器 C_1 的隔直作用，输入信号 u_I 的直流成分 U_I 不能通过电容器 C_1，而加在电容器 C_1 上；又由于电容器 C_1 的通交作用，输入信号 u_I 的交流成分 u_i 顺利通过电容器 C_1，加到电阻 R_1 上，即输出电压 u_O 等于交流成分 u_i，电容器起到了过滤直流成分的作用。

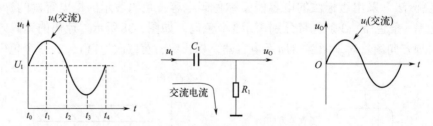

图2-40　电容器的隔直通交特性示意图

电容器对直流和交流信号表现出了不同的阻碍作用，电容器对电流阻碍作用的大小用容抗 X_C 表示，$X_C = \dfrac{1}{2\pi f C}$，单位为Ω。直流信号的频率为零，此时容抗 X_C 趋于无穷大，电流趋于零；交流信号的频率越高，容抗 X_C 越小，交流信号越容易通过。这就是电

手把手教你快速
看懂电子电路图

容器具有隔直通交特性的原因。

虽然电容器具有通交流特性，但仍对交流信号有一定的阻碍作用。交流信号的频率越高，阻碍作用越小，即电容器还具有通高频阻低频的作用。

② 电容器的电压不能突变特性　电路的接通、断开、短路、电压改变或参数改变等称为换路。电路的换路使电路中的能量发生变化，但是不能突变，否则将使功率 $p = \dfrac{\mathrm{d}W}{\mathrm{d}t}$ 趋于无穷大，这在实际上是不可能的。电容器储存的电能 $W = \dfrac{1}{2}Cu_C{}^2$ 也不能突变，因此电容器上的电压 u_C 不能突变。

图2-41（a）所示为 RC 充电电路，设电容 C 的初始储能为零，即换路前电容电压为零。在 $t = 0$ 时，将开关S闭合。从图2-41（b）所示电容电压 u_C 的波形可以看出，u_C 从换路前的初始值按指数规律逐渐增大，趋于电源电压。在换路瞬间，电容电压 u_C 未发生突变，即电容器具有电压不能突变特性。

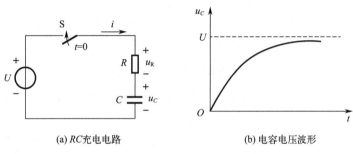

(a) RC充电电路　　　　　(b) 电容电压波形

图2-41　RC充电电路及电容电压波形

2.2.2　电容器单元电路

（1）电容器串联电路

电容器和电阻一样，在电路中也有串联和并联连接两种方式。图2-42（a）所示为三个电容器的串联电路。

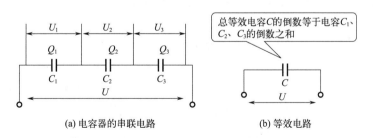

(a) 电容器的串联电路　　　　　(b) 等效电路

图2-42　三个电容器的串联电路及等效电路

电容器串联电路有如下特点：

① 电路中每个电容器所带电量都相等，且等于总等效电容所带电量，即 $Q = Q_1 = Q_2 = Q_3$；

② 电路的总电压等于各电容器的端电压之和，即 $U = U_1 + U_2 + U_3$，这一点与电阻串联电路一样，也是各种串联电路的基本特性；

③ 电容器串联之后，仍然等效为一个电容器，但总的容量将减小，电路中总等效电容的倒数等于各电容的倒数之和，即 $\dfrac{1}{C} = \dfrac{1}{C_1} + \dfrac{1}{C_2} + \dfrac{1}{C_3}$，如图2-42（b）所示。如果三个相同容量的电容器串联，则总容量减小为原来的 $\dfrac{1}{3}$；两个容量相差较大的电容器串联，总容量接近于小容器的容量，如图2-43所示。

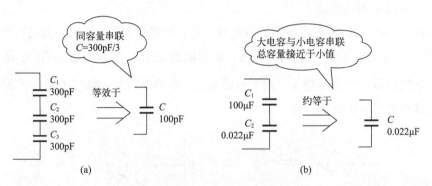

图2-43　电容器的串联

当电容器串联时，容量小的电容器应尽量选用耐压大的，并以接近或等于电源电压为宜。

④ 电路中，各电容器两端的电压与电容器的容量成反比，即容量大的，两端电压小，容量小的，两端电压大，这种关系称为电容器的分压关系。设电容器串联后，总等效电容 C 所带的电量为 Q，则各电容器的分压关系为 $U = \dfrac{Q}{C}$，$U_1 = \dfrac{Q}{C_1}$，$U_2 = \dfrac{Q}{C_2}$，$U_3 = \dfrac{Q}{C_3}$。

由电容器串联电路的特点可知，在使用电容器时，若电容器的额定直流工作电压小于实际工作电压，可以在满足容量要求的情况下，用串联的方法提高总等效电容器的额定直流工作电压。当多个容量不同的电容器串联时，各电容器上所加的电压不一样，应保证每一个电容器的额定直流工作电压都大于实际所加的电压。

（2）电容器并联电路

图2-44（a）所示为三个电容器的并联电路。

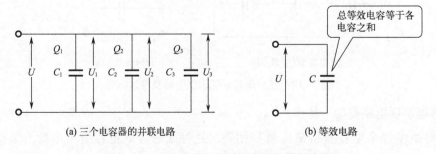

(a) 三个电容器的并联电路　　　　　　　　(b) 等效电路

图2-44　三个电容器的并联电路及等效电路

手把手教你快速
看懂电子电路图

电容器并联电路有如下特点：

① 电路中所有电容器所带的总电量等于各个电容器所带电量之和，即 $Q = Q_1 + Q_2 + Q_3$；

② 电路中各个电容器的端电压都相等，且等于电路的总电压，即 $U = U_1 = U_2 = U_3$；

③ 电路中总等效电容等于各电容之和，即 $C = C_1 + C_2 + C_3$，如图2-44（b）所示。如果两个相同容量的电容器并联，总电容量增大一倍；两个容量相差较大的电容器并联，总容量接近于大电容器的容量，如图2-45所示。

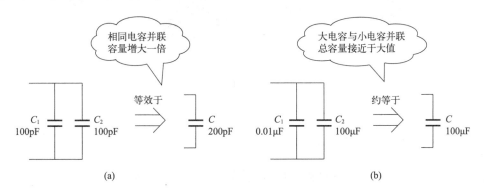

图2-45　电容器的并联

④ 电路中，电容器所带电量与电容器的容量成正比，即容量大的，所带电量多，容量小的，所带电量少。各电容器所带电量与端电压的关系为 $Q_1 = C_1 U$，$Q_2 = C_2 U$，$Q_3 = C_3 U$。

由电容器并联电路的特点可知，在使用电容器时，如果电容器容量小于实际要求的容量时，可以在满足耐压的前提下，采用并联的方法来提高总容量。

2.3　识读电感器及其单元电路

2.3.1　电感器的识别

（1）电感器的图形符号和外形

将导线卷绕起来或将导线绕在铁芯（磁芯）上就可得到一个电感元件，通常简称为电感，它也是电子产品中常用的基本电子元件之一。电感器的图形符号如图2-46所示，文字符号用字母"L"表示。

图2-46　电感的图形符号

电感可分为固定电感和可调电感、空心电感和铁芯电感等。扼流圈、偏转线圈和振荡线圈等都是常见的电感。常用电感的外形如图2-47所示。

| 空心线圈 | 磁棒线圈 | 扼流圈 | 贴片电感 |

| 磁环线圈 | 色环电感 | 功率电感 | 可调电感 |

图2-47　常用电感的外形

（2）电感器的主要参数

电感的主要参数有电感量、感抗、直流电阻、品质因数、分布电容、允许偏差、标称电流等。

① 电感量　电感量简称电感，也称自感系数，表示线圈本身的固有特性，与电流大小无关。电感的单位有H、mH、μH，其换算关系为 $1H = 10^3 mH = 10^6 μH$。电感线圈的圈数越多，绕制的线圈越密集，电感量越大；线圈内有磁芯的比无磁芯的电感大，磁芯磁导率越大，电感量也越大。选用电感时，应根据电感线圈的用途选择合适的电感量。例如，短波波段谐振回路中电感线圈的电感量约为几微亨，中波波段谐振回路中电感线圈的电感量约为数千微亨，电源滤波中电感线圈的电感量可高达几十亨。

② 感抗　电感线圈对交流电流阻碍作用的大小称为感抗 X_L，它与电感量 L 和交流电频率 f 的关系为 $X_L = 2\pi fL$，单位是 Ω。

③ 直流电阻　电感内部会存在一定的电阻，这个电阻通常被称为直流电阻。电感器的直流电阻对于电路中的能量损耗和效率都有一定影响。

④ 品质因数　品质因数是表示线圈质量的一个物理量，电感的品质因数通常用 Q 来表示。它是指电感器在某一频率的交流电压下工作时，所呈现的感抗与其等效损耗电阻之比，即 $Q = X_L / R$。Q 值越高，回路的损耗越小，效率越高。电感器的 Q 值通常为几十到几百。

⑤ 分布电容　线圈的匝与匝间、线圈与屏蔽罩间、线圈与底板间存在的电容被称为分布电容。分布电容的存在使线圈的品质因数 Q 值减小，稳定性变差，因而线圈的分布电容越小越好。

⑥ 允许偏差　电感的实际电感量相对于标称值的最大允许偏差范围称为允许偏差。一般固定电感器分为 Ⅰ、Ⅱ、Ⅲ级，分别表示允许偏差±5%、±10%、±20%。一般用于谐振或滤波电路中的电感器要求精度较高，允许偏差为 ±0.2%~±0.5%。

⑦ 标称电流　标称电流是指电感线圈中允许通过的最大电流，其大小与绕组线圈的线径粗细有关，通常用字母A、B、C、D、E表示，对应的标称电流值分别为50mA、150mA、300mA、700mA、1600mA。

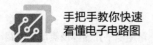

（3）电感器的参数表示方法

① 直标法　直标法即直接在电感器上标出其标称电感量。采用直标法的电感器将标称电感量用数字直接标注在电感器的外壳上，字母表示额定电流，Ⅰ、Ⅱ、Ⅲ表示允许偏差等级，如图2-48所示。如电感外壳标有"AⅠ10μH"，表示其电感量为10μH，允许偏差为Ⅰ级（±5%），额定电流为50mA。

② 色标法　采用色标表示标称电感量和允许偏差，标注方法如图2-49所示。色码电感器的读码方式与色标电阻器相同。

③ 文字符号法　文字符号法是将电感的标称值和偏差用数字和文字按一定规律组合标示在电感体上。一些小功率电感器通常采用文字符号法，单位通常为μH或nH，如图2-50所示。当单位为μH时，字母R表示小数点，如1R5表示1.5μH。当单位为nH时，字母N表示小数点，如4N7表示电感量为4.7nH。

（4）电感器的特性

① 通直阻交特性　与电容器的隔直通交特性相反，电感器具有通直阻交的特性，即对直流信号阻碍很小，而对交流信号阻碍较大。

感抗X_L与电感器自身的电感量和交流信号的频率有关，电感器的电感量越大，交流信号的频率越高，感抗越大。

电感器通直流信号时，感抗X_L趋于零，电流顺利通过；交流信号的频率越高，感抗X_L越大，阻碍作用越强。这就是电感器具有通直阻交特性的原因。

② 电流不能突变特性　因电路中的能量不能突变，电感器储存的磁场能$W = \frac{1}{2}Li_L^2$也不能突变，因此电感器通过的电流i_L不能突变。

2.3.2　电感器单元电路

（1）电感器串联电路

图2-51所示电路为两个电感器的串联电路及等效电路，由电感的伏安特性和基尔霍夫电压定律（KVL）可知，两个串联电感的等效电感等于各电感之和，即$L = L_1 + L_2$。两个串联电感的电压与其电感量

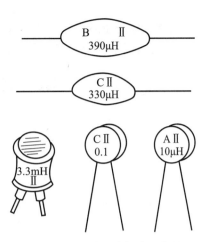

图2-48　电感器直标法示意图

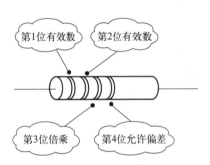

图2-49　电感器色标法示意图

图2-50　电感器文字符号法示意图

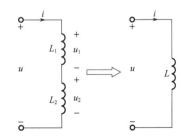

(a) 两个电感器的串联电路　　(b) 等效电路

图2-51　两个电感器的串联电路及等效电路

成正比，电感量越大，分压越大。

以上结论可推广到如图2-52所示的 n 个电感器串联时的情况。

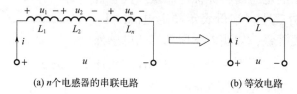

(a) n 个电感器的串联电路　　　　(b) 等效电路

图2-52　n 个电感器的串联电路及等效电路

（2）电感器并联电路

图2-53所示电路为两个电感器的并联电路及等效电路，由电感的伏安特性和基尔霍夫电流定律（KCL）可知，两电感并联的等效电感的倒数等于这两个电感的倒数之和，即 $\frac{1}{L} = \frac{1}{L_1} + \frac{1}{L_2}$。

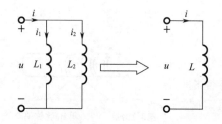

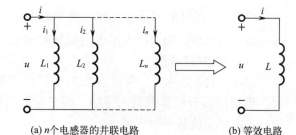

(a) 两个电感器的并联电路　　　　(b) 等效电路

图2-53　两个电感器的并联电路及等效电路

(a) n 个电感器的并联电路　　　　(b) 等效电路

图2-54　n 个电感器的并联电路及等效电路

流过两个并联电感器的电流与电感量成反比，电感量越大，分得的电流越小。

以上结论可推广到如图2-54所示的 n 个电感器并联时的情况。

（3）电感滤波电路

电感滤波电路是由电感器构成的一种滤波电路，其滤波效果较好，常用在电源电路中的整流电路之后，用来过滤整流电路输出电压中的交流成分。

图2-55所示电路是 π 型 LC 滤波电路。电路中，C_1 和 C_2 是滤波电容，L_1 是滤波电感。关于 π 型 LC 滤波电路的工作原理将在第6章进行详细介绍。

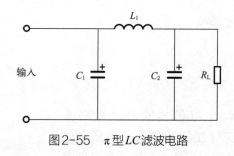

图2-55　π 型 LC 滤波电路

（4）电感储能电路

电感储能电路主要应用在直流-直流（DC-DC）转换电路中，充分利用电感的储能作

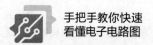
手把手教你快速
看懂电子电路图

用进行直流电压的升、降压调整。

电感储能电路是通过一个电子开关（二极管或三极管）在电感中先储存电荷，然后释放电荷来完成的。电感的充电和放电按照4个步骤来完成，如图2-56所示。

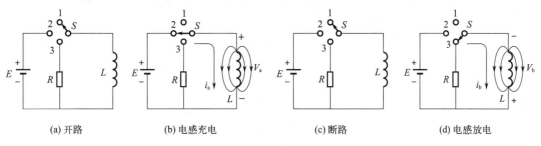

(a) 开路　　　　　(b) 电感充电　　　　　(c) 断路　　　　　(d) 电感放电

图2-56　电感的充电和放电

2.3.3　变压器的识别

（1）变压器的分类

变压器是一种常见的电气设备，在电力系统和电子线路中应用广泛，主要用于交流电路中的电压变换、电流变换和阻抗变换等。

变压器的种类很多，可按结构、相数、用途、冷却方式等不同进行分类，如图2-57所示。

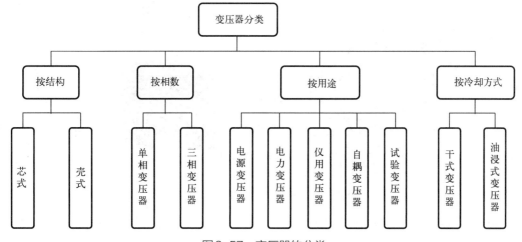

图2-57　变压器的分类

（2）常用变压器的结构

变压器可以看作是由两个或多个电感线圈构成的，它利用电感线圈耦合时的互感原理，将电能信号从一个电路传向另一个电路。

单相变压器一般是指初级线圈按照单相线圈设计，次级可以有一个或多个绕组线圈，理想状态下次级总功率等于初级总功率。图2-58所示为单相变压器的结构示意图，主要由铁芯、初级绕组（一次绕组）、次级绕组（二次绕组）、支架等组成，其中与电源连接的绕组叫初级绕组，与负载连接的绕组叫次级绕组。初级绕组和次级绕组都可以有抽头，次级绕组可根据需要做成多绕组。

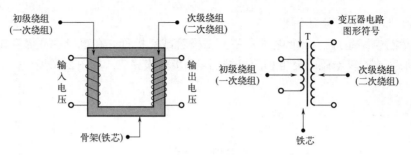

图2-58　单相变压器的结构示意图

　　三相变压器可看作是由三个容量相同的单相变压器组成的。通常，三相变压器的一个铁芯上绕了三个绕组，可以同时将三相电源变压到次级绕组，其输出也是三相电源。采用三相三线制或三相四线制的供配电系统广泛使用三相变压器，它是供配电系统中最关键的设备，其作用是使供配电系统的电力电压升高或降低，以便于电力的合理输送、分配和使用。

　　图2-59所示为三相变压器的结构示意图，其结构和单相变压器的内部结构基本相同。铁芯、绕组二者构成变压器的核心，铁芯是变压器的磁路，绕组是变压器的电路。除此之外，三相变压器还有冷却系统、保护装置等。

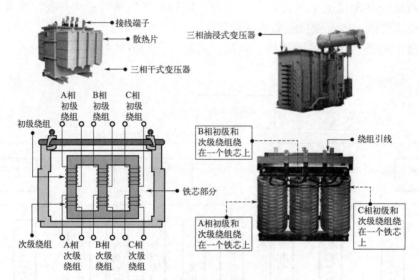

图2-59　三相变压器的结构示意图

　　由于各种变压器的结构不同，因此其电路符号也有所不同。表2-5所示为几种常用变压器的电路符号及识图方法。

表2-5　常用变压器的电路符号及识图方法

序号	电路符号	说明
1	一次绕组 T 二次绕组 1 2 3 4 5 6	变压器有两组二次绕组，3-4为一组，5-6为另一组。电路符号中的虚线表示变压器一次绕组和二次绕组之间设有屏蔽层。屏蔽层的一端接线路中的地线（不可两端同时接地），起抗干扰作用。该变压器主要用作电源变压器

手把手教你快速
看懂电子电路图

序号	电路符号	说明
2	1 T 3 一次绕组 二次绕组 2 4	变压器一次绕组和二次绕组的一端画有黑点，是同名端标记，表示有黑点端的电压极性相同，两个端点的电压同时增大、同时减小
3	1 T 3 一次绕组 二次绕组 2 4	变压器一、二次绕组间没有实线，表示该变压器没有铁芯
4	1 T 3 二次绕组 一次绕组 4 5 2	变压器的二次绕组有抽头，即4脚是3-5间的抽头。当3-4之间的匝数和4-5之间的匝数相同时，4脚称为中心抽头；否则，4脚为非中心抽头
5	1 T 二次绕组 一次绕组 2 3	变压器为自耦变压器，二次绕组是一次绕组的一部分。它只有一个绕组，2为抽头。若2-3间为一次绕组，1-2间为二次绕组，则为升压变压器；若1-2间为一次绕组，2-3间为二次绕组，则为降压变压器
6	1 T 4 一次绕组 二次绕组 2 3 5	变压器一次绕组有一个抽头2，可以输入不同的交流电

（3）变压器的工作原理

下面以图2-60所示电路为例来说明变压器的工作原理。图中，一次绕组和二次绕组均绕在铁芯上。

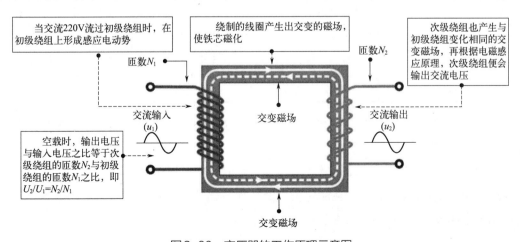

图2-60 变压器的工作原理示意图

当一次绕组输入交流电压后，一次绕组中有交流电流，产生交变磁场，磁场的磁力线绝大多数通过铁芯或磁芯构成闭合回路。因二次绕组也绕在铁芯或磁芯上，变化的磁场通过二次绕组，在二次绕组两端产生感应电动势。在一次绕组输入交流电压的一定情况下，二次绕组产生电压的大小由一次、二次绕组的匝数比决定，频率和变化规律与交流输入电压相同。

（4）变压器的主要参数

变压器的主要参数有变比、额定功率、效率和频率响应等。不同变压器的主要参数的要求不同，如电源变压器的主要参数有变比、额定功率、额定电压和额定电流、空载电流和绝缘电阻等。

① 变比 K　变比为变压器一次绕组的匝数 N_1 与二次绕组的匝数 N_2 之比，它反映了变压器的电压变换作用。变比 K 与一次、二次绕组的匝数和电压有效值间的关系为：

$$K = \frac{N_1}{N_2} = \frac{U_1}{U_2}$$

其中，U_1 和 U_2 分别为变压器的一次和二次绕组的电压有效值。当变比 $K>1$ 时，为降压变压器；当变比 $K<1$ 时，为升压变压器。

当变压器额定运行时，若忽略空载损耗，可得变压器一次、二次侧电流有效值的关系为：

$$\frac{I_1}{I_2} = \frac{N_2}{N_1} = \frac{1}{K}$$

变压器一次侧的等效阻抗模为二次侧所带负载的阻抗模的 K^2 倍，即如果通过变压器带负载，相当于带了一个阻抗模为原负载阻抗模 K^2 倍的等效负载。因此，通过调整变压器的匝数比，就能把阻抗模变换为所需要的大小合适的阻抗模，实现阻抗匹配。

当变比 K 为不同值时，变压器一次、二次绕组参数间的关系如表2-6所示。

表2-6　不同 K 值时，变压器一次、二次绕组参数间的关系

变比	变压器形式	匝数关系	阻抗关系	电压关系	电流关系	功率关系
$K>1$	降压变压器	$N_1>N_2$	$Z_1>Z_2$	$U_1>U_2$	$I_1<I_2$	
$K<1$	升压变压器	$N_1<N_2$	$Z_1<Z_2$	$U_1<U_2$	$I_1>I_2$	相等
$K=1$	1:1隔离变压器	$N_1=N_2$	$Z_1=Z_2$	$U_1=U_2$	$I_1=I_2$	

② 额定功率　在规定的工作频率和电压下，变压器能长期工作而不超过规定温升时的输出功率，单位为 $V \cdot A$。

③ 效率 η　在传输电能的过程中，变压器的一次、二次绕组和铁芯均有电能损耗，使输出功率略小于输入功率。在额定负载时，变压器的输出功率 P_2 与输入功率 P_1 之比称为变压器的效率 η，即 $\eta = P_2 / P_1$。

④ 频率响应　频率响应是音频变压器的一项重要指标。通常要求音频变压器对不同

手把手教你快速
看懂电子电路图

频率的音频电压信号都能按一定的变比作不失真的传输。实际上，由于变压器初级电感和漏感及分布电容的影响，不能完全实现这一点。初级电感越小，低频信号电压失真越大；漏感和分布电容越大，对高频信号电压的失真越大。

（5）变压器的隔离特性

所谓变压器的隔离特性，是指一次侧与二次侧回路之间的共用参考点可以隔离。隔离特性是变压器的重要特性之一。初级绕组的交流电压是通过电磁感应原理"感应"到次级绕组上的，而没有进行实际的电气连接，因而变压器具有电气隔离功能。如图2-61（a）所示，火线与大地之间存在220V的交流电压，零线与大地等电位，人站在大地上直接接触火线会对人身造成生命危险，必须引起重视。

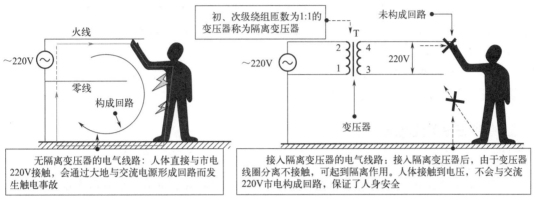

(a) 人体接触变压器二次绕组一端　　　　(b) 人体接触隔离变压器二次绕组一端

图2-61　变压器的隔离特性示意图

在图2-61（b）所示电路中，变压器的一次绕组输入220V交流电压，如果变压器的变比为1:1，则二次绕组的输出电压也是220V（3-4绕组之间的电压）。由于二次绕组的输出电压不以大地为参考，同时一次绕组和二次绕组高度绝缘，因此二次绕组的任一端（3端或4端）对大地之间的电压为0V。这样，人站在大地上只接触变压器二次绕组的任一端，没有人身安全危险，变压器起到了隔离作用。但不可同时接触3、4端，否则会造成触电。

（6）变压器的相位变换功能

变压器具有相位变换的作用。图2-62所示变压器的电路图中标出了各绕组线圈的瞬时电压极性。可见，通过改变变压器初级和次级绕组的接法可以很方便地将信号电压倒相。

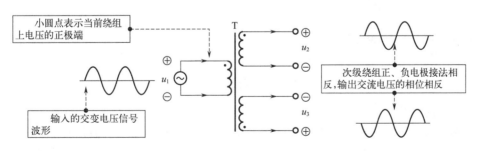

图2-62　变压器的相位变换示意图

（7）变压器的隔直通交特性

与电容器相同，变压器也具有隔直流通交流的特性。图2-63所示为变压器隔直通交特性示意图。

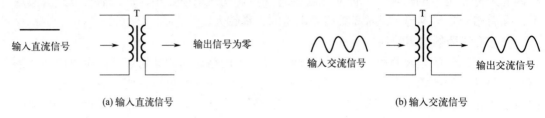

(a) 输入直流信号　　　　　　　　　　　　　　　(b) 输入交流信号

图2-63　变压器隔直通交特性示意图

① 隔直流特性　变压器的一次绕组中通直流电时，一次绕组中有直流电流通过。由于一次绕组所产生磁场的大小和方向均不变，二次绕组不能产生感应电动势，因此二次绕组两端无输出电压。由此可知，变压器不能将一次绕组中的直流电耦合到二次绕组中，所以变压器具有隔直流特性。

② 通交流特性　变压器的一次绕组中通交流电时，二次绕组两端有交流电压输出，所以变压器能够使交流电通过，具有通交流特性。

2.3.4　变压器单元电路

（1）电压变换

变压器是利用电磁感应原理实现电能传输的。如图2-64所示，当变压器次级绕组比初级绕组匝数多时，称为升压变压器；反之，当初级绕组比次级绕组匝数多时，称为降压变压器。利用变压器的电压变换作用，可以选择不同的变比K来提供适当的输出电压。如整流电路中的电源变压器，其目的是实现降压，将220V交流电转换成大小合适的交流电，再通过整流电路将低压交流电转换成直流脉动电压。

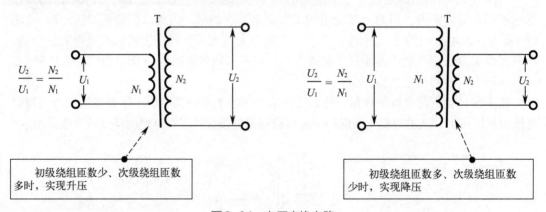

图2-64　电压变换电路

（2）电流变换

电流变换是针对负载对电流的需求而言的。例如，电视机的行激励电路属于高电压、小电流输出方式，而行输出电路属于低电压、大电流输入方式。为了使行激励电路输出的电流能满足行输出电路的要求，通常在行激励电路和行输出电路之间使用变压器来传输脉冲，如图2-65所示。图中，T为行激励变压器，它实际上是降压变压器，能将高电压、小电流转化为低电压、大电流。

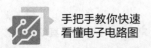

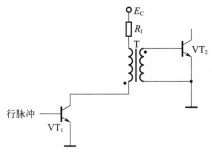

图2-65 变压器电流变换电路

（3）阻抗变换

图2-66所示为扩音机中的阻抗变换电路，利用音频变压器实现阻抗匹配。扩音机的最终负载是扬声器，而扬声器的阻抗往往都很小（4Ω、8Ω或16Ω），若直接将其接在输出放大器上，往往会使扬声器所获得的功率很小，为此采用变压器来进行阻抗变换，以提高输出效率。

变压器一次侧阻抗 Z_1 与二次侧阻抗 Z_2 的关系是：

$$\frac{|Z_1|}{|Z_2|} = \left(\frac{N_1}{N_2}\right)^2$$

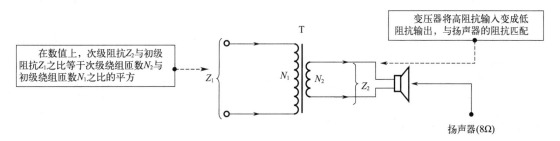

图2-66 扩音机阻抗变换电路

（4）信号耦合

图2-67所示电路是调幅收音机的中频电路，T为中频变压器，用来耦合信号。T的初级绕组与 C_1 构成选频电路，将465kHz的中频信号选择出来，并耦合到次级，再由次级送至 VT_2 的基极。由于中频变压器T的存在，VT_1 和 VT_2 的工作点彼此独立、互不影响。

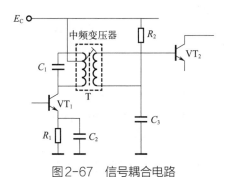

图2-67 信号耦合电路

（5）脉冲变压

在电视机开关电源中，广泛使用脉冲变压器来对脉冲电压进行变压，力求获得不同幅度的脉冲电压。图2-68所示电路是一个开关电源电路示意图，开关管工作在开关状态，使开关变压器初级绕组 L_1 上产生脉冲电压，该脉冲电压经变压后，分别在次级绕组 L_2、L_3、L_4 上得到幅度不同的脉冲电压输出。

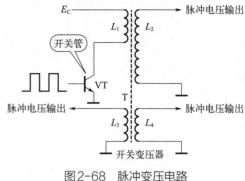

图2-68 脉冲变压电路

2.4 识读二极管及其单元电路

2.4.1 二极管的识别

（1）二极管的分类

晶体二极管简称二极管，是一种具有一个PN结的半导体器件。它有两个电极，从P型半导体材料引出的一端称为正极（也称阳极），从N型半导体材料引出的一端称为负极（也称阴极。）

二极管的种类有很多，按材料可分为硅二极管和锗二极管，按结构可分为点接触型和面接触型；按用途可分为整流二极管、稳压二极管、检波二极管、开关二极管、双向二极管、变容二极管和敏感类二极管（如光敏二极管、热敏二极管、磁敏二极管、压敏二极管等）等。

常用二极管的外形如图2-69所示。

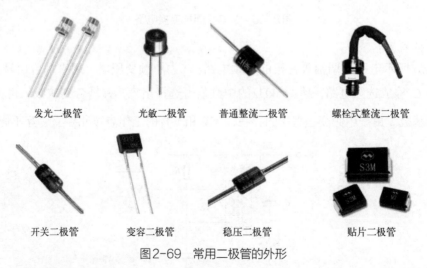

发光二极管　　　　光敏二极管　　　　普通整流二极管　　　螺栓式整流二极管

开关二极管　　　　变容二极管　　　　稳压二极管　　　　　贴片二极管

图2-69 常用二极管的外形

（2）二极管的图形符号

二极管的图形符号如图2-70所示，文字符号通常用"VD"表示。

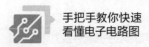

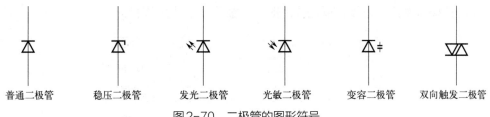

| 普通二极管 | 稳压二极管 | 发光二极管 | 光敏二极管 | 变容二极管 | 双向触发二极管 |

图2-70　二极管的图形符号

（3）半导体器件型号命名方法

表2-7所示为我国GB/T 249—2017标准规定的半导体分立器件型号命名方法。半导体分立器件型号命名由五部分组成，五个部分意义如下：

第一部分为主称，用数字表示器件的电极数目，2表示二极管，3表示三极管。

第二部分为材料和极性，用字母表示。

第三部分为半导体器件的类型，用字母表示。

第四部分为序号，用数字表示同一类别产品的序号。

第五部分为规格，用字母表示。

表2-7　半导体分立器件型号命名方法

第一部分		第二部分		第三部分				第四部分	第五部分
用数字表示电极数		用字母表示材料和极性		用字母表示类型					
符号	含义	符号	含义	符号	含义	符号	含义		
2	二极管	A	N型，锗材料	P	普通管	D	低频大功率	用数字表示序号	用字母表示规格
		B	P型，锗材料	V	微波管	A	高频大功率		
		C	N型，硅材料	W	稳压管	T	晶闸管可控整流器		
		D	P型，硅材料	C	参量管				
3	三极管	A	PNP型，锗材料	Z	整流管	Y	体效应器件		
				L	整流堆	B	雪崩管		
		B	NPN型，锗材料	S	隧道管	J	阶跃恢复管		
				N	阻尼管	CS	场效应管		
		C	PNP型，硅材料	U	光电器件	BT	半导体特殊器件		
		D	NPN型，硅材料	K	开关管	FH	复合管		
				X	低频小功率管	PIN	PIN型管		
		E	化合物材料	G	高频小功率管	JG	激光器件		

如2AP1表示N型锗材料普通二极管，3AG1B表示PNP型锗材料高频小功率三极管。

（4）二极管的单向导电性

图2-71所示电路为二极管的单向导电性示意图。理想情况下，当二极管加正向偏置电压（正极接高电位，负极接低电位）时，二极管处于导通状态；当二极管加反向偏置

电压（负极接高电位，正极接低电位）时，二极管处于截止状态。

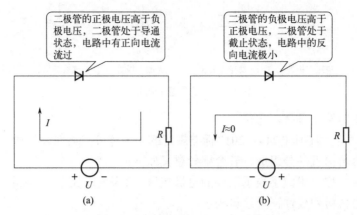

图2-71　二极管的单向导电性示意图

考虑二极管的正向导通压降和反向击穿电压，其工作状态如表2-8所示。

表2-8　二极管的工作状态说明

偏置电压极性		偏置电压大小	二极管的工作状态
正向偏置		很低，小于死区电压	不能正向导通，两引脚间的内阻比较大
		超过死区电压	正向导通，两引脚间的内阻很小
反向偏置		较小	反向截止，两引脚间的内阻很大
		超过反向击穿电压	反向击穿，两引脚间的内阻很小，无单向导电性，二极管损坏
说明		二极管即使加正向电压，也必须达到一定大小才能使二极管导通，这个阈值叫死区电压，硅管通常约为0.5V，锗管约为0.1V	

（5）二极管的主要参数

二极管的主要参数包括最大整流电流、最高反向工作电压、最大反向电流和最高工作频率等。

① 最大整流电流 I_F：指二极管长期工作时允许通过的最大正向平均电流，数值与PN结面积及外部散热条件等有关。在规定的散热条件下，二极管正向平均电流若超过此值，将由于结温升得过高而使管子损坏。

② 最高反向工作电压 U_{RM}：指二极管不被击穿所允许的反向峰值电压，一般是反向击穿电压的一半或三分之二。

③ 最大反向电流 I_{RM}：指二极管加最高反向工作电压时的反向电流。反向电流越小，二极管的单向导电性能越好，受温度的影响也越小。硅管的反向电流较小，通常在几微安以下；锗管的反向电流较大，为硅管的几十到几百倍。

④ 最高工作频率 f_m：二极管作检波或高频整流使用时，其最高工作频率应至少2倍于电路的实际工作频率，否则不能正常工作。

（6）二极管的正负极性识别

二极管的引脚有正负之分，不能混用。可通过标识、外形识别二极管的极性。

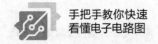

图2-72（a）中，二极管表面标有二极管的符号，三角形箭头指向负极，另一端为正极；图2-72（b）中，二极管标有白色或银色圆环的一端为负极；图2-72（c）中，二极管金属螺栓为负极；图2-72（d）中，发光二极管引脚短的一端为负极，金属片大的一端为负极。

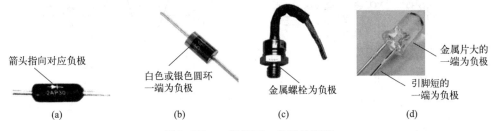

箭头指向对应负极

（a）

白色或银色圆环一端为负极

（b）

金属螺栓为负极

（c）

金属片大的一端为负极

引脚短的一端为负极

（d）

图2-72　二极管正、负极性判别

此外，还可以利用万用表测量二极管的正向电阻和反向电阻，依据二极管的单向导电性来判断二极管的正、负极。通常，二极管的正向电阻为几十欧姆到几百欧姆，反向电阻为几十千欧到几百千欧。

2.4.2　二极管单元电路

（1）二极管串联构成的偏置电路

图2-73所示电路为三个硅二极管串联构成的三极管放大偏置电路。电路中二极管 VD_1、VD_2 和 VD_3 构成一种特殊的偏置电路，每个二极管导通后的压降约为0.7V（硅管），因此，三极管 VT 的基极电位约为2.1V，保证三极管的发射结正向偏置，而集电结处于反向偏置，使三极管工作在放大状态。

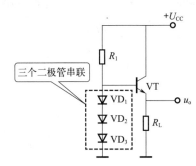

三个二极管串联

图2-73　三个硅二极管串联构成的三极管放大偏置电路

（2）二极管整流电路

二极管整流电路是利用二极管的单向导电性，将交流电变换为直流脉动电压的电路。根据电路功能，整流电路可分为半波整流、全波整流、全波桥式整流及倍压整流等电路形式。

图2-74所示电路为二极管桥式整流电路及其波形，该电路由电源变压器和四个同型号的二极管接成桥式组成。当变压器二次侧电压 u_2 处于正半周时，二极管 VD_1、VD_3 导通，VD_2、VD_4 截止，$u_o = u_2$；当 u_2 处于负半周时，二极管 VD_2、VD_4 导通，VD_1、VD_3

截止，$u_o = -u_2$。在整流电路输入 u_2 的整个周期内，输出 u_o 都有波形输出，该桥式整流电路为全波整流。

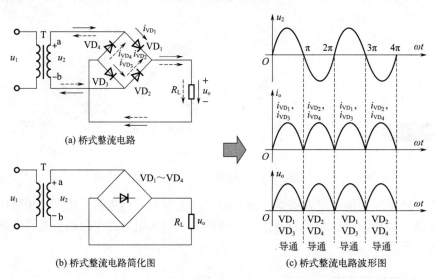

图2-74　由二极管构成的桥式整流电路及其波形

（3）二极管限幅电路

限幅电路就是截断或去除输入信号的一部分，而对波形的其余部分不造成任何失真的电路，也就是限制输入交流信号的正幅度或负幅度，以保护某些电子设备不会承受过大的电压。

图2-75（a）所示电路为二极管正限幅电路，由交流电源、电阻 R_1 和二极管 VD 组成。当交流输入电压 u_i 处于正半周期时，二极管 VD 正向导通，输出电压 u_o 等于二极管 VD 的正向导通压降，如硅二极管为0.7V；当交流输入电压 u_i 处于负半周期时，二极管 VD 反向截止，输出电压 u_o 与输入电压 u_i 相等，如图2-75（b）所示。该限幅电路将输出电压的正幅度限制在0.7V左右。

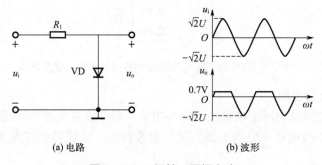

图2-75　二极管正限幅电路

同理，可以通过调换二极管的极性实现负限幅电路。

（4）二极管钳位电路

与限幅电路不同，二极管钳位电路将整个信号向上（正钳位）或向下（负钳位）移动，从而将信号的正峰值或负峰值设置在所需的水平，但不会改变信号的形状。钳位电路常用在电压倍增电路中，也称为电压倍增电路、直流恢复电路或钳位电容电路。

图2-76（a）所示电路为二极管正钳位电路，由交流电源、电容 C_1、二极管 VD 和电阻 R_L 组成。当交流输入电压 u_i 处于负半周期时，二极管 VD 正向偏置，电容 C_1 开始充电，直到达到电压 u_i 的峰值。当交流输入电压 u_i 处于正半周期时，二极管 VD 反向截止，u_i 通过电容 C_1 加到电阻 R_L 上，同时电容 C_1 也对电阻 R_L 放电。因此，这种情况下的输出电压 u_o 将等于交流电源电压与电容电压之和，使整个波形向上移，如图2-76（b）所示，输出电压 u_o 约等于两倍的输入电压，实现电压倍增。

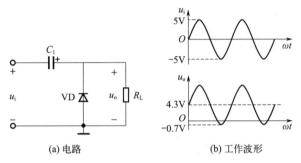

图2-76　二极管正钳位电路

同理，可以通过调换二极管的极性实现负钳位电路。

（5）二极管逻辑门电路

利用二极管的开关作用可构成逻辑门电路，如与门电路、或门电路、非门电路、与非门电路、或非门电路等。

图2-77所示电路为由二极管构成的与门电路。三个输入端 A、B、C 中至少有1个低电平，输出 Y 就为低电平；当三个输入端 A、B、C 全部为高电平时，输出 Y 才为高电平。

（6）稳压二极管稳压电路

图2-78所示电路为由稳压二极管构成的稳压电路。U_I 通常是经过整流电路整流和电容滤波器滤波后得到的直流电压，直流电压再经过限流电阻 R 和稳压二极管 VD_Z 组成的稳压电路接到负载电阻上。当电源电压波动或负载变化时，负载仍可得到一个比较稳定的电压。

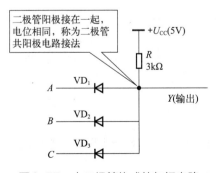

图2-77　由二极管构成的与门电路

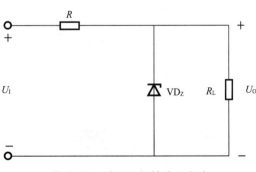

图2-78　稳压二极管稳压电路

2.5　识读三极管及其单元电路

2.5.1　三极管的识别

（1）三极管的分类

三极管的种类有很多，可按照不同的划分方法进行分类，如表2-9所示。

表2-9　三极管的划分种类

划分方法及名称		说明
按极性划分	NPN型三极管	常用的三极管，电流从集电极流向发射极
	PNP型三极管	与NPN型的不同之处在于电流从发射极流向集电极，两种类型的三极管可以通过电路符号加以区分
按材料划分	硅三极管	制造材料采用单晶硅，热稳定性好
	锗三极管	制造材料采用锗材料，反向电流大，受温度影响较大
按工作频率划分	低频三极管	工作频率较低，用于直流放大器、音频放大器等
	高频三极管	工作频率较高，用于高频放大器
按功率划分	小功率三极管	输出功率很小，用于前级放大器
	中功率三极管	输出功率较大，用于功率放大器或末级电路
	大功率三极管	输出功率很大，用于功率放大器，作为输出级
按安装形式划分	普通三极管	3根引脚通过电路板上的引脚孔伸到背面铜箔线路上，用焊锡焊接
	贴片三极管	体积小，3根引脚非常短，直接焊接在电路板铜箔线路一面
按封装材料划分	塑料封装三极管	小功率三极管大多采用塑料封装
	金属封装三极管	一部分大功率三极管和高频三极管采用金属封装

（2）三极管的封装形式

三极管有多种多样的封装形式，目前塑料封装是三极管的主流封装形式，其次是金属封装，如表2-10所示。

表2-10　常见的三极管封装形式

封装形式	外形	说明
塑料封装的小功率三极管		目前电子电路中应用最多的三极管，其外形有很多种，3根引脚的分布也不同。小功率三极管主要用来放大信号电压和作各种控制电路中的控制器件
塑料封装的大功率三极管		塑料封装的大功率三极管，在顶部有一个开孔的小散热片

手把手教你快速
看懂电子电路图

封装形式	外形	说明
金属封装的大功率三极管		大功率三极管输出功率较大，用来对信号进行放大。通常情况下，输出功率越大，体积也越大。金属封装大功率三极管体积较大，结构为帽子形状，帽子顶部用来安装散热片，其金属外壳本身就是一个散热部件。这种封装的三极管只有两根引脚，分别为基极和发射极，集电极就是三极管的金属外壳
金属封装高频三极管		高频三极管采用金属封装，其金属外壳可起到屏蔽的作用
带阻三极管		带阻三极管是一种内部封装有电阻器的三极管。它主要构成中速开关管。这种三极管又称为反相器或倒相器
带阻尼管的三极管		带阻尼管的三极管主要在电视机的行输出级电路中作为行输出三极管，它将阻尼二极管和电阻封装在管壳内
达林顿三极管		达林顿三极管又称达林顿结构的复合管，有时简称复合管。这种复合管的内部由两个输出功率大小不等的三极管复合而成。它主要作为功率放大管和电源调整管
功率场效应管		场效应管和晶体三极管的不同之处在于它是压控器件
贴片三极管		贴片三极管体积小，利于集成

（3）三极管的引脚分布

不同封装的三极管，其引脚分布的规律不同。图2-79所示是一些塑料封装三极管的引脚分布，供识别时参考。

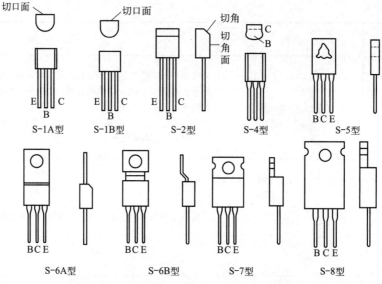

图2-79 塑料封装三极管引脚分布规律示意图

图2-80所示是金属封装三极管引脚分布规律示意图。

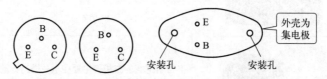

图2-80 金属封装三极管引脚分布规律示意图

（4）三极管的外形特征

关于三极管的外形特征主要说明以下几点：

① 一般三极管有三根引脚，每根引脚之间不可互相代替。

② 一些金属封装功率放大管只有两根引脚，它的外壳作为第三根引脚（集电极）。有的金属封装高频放大管是四根引脚，第四根引脚接外壳，这一引脚不参与三极管的内部工作。如果是对管，外壳内部有两个独立的三极管，共有6根引脚。

③ 功率三极管的外壳上需要附加散热片。

（5）三极管的结构和电路符号

① 三极管的结构　三极管的基本结构是由两个PN结构成的，有NPN和PNP两种组成形式，如表2-11所示。

表2-11 三极管的结构解说

类型	结构示意图	解说
NPN型	发射结 B 集电结 E—N P N—C	三极管结构分为三层，对于NPN型三极管而言，由两块N型半导体和一块P型半导体组成，P型半导体（基区）引出的电极为基极，两块N型半导体（集电区和发射区）引出的电极分别为集电极和发射极。因集电区和发射区的掺杂特性不同，两者不能互换。 三极管具有两个PN结，基区和发射区交界面形成的PN结为发射结，基区和集电区形成的PN结为集电结。这两个PN结与二极管PN结的特性相似
PNP型	发射结 B 集电结 E—P N P—C	

**手把手教你快速
看懂电子电路图**

② 三极管的电路图形符号　下面以NPN型三极管为例，其电路图形符号解说如表2-12所示。

表2-12　三极管的电路图形符号解说

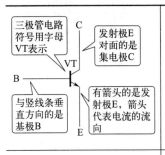

三极管的电路图形符号用字母"V"或"VT"表示，三个电极分别为基极（B）、集电极（C）和发射极（E）

电路图形符号中发射极的箭头方向指明了三个电极的电流方向。判断各电极电流方向时，首先根据发射极箭头方向确定发射极电流的方向，再根据基尔霍夫电流定律，即基极电流加集电极电流等于发射极电流，判断基极和发射极的电流方向。PNP型三极管的电路图形符号中，发射极箭头方向朝里。国产的硅管多为NPN型（3D系列），锗管多为PNP型（3A系列）

三极管新旧电路图形符号对比如表2-13所示。

表2-13　三极管新旧电路图形符号对比

电路图形符号	名称	解说
	旧NPN型三极管电路图形符号	旧电路图形符号外有个圆圈，新的电路图形符号外没有圆圈
	新NPN型三极管电路图形符号	
	旧PNP型三极管电路图形符号	
	新PNP型三极管电路图形符号	

（6）三极管的电流分配与放大作用

三极管具有电流放大作用，掌握三极管的工作原理，最主要的是理解各电极的电流之间的关系。

① 三极管各电极电流之间的关系　三极管各电极电流之间的关系是由其内部载流子的运动规律决定的。当三极管工作在放大状态时，各电极电流之间的关系如表2-14所示。

表2-14　三极管各电极电流之间的关系解说

电流关系		解说
基极与集电极之间的电流关系	$I_C = \beta I_B$	三极管集电极电流 I_C 与基极电流 I_B 满足线性关系，β 为电流放大系数。常用三极管的 β 值为几十到几百，I_C 远远大于 I_B
三个电极之间的电流关系	$I_E = I_B + I_C = (1+\beta)I_B$	可以把三极管看作一个广义节点，三个电极的电流关系满足基尔霍夫电流定律。三个电极电流中，I_E 最大，I_C 次之，I_B 最小。I_B 微小的变化将会引起 I_C 较大的变化。I_B 与 I_E、I_C 相比小得多，因而 $I_E \approx I_C$

② 三极管的三种工作状态　三极管的输出特性曲线可分为三个工作区，对应三极管的三种工作状态，即截止状态、放大状态和饱和状态。下面以NPN为例进行说明，表2-15所示为三极管的三种工作状态解说。

表2-15　三极管的三种工作状态解说

工作状态	工作状态特征	解说
截止状态	发射结、集电结均反向偏置	$I_B \approx 0$，$I_C \approx I_{CEO} \approx 0$（$I_{CEO}$ 称为穿透电流，受温度影响较大）。为了可靠截止，常使 $U_{BE} \leq 0$。发射极与集电极之间如同一个开关断开，其电阻很大
放大状态	发射结正向偏置，集电结反向偏置	放大区也称线性区，I_C 与 I_B 成正比关系，即 $I_C = \beta I_B$。对于NPN型管而言，应使 $U_{BE} > 0$，$U_{BC} < 0$，$U_{CE} > U_{BE}$
饱和状态	发射结、集电结均正向偏置	三极管工作于饱和状态时，I_B 的变化对 I_C 的影响较小，两者不成正比，$U_{CE} \approx 0$。发射极与集电极之间如同一个开关接通，其电阻很小

三极管的三种工作状态电路示意图见表2-16。

表2-16　三极管的三种工作状态电路示意图

工作状态	截止状态	放大状态	饱和状态
PNP型锗管	$U_{BE} \geq -0.1V$，$U_{CE} \approx -U_{CC}$	$U_{BE} -0.3 \sim -0.2V$，$U_{CE} = -U_{CC} + I_C R_C$	$U_{BE} -0.3V$，$U_{CE} \approx 0$
NPN型硅管	$U_{BE} \leq 0.5V$，$U_{CE} \approx U_{CC}$	$U_{BE} 0.6 \sim 0.7V$，$U_{CE} = U_{CC} - I_C R_C$	$U_{BE} 0.6 \sim 0.7V$，$U_{CE} \approx 0$
状态特点	$I_C \leq I_{CEO}$　　$I_B \leq 0$，$I_C \leq I_{CEO}$，三极管截止，电源电压 U_{CC} 几乎全加在管子上	$I_C = \beta I_B + I_{CEO}$　　当 I_B 从0逐渐增大时，I_C 也按一定比例增加，三极管处于放大状态，I_B 微小的变化能引起 I_C 较大的变化	$I_C \approx U_{CC}/R_C$　　当 $I_B > U_{CC}/\beta R_C$ 时，三极管呈饱和状态，I_C 不再随 I_B 的增大而增大，电源电压 U_{CC} 几乎全部加在负载 R_C 上

手把手教你快速
看懂电子电路图

2.5.2 三极管单元电路

（1）放大电路

三极管的主要作用是电流放大，下面以共发射极放大电路为例进行说明。在图2-81所示电路中，$U_{CC} > U_{BB}$，保证三极管处于放大状态。当基极电压有一个微小变化时，基极电流I_B也会随之有一个小的变化，受基极电流I_B的控制，集电极电流I_C将会有一个很大的变化。基极电流I_B越大，

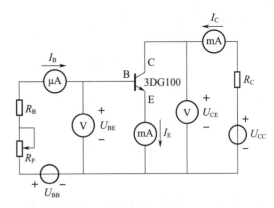

图2-81 共发射极放大电路

集电极电流I_C也越大，反之，基极电流I_B越小，集电极电流I_C也越小，即基极电流控制集电极电流的变化，测量数据如表2-17所示。

表2-17 三极管放大电路测量数据

I_B/mA	0	0.02	0.04	0.06	0.08	0.10
I_C/mA	<0.001	0.70	1.50	2.30	3.10	3.95
I_E/mA	<0.001	0.72	1.54	2.36	3.18	4.05

当三极管接成共发射极放大电路时，在静态（无输入信号）下，I_C的变化量与I_B的变化量之比称作共发射极静态电流放大系数，即$\overline{\beta} = I_C / I_B$。当三极管工作在动态（有输入信号）时，基极电流的变化量为ΔI_B，它引起集电极电流的变化量为ΔI_C。ΔI_C与ΔI_B的比值即$\beta = \Delta I_C / \Delta I_B$称为动态电流放大系数。可见，$\overline{\beta}$与$\beta$的含义不同，但两者数值较为接近，估算时常用$\overline{\beta} = \beta$这个近似关系。三极管的电流放大系数$\beta$一般在几十到几百。集电极电流$I_C$的变化比基极电流$I_B$的变化大很多，这就是三极管的电流放大作用。

（2）开关电路

当三极管工作在截止状态时，E、B、C三个极互为开路，其等效电路如图2-82（a）所示；当三极管工作在饱和状态时，其等效电路如图2-82（b）所示，C、E之间的饱和压降$U_{CE(sat)}$很小，C、E之间近似短路。因此，三极管工作在饱和或截止两种状态时，具有开关特性。

在数字电路中，利用三极管的开关特性就可构成各种门电路。如图2-83所示电路为三极管非门电路，当开关S拨至位置"2"时，A端电位为0V，三极管VT截止，Y端输出电压为5V。当S拨至位置"1"时，A端电压为5V，使三极管VT饱和导通，Y端输出电压也低于0.3V（硅管）。因此，当电路输入低电平时，输出为高电平；当电路输入高电平时，输出为低电平，电路为非门电路。

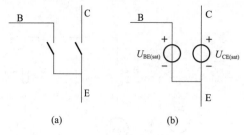

(a)　　　　　(b)

图2-82　三极管的开关等效电路

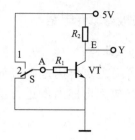

图2-83　三极管非门电路

2.6　识读直流电源及其单元电路

2.6.1　直流电源的识别

（1）常用的直流电源

① 电池　常用的直流电源有各种电池，如图2-84所示。

纽扣电池　　碱性电池　　碳性电池　　锂电池　　　蓄电池

图2-84　常用的电池

纽扣电池的输出电压为3V，但输出电流小；常用的碱性电池有5号、7号等规格，输出电压为1.5V，输出电流大；碳性电池的电量大，输出电流介于纽扣电池与碱性电池之间，如叠层碳性电池，输出电压为9V；锂电池可充电，输出电流大，容量大；汽车、逆变器等内部都有蓄电池，蓄电池内有液体，消耗一段时间后，当电池变热或充电时间变短时，需补充液体。

② 电源适配器　不仅仅电池能提供直流电，交流电经过处理后也可以变为直流电。最常见的电源适配器就是将220V交流电转换为所需大小的直流电，如图2-85所示的手机充电器的输出电压为5V，电流从500mA到5A甚至更高。

（2）电源的两种模型

一个电源可以用两种不同的电路模型来表示：一种是用理想电压源与电阻串联的电路模型来表示，称为电源的电压源模型；另一种是用理想电流源与电阻并联的电路模型来表示，称为电源的电流源模型。

① 电压源模型　任何一个电源，如发动机、电池或各种信号源，都含有电动势 E 和内阻 R_0。在分析与计算时，往往把它们分开，组成的电路模型如图2-86所示，此即电压源模型，简称电压源。图中，U 是电源端电压，R_L 是负载电阻，I 是负载电流。

图2-85　电源适配器

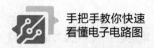

根据图2-86所示电路，可得出端电压：

$$U = E - R_0 I$$

由此可得出电压源的外特性曲线，如图2-87所示。当电压源开路时，$I = 0$，$U = E$；当电压源短路时，$U = 0$，$I = I_S = E / R_0$。内阻R_0愈小，则外特性曲线愈平。

当内阻$R_0 = 0$时，电压U恒等于电动势E，这样的电压源称为理想电压源（或称恒压源），其外特性曲线是一条与横轴平行的直线。

理想电压源的符号和电路模型如图2-88所示。

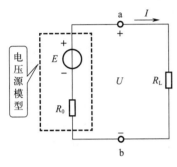

图2-86　电压源电路

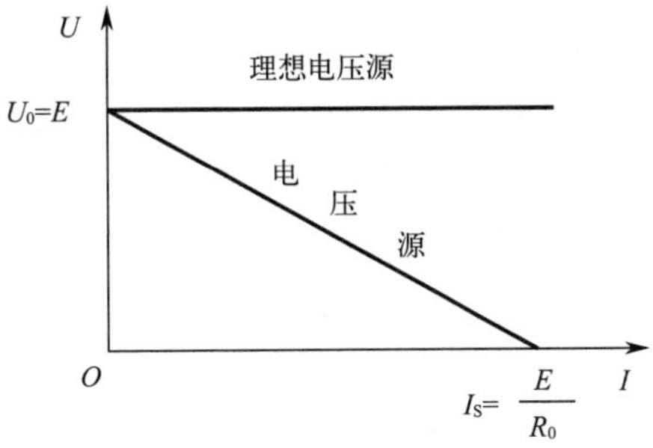

图2-87　电压源和理想电压源的外特性曲线

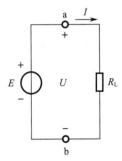

图2-88　理想电压源电路

理想电压源是理想的电源。在实际应用中，如果一个电源的内阻远小于负载电阻，即$R_0 \ll R_L$，可以认为是理想电压源。常用的稳压电源可认为是一个理想电压源。

② 电流源模型　电源除了用电动势E和内阻R_0串联的电路模型表示外，还可用电流源模型来表示。图2-89所示电路为电流源的电路模型，简称电流源。两条支路并联，其中电流分别为I_S和U / R_0。

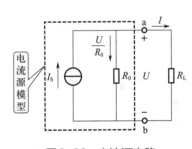

图2-89　电流源电路

根据图2-89所示电路，可得出：

$$I = I_S - \frac{U}{R_0}$$

电流源的外特性曲线如图2-90所示。当电流源开路时，$I = 0$，$U = R_0 I_S$；当短路时，$U = 0$，$I = I_S$。内阻R_0愈大，则外特性曲线愈陡。

当$R_0 = \infty$（相当于并联支路R_0断开）时，电流I恒等于电流I_S，这样的电源称为理想电流源（或恒流源），其外特性曲线是一条与横轴垂直的直线。

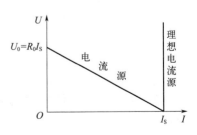

图2-90　电流源和理想电流源的外特性曲线

理想电流源的符号及电路模型如图2-91所示。

理想电流源也是理想的电源。在实际应用中，如果一个电源的内阻远大于负载电阻，即$R_0 \gg R_L$时，则$I \approx I_S$，电流基本上恒定，可以认为是理想电流源。三极管可近似地认为是一个理想电流源。

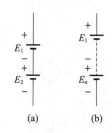

图2-91　理想电流源电路

2.6.2　直流电源单元电路

（1）直流电源串联电路

直流电源可以采用串联或并联的方式使用。在采用电池供电的电子电路中，通常采用直流电源串联的方式来提高直流工作电压。如需要直流3V的工作电压，可采用两节干电池（通常一节干电池的电压为1.5V）串联的方式实现。

图2-92所示电路是直流电源的串联电路，图中E_1和E_2是电池的电动势。两个直流电源串联后的总电压等于各直流电源电压之和，即总电压$E = E_1 + E_2$，如图2-92（a）所示。若多节电池串联，其总电压$E = E_1 + E_2 + \cdots + E_n$，如图2-92（b）所示。

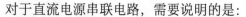

图2-92　直流电源的串联电路

对于直流电源串联电路，需要说明的是：

① 直流电源串联可提高直流工作电压；

② 若两个直流电源的工作电压大小不同，也可以进行串联；

③ 直流电源是有极性的。直流电源串联时，正确的连接方式是一个直流电源的正极与另一个直流电源的负极相连。若接错，则不仅没有正常的直流电压输出，还会造成电源短路，这是非常危险的。

（2）直流电源并联电路

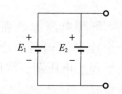

图2-93　直流电源的并联电路

图2-93所示电路是直流电源的并联电路。电路中E_1和E_2是电池的电动势，这两个电动势的大小必须相等才可并联起来。直流电源并联后的总电压等于某一个直流电源的电压，即$E = E_1 = E_2$。

直流电源的并联电路应用较少，当电池的容量不足不能满足电路需要时，可采用电池并联供电电路。

对于直流电源并联电路，需要说明的是：

① 相同直流电压的直流电源并联，电路提供的工作电压和其中任一个直流电源的工作电压相同，但可以增加直流电源的输出电流；

② 不同直流电压大小的直流电源不能并联，这在实际应用中需要引起特别注意；

③ 直流电源并联时，需要注意两个电池的极性，正极互相连接起来，负极也互相连接起来。

手把手教你快速
看懂电子电路图

第 3 章

三极管放大电路

放大电路用以放大微弱信号，实现以较小能量对较大能量的控制。在工业电子技术中，应用广泛的是低频放大器，其频率范围在 20~20000Hz。放大电路是模拟电子电路的基础和核心，本章主要介绍几种常用的基本放大电路、多级放大电路和差分放大电路，以便掌握这些电路的功能和特点。

3.1 识读三极管共发射极放大电路

3.1.1 共发射极放大电路的组成

图 3-1 所示电路是由 NPN 型三极管组成的共发射极放大电路。由 PNP 型三极管组成的放大电路只是电源极性与 NPN 型电路相反，分析方法则完全相同。

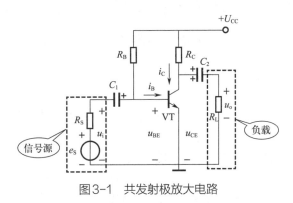

图 3-1 共发射极放大电路

共发射极放大电路由信号源、以晶体三极管 VT 为核心的放大部分和负载组成，如图

3-1所示。各元器件的作用如下：

① 耦合电容 C_1、C_2：隔直流，通交流，实现信号源、放大电路和负载三部分之间的耦合。

② 晶体管VT：输入电压信号 u_i 经耦合电容 C_1 加到VT的基极，引起VT基极电流 i_B 的变化，利用电流放大作用，将 i_B 放大后得到集电极电流 i_C。

③ 基极电阻 R_B：调节晶体管VT的基极偏置电流，使其有一个合适的静态工作点。R_B 的阻值一般为几十千欧到几百千欧。

④ 集电极电阻 R_C：将晶体管VT变化的电流转换为变化的电压，使 u_{CE} 随着 i_C 的变化而变化，以获得输出电压 u_o，这是实现电压放大的关键。R_C 的阻值一般为几千欧到几十千欧。

重要提示

> 放大电路输出的信号电压、电流和功率都远比输入信号的电压、电流和功率要大，但这并不意味着能量可以放大，而是利用晶体管的电流控制作用，将直流电源中的能量转换为交流信号输出，这也是放大电路的实质。

放大电路要求对信号放大既要"放得大"，又要"放得像"，即失真要小。在电路中的电流 i_B、i_C 和电压 u_{BE}、u_{CE} 中，均含有直流分量和交变分量两部分，如图3-2所示。因此分析电路时可将电路分解为静态（直流）电路和动态（交变信号）电路两部分。

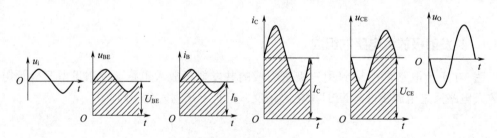

图3-2　共发射极放大电路的各电压、电流波形

3.1.2　共发射极放大器的直流通路

分析三极管构成的放大电路时，常将直流（静态）和交流（动态）分开分析，总响应是两个单独响应的叠加（叠加原理）。

放大电路静态分析的方法有估算法和图解法两种。

（1）估算法

要想了解静态工作点就要先了解静态，静态即直流工作状态。静态值既然是直流，故可以用放大电路的直流通路来分析计算。对于图3-1所示的共发射极放大电路，将电容

C_1 和 C_2 视为开路，即得其直流通路，如图 3-3 所示。

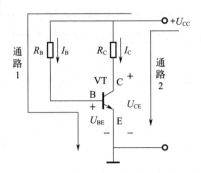

图3-3　共发射极放大电路的直流通路

对于图 3-3 所示电路，可采用估算法来确定静态工作点。

对于直流通路 1，列写基尔霍夫电压方程，可得出静态时的基极电流：

$$I_B = \frac{U_{CC} - U_{BE}}{R_B} \approx \frac{U_{CC}}{R_B}$$

式中，由于 U_{BE}（硅管约为 0.7V）比 U_{CC} 小得多，故可忽略不计。

集电极电流：

$$I_C \approx \beta I_B$$

对于直流通路 2，列写基尔霍夫电压方程，可得出集-射极电压：

$$U_{CE} = U_{CC} - R_C I_C \tag{3-1}$$

（2）图解法

静态值还可以用图解法来确定，即由负载线与非线性元件的伏安特性曲线的交点来确定，可以直观地分析和了解静态值的变化对放大电路的影响。

图解法可按下面的分析步骤进行：

① 首先用估算法确定 I_B；

② 按式（3-1）画出直流负载线，它与三极管的某条（由 I_B 确定）输出特性曲线的交点即为放大电路的静态工作点，由它确定放大电路的静态值，如图 3-4 所示。

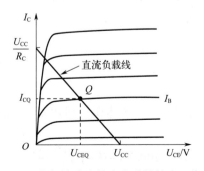

图3-4　图解法确定放大电路的静态工作点

3.1.3　共发射极放大电路的交流通路

在小信号情况下，可以采用微变等效电路法对放大电路作比较精确的分析。微变等效电路法是将放大电路中的晶体管以其小信号线性模型代替，得到放大电路的微变等效电路进行分析。

在图3-1所示的共发射极放大电路中，对于交流量，电容 C_1 和 C_2 可视为短路；同时，一般直流电源的内阻很小，可以忽略不计，对交流来讲直流电源也可以认为对地是短路的，据此可得出其交流通路，如图3-5（a）所示。再把交流通路中的晶体管用其小信号模型代替，即可得到放大电路的微变等效电路，如图3-5（b）所示。

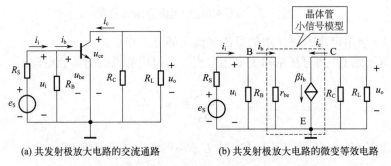

(a) 共发射极放大电路的交流通路　　　　(b) 共发射极放大电路的微变等效电路

图3-5　共发射极放大电路的交流通路及微变等效电路

设输入信号是正弦交流信号，图3-5（b）中的电压和电流可用相量来表示，如图3-6所示。

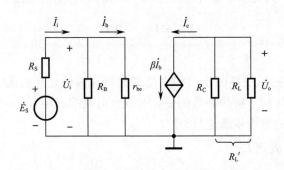

图3-6　正弦信号输入下的微变等效电路

对图3-6所示电路进行分析，可求出电压放大电路的主要性能指标，主要包括输入电阻 r_i、输出电阻 r_o 和电压放大倍数（增益）A_u。

（1）输入电阻

$$r_i = R_B // r_{be} \approx r_{be}$$

其中，r_{be} 为低频小功率三极管的输入电阻，可用式（3-2）进行估算。

$$r_{be} = 200(\Omega) + (1+\beta)\frac{26(mV)}{I_E(mA)} \tag{3-2}$$

（2）输出电阻

$$r_\mathrm{o} = R_\mathrm{C}$$

（3）电压放大倍数（增益）

$$\dot{U}_\mathrm{o} = -(R_\mathrm{C} // R_\mathrm{L})\dot{I}_\mathrm{c} = -\beta(R_\mathrm{C} // R_\mathrm{L})\dot{I}_\mathrm{b}$$

$$\dot{U}_\mathrm{i} = r_\mathrm{be}\dot{I}_\mathrm{b}$$

$$A_u = \frac{\dot{U}_\mathrm{o}}{\dot{U}_\mathrm{i}} = -\beta\frac{R_\mathrm{L}'}{r_\mathrm{be}} \tag{3-3}$$

式中，$R_\mathrm{L}' = \dfrac{R_\mathrm{C}R_\mathrm{L}}{R_\mathrm{C} + R_\mathrm{L}}$。

由以上分析可知，共发射极放大电路具有以下特点：

① 有电流放大能力，也有电压放大能力，且具有较高的电压增益；

② 输出电压与输入电压反相；

③ 输入电阻低，索取信号源的电流大，一般不用作多级放大器的输入级；输出电阻高，带负载能力不强，一般也不用作多级放大器的输出级；因其电压增益高，常作为电压放大，用作多级放大器的中间级。

3.2 识读三极管共集电极放大电路

3.2.1 共集电极放大电路的组成

共集电极放大电路也称为射极输出器，是一种应用广泛的放大器。电路如图3-7所示。图中，R_B 为偏置电阻，用以调节晶体管 VT 的静态工作点；R_E 为发射极电阻，将电流变化转换为电压变化，反映输入与输出的电压跟随特性；C_1、C_2 为耦合电容，输入信号经 C_1 加在晶体管 VT 的基极与地之间，输出信号经 C_2 由发射极和地之间取出。因为电源 U_CC 对交流信号相当于短路，故集电极成为输入与输出的公共端，称为共集电极放大电路。

射极输出器的电路结构与共发射极放大电路的不同之处主要体现在：

① 无集电极电阻。晶体管 VT 的集电极直接与直流电源 U_CC 相连，没有共发射极放大电路中的集电极

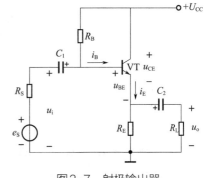

图3-7　射极输出器

负载电阻。

② 输出信号取自晶体管VT的发射极和地之间，而共发射极放大器的输出取自集电极和地之间。

③ 发射极上不能接有旁路电容，否则发射极输出的交流信号将被发射极旁路到地。

3.2.2 共集电极放大电路的直流通路

对于图3-7所示的射极输出器，在静态情况下，将电容C_1和C_2视为开路，即得其直流通路，如图3-8所示。

仿照前述分析共发射极放大电路的方法，可得出：

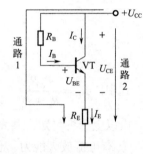

$$I_B = \frac{U_{CC} - U_{BE}}{R_B + (1+\beta)R_E}$$

$$I_C = \beta I_B , \quad I_E = (1+\beta)I_B$$

$$U_{CE} = U_{CC} - I_E R_E$$

图3-8　射极输出器的直流通路

3.2.3 共集电极放大电路的交流通路

图3-9所示电路是共集电极放大电路电流-电压变换示意图。共集电极放大电路的信号传输过程是：输入信号u_i（被放大的信号）→输入端耦合电容C_1→VT基极→VT发射极→输出端耦合电容C_2→输出信号u_o。

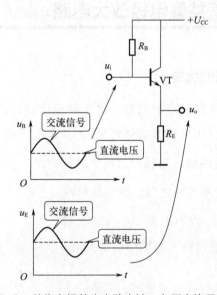

图3-9　共集电极放大电路电流-电压变换示意图

考虑到电容C_1、C_2及电源U_{CC}对交流信号而言相当于短路，则可画出射极输出器的微变等效电路，如图3-10所示。

手把手教你快速
看懂电子电路图

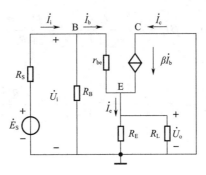

图3-10 射极输出器的微变等效电路

动态参数计算如下。

（1）电压放大倍数

由图3-10所示的射极输出器的微变等效电路可得出：

$$\dot{U}_o = R'_L \dot{I}_e = (1+\beta)R'_L \dot{I}_b \qquad (3-4)$$

式中，$R'_L = R_L // R_E$。

$$\dot{U}_i = r_{be}\dot{I}_b + R'_L \dot{I}_e = r_{be}\dot{I}_b + (1+\beta)R'_L \dot{I}_b$$

$$A_u = \frac{(1+\beta)R'_L}{r_{be} + (1+\beta)R'_L} \qquad (3-5)$$

由式（3-5）可知：

① 电压放大倍数接近于1，但恒小于1。这是因为 $r_{be} \ll (1+\beta)R'_L$，因此 $\dot{U}_o \approx \dot{U}_i$。

② 输出电压与输入电压信号的相位相同，具有跟随作用。由 $\dot{U}_o \approx \dot{U}_i$ 可知，两者同相，这是射极输出器的跟随作用，故它又称为射极跟随器。

（2）输入电阻

$$r_i = R_B // \left[r_{be} + (1+\beta)R'_L\right]$$

射极跟随器的输入电阻很高，可达几十千欧到几百千欧。

（3）输出电阻

射极输出器的输出电阻 r_o 可由图3-11所示的电路求得。

将信号源短路，保留其内阻 R_S，R_S 与 R_B 并联后的电阻为 R'_S，即 $R'_S = R_S // R_B$。在输出端将 R_L 去掉，加一交流电压 $\dot{U}_o$，产生电流 $\dot{I}_o$，即可求出：

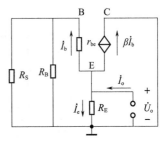

图3-11 计算输出电阻 r_o 的等效电路

$$\dot{I}_o = \dot{I}_b + \beta\dot{I}_b + \dot{I}_e = \frac{\dot{U}_o}{r_{be} + R_S'} + \beta\frac{\dot{U}_o}{r_{be} + R_S'} + \frac{\dot{U}_o}{R_E}$$

$$r_o = \frac{\dot{U}_o}{\dot{I}_o} = \frac{1}{\dfrac{1+\beta}{r_{be} + R_S'} + \dfrac{1}{R_E}} = \frac{R_E(r_{be} + R_S')}{(1+\beta)R_E + (r_{be} + R_S')}$$

通常：

$$(1+\beta)R_E \gg (r_{be} + R_S'), \quad \beta \gg 1$$

故：

$$r_o \approx \frac{r_{be} + R_S'}{\beta}$$

由以上分析可知，共集电极放大电路具有以下特点：

① 只有电流放大作用，没有电压放大作用；

② 输出电压与输入电压同相，且幅度近似相等，具有电压跟随作用；

③ 输入电阻高，常用作多级放大器的输入级，使多级放大器与信号源电路之间的相互影响比较小；输出电阻低，常用作多级放大器的输出级，用来提高带负载能力；有时还将射极跟随器接在两级共射放大器之间，作为缓冲级，起到阻抗匹配的作用。

3.3 识读三极管共基极放大电路

3.3.1 共基极放大电路的组成

共基极放大器的基本结构如图3-12所示。共基极放大电路的信号从发射极输入，从集电极输出，它的基极交流接地，作为输入回路和输出回路的公共端。

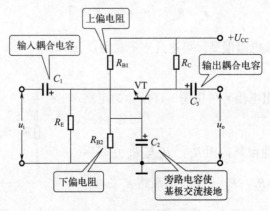

图3-12 共基极放大电路

3.3.2 共基极放大电路的直流通路

共基极放大电路的直流通路如图3-13（a）所示。可以看出，其直流通路与分压式偏置共射放大器完全一样，R_{B1} 和 R_{B2} 分别为上偏电阻和下偏电阻，R_E 为发射极电阻，R_C 为集电极电阻。

共基极放大电路的静态工作点的求法如下。

若满足 $I_1 \gg I_B$，则基极电位：

$$V_B \approx \frac{R_{B2}}{R_{B1} + R_{B2}} U_{CC}$$

集电极电流：

$$I_C \approx I_E = \frac{V_B - U_{BE}}{R_E}$$

基极电流：

$$I_B \approx \frac{I_C}{\beta}$$

集-射极间电压：

$$U_{CE} = U_{CC} - I_C R_C - I_E R_E \approx U_{CC} - I_C (R_C + R_E)$$

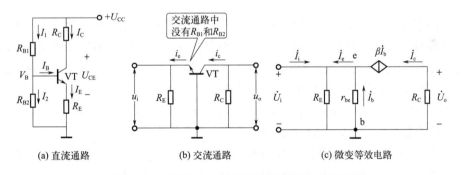

(a) 直流通路　　　　(b) 交流通路　　　　(c) 微变等效电路

图3-13　共基极放大电路的直流通路和交流通路

3.3.3 共基极放大电路的交流通路

从图3-13（b）所示的交流通路看，因基极接有大电容 C_2（R_{B2} 的旁路电容），故基极相当于交流接地。信号虽然从发射极输入，但事实上仍作用于三极管的B、E之间，此时输入信号电流为 i_e。

（1）电压放大倍数

$$A_u = \frac{\dot{U}_o}{\dot{U}_i} = \frac{-\dot{I}_c R_c}{-\dot{I}_b r_{be}} = \beta \frac{R_c}{r_{be}} \quad （不接负载 R_L 时） \tag{3-6}$$

从式（3-6）中可以看出，共基极放大电路的输出电压与输入电压同相。

（2）输入电阻

共基极放大器的输入电阻为：

$$r_\mathrm{i} = R_\mathrm{E} \mathbin{/\mkern-5mu/} \frac{r_\mathrm{be}}{1+\beta} \approx \frac{r_\mathrm{be}}{1+\beta}$$

（3）输出电阻

$$r_\mathrm{o} \approx R_\mathrm{C}$$

由以上分析可知，共基极放大电路的主要特点是输入电阻小，输出电阻和放大倍数与共射极放大电路相同。

与共射极放大电路、射极跟随器放大电路相比，共基极放大电路有与两者显著不同的特性，主要表现在：

① 具有电压放大能力。其电压放大倍数远大于1。输入信号电压加在基极与发射极之间，只要有很小的输入信号电压，就会引起基极电流的变化，从而引起集电极电流的变化，并通过集电极负载电阻 R_C 转换成集电极电压的变化。因 R_C 阻值较大，所以输出信号远大于输入信号。

② 无电流放大能力。其电流放大倍数小于1而接近于1。这一特性可以这样理解：输入信号电流是三极管的发射极电流，而输出电流是集电极电流，由三极管各电极的电流关系可知，集电极电流小于发射极电流，因此这种放大电路的输出电流小于输入电流。

③ 输出信号电压与输入信号电压相位相同。这一特性可以这样理解：由于集电极和发射极电流减小，三极管集电极电压增大，说明共基极放大器中的集电极电压和发射极电压同时增大。同理，当三极管发射极电压下降时，其集电极电压也下降。所以，共基极放大器的输出信号与输入信号电压是同相的。

④ 输入阻抗低，输出阻抗高。输入信号加在正偏的发射结上，故输入阻抗低；输出信号是反偏的集电结，故输出阻抗高。

⑤ 高频特性好。当三极管的工作频率高到一定程度时，三极管的放大能力明显下降。同一个三极管，当接成共基极放大电路时，其工作频率比接成其他形式的放大电路时要高，所以共基极放大电路主要用于高频信号的放大电路中。

3.4　识读多级放大器

3.4.1　多级放大器

放大器的输入信号一般都很微弱，而单级放大器的放大能力是有限的，因此在实用放大系统中往往需要多级放大器。

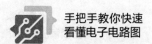

（1）多级放大器的组成

图3-14所示电路是两级放大器的结构方框图，多级放大器的结构方框图与此类似，只是级数较多。

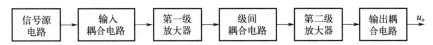

图3-14　两级放大器的结构方框图

从图3-14中可以看出，一个两级放大器主要由信号源电路、级间耦合电路、各单级放大器等组成。信号源输出的信号经输入耦合电路加至第一级放大器中进行放大，放大后的信号经级间耦合电路加至第二级放大器中进一步放大，再经耦合电路输出。在多级放大器中，第一级放大器通常称为输入级放大器，最后一级放大器称为输出级放大器。

（2）耦合方式

单级放大器通过级间耦合构成多级放大器。多级放大器有3种耦合方式，即阻容耦合、直接耦合和变压器耦合，其中采用阻容耦合和直接耦合的放大电路比较常见。

三种耦合方式的对照表如表3-1所示。

表3-1　三种耦合方式对照表

耦合方式	典型电路	特性解说
阻容耦合		①前级电路和后级电路通过耦合电容 C_2 相连 ②每一级电路的静态工作点相互独立、互不影响，便于分析与设计 ③信号在通过耦合电容加到下一级时会产生衰减，对直流信号（或变化缓慢的信号）很难传输
直接耦合		①前级电路和后级电路直接相连，低频特性好，便于集成 ②前级和后级的直流通路连通，静态电位互相牵制，各级静态工作点互相影响 ③存在零点漂移现象
变压器耦合		①利用变压器实现信号传输，变压器 T_1 将第一级的输出信号传送给第二级，变压器 T_2 将第二级的输出信号传送给负载 ②变压器具有隔直作用，因此各级静态工作点相互独立、互不影响 ③变压器在传输信号的同时，还可进行阻抗、电压、电流变换 ④变压器体积大、笨重，不能实现集成化应用，且不能传输变化缓慢的信号，因此这种耦合方式较少采用

3.4.2 阻容耦合多级放大器

图3-15所示的两级放大器中，前、后级之间是通过耦合电容 C_2 及下级输入电阻连接的，故称为阻容耦合。

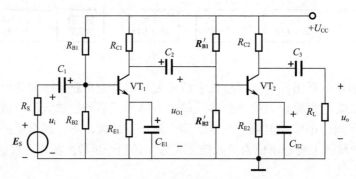

图3-15 阻容耦合两级放大器

（1）静态值的计算

由于电容有隔直作用，它可使前、后级的直流工作状态之间无相互影响，故各级放大器的静态工作点可以单独计算。两级放大电路均为分压式偏置共射放大器。

（2）交流通路分析

耦合电容对交流信号的容抗必须很小，其交流分压作用才可以忽略不计，以使前级输出信号几乎无损失地传输到后级输入端。

仿照单级放大器的交流通路的画法，可画出图3-15所示电路的微变等效电路，如图3-16所示。

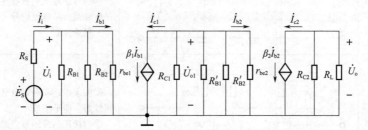

图3-16 阻容耦合两级放大器的微变等效电路

① 电压放大倍数：

$$A_u = \frac{\dot{U}_o}{\dot{U}_i} = \frac{\dot{U}_{o1}}{\dot{U}_i} \times \frac{\dot{U}_o}{\dot{U}_{i2}} = A_{u1} A_{u2} \quad (\dot{U}_{o1} = \dot{U}_{i2})$$

$$A_{u1} = \frac{\dot{U}_{o1}}{\dot{U}_i} = -\beta_1 \frac{R'_{L1}}{r_{be1}}$$

$$A_{u2} = \frac{\dot{U}_o}{\dot{U}_{i2}} = -\beta_2 \frac{R'_{L2}}{r_{be2}}$$

其中，$R'_{L1} = R_{C1} // r_{i2}$，$r_{i2} = R'_{B1} // R'_{B2} // r_{be2}$，$R'_{L2} = R_{C2} // R_L$。

② 输入电阻：

$$r_i = r_{i1} = R_{B1} // R_{B2} // r_{be1}$$

③ 输出电阻：

$$r_o = r_{o2} = R_{C2}$$

由上述分析可知，多级放大器的输入电阻为第一级放大器的输入电阻，输出电阻为末级放大器的输出电阻，电压放大倍数为各级放大器电压放大倍数的乘积。

3.4.3 直接耦合多级放大器

图3-17所示的两级放大器中，前、后级之间没有耦合电容，而是直接相连的，所以称为直接耦合放大器。在放大变化缓慢的信号（称为直流信号）时，必须采用这种耦合方式。在集成电路中，集成大容量电容比较困难，因此通常采用直接耦合方式。

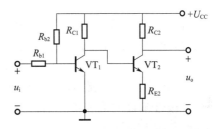

图3-17　直接耦合两级放大器

直接耦合存在的两个问题：

① 前后级静态工作点相互影响；

② 零点漂移。指输入信号电压为零时，输出电压缓慢地、无规则地变化的现象。引起零点漂移的原因有晶体管参数随温度变化、电源电压波动、电路元件参数的变化等。其中温度的影响是最严重的，因而零点漂移也称为温度漂移（温漂）。在多级放大器的各级漂移当中，又以第一级的漂移影响最为严重。由于直接耦合，第一级的漂移被逐级放大，以致影响整个放大器的工作。所以，抑制零点漂移要着重于第一级。

在直接耦合放大器中，抑制零点漂移最有效的电路结构是差分放大器。因此，要求较高的直接耦合多级放大电路的第一级广泛采用这种电路。

3.5 识读差分放大器

3.5.1 差分放大器基础知识

差分放大器之所以能抑制零点漂移，是由于电路的对称性。图3-18所示为双端输入-双端输出差分放大器的原理电路，由完全相同的两个共射极单管放大电路组成，要求两个晶体管特性一致，两侧电路参数对称。VT_1和VT_2为两个差分管，它们是同型号的三极管。

在分析差分放大器之前，首先了解差模信号和共模信号的概念，因为差分放大器对这两种信号的放大作用有所区别，这一点与一般放大器不同。

① 共模输入。两个输入信号大小相等、极性相同，这样的信号称为共模输入。它们同时加到两个差分放大管的基极，将引起两个放大管基极电流相同方向的变化，即一个

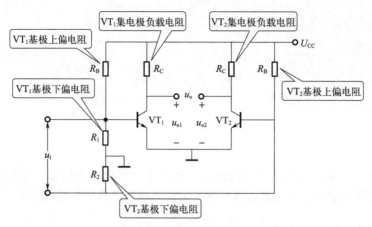

图3-18 双端输入-双端输出的差分放大器

三极管基极电流增大时，另一个三极管基极电流也在等量增大。差分放大器对共模信号无放大作用，即完全抑制了共模信号。

② 差模输入。两个输入信号大小相等、极性相反，这样的信号称为差模输入。它们分别加到两个差分放大管基极，将引起两个差分放大管基极电流相反方向的变化，即一个三极管基极电流在增大时，另一个在等量减小。在差分放大器中，差模信号就是放大器所要放大的信号。

3.5.2 差分放大器的工作原理

图3-18所示的双端输入-双端输出的差分放大器具有两个输入端、两个输出端。信号分别从两管基极之间输入，从两管集电极之间输出，即 $u_o = u_{o1} - u_{o2}$。

（1）无信号输入

在无信号输入（静态）时，因电路具有对称性，两管的集电极电流相等，两管的集电极电压变化量也相等，即 $I_{C1} = I_{C2}$、$V_{C1} = V_{C2}$。此时，输出信号为零，即零输入对应零输出。

差分放大器能有效抑制零点漂移。例如，当温度变化引起两管的集电极电流 I_C 发生变化时，由于电路的对称性，两管的集电极电流和集电极电压变化量会相等，即 $\Delta I_{C1} = \Delta I_{C2}$、$\Delta V_{C1} = \Delta V_{C2}$，而差分放大器的输出电压 $u_o = u_{o1} - u_{o2} = 0$。所以不管工作点如何变化，只要保持电路的对称性，在没有信号输入时输出始终为零，从而克服了零点漂移现象。

（2）差模输入

图3-19所示为差模信号输入的情况。设输入信号 u_i 的极性上正下负，图中用"+""−"号表示，该信号经 R_1、R_2（$R_1 = R_2$）分压后，各分得 $\frac{1}{2}u_i$，极性为上正下负。R_1 上的信号，正端作用于 VT_1 的基极，负端作用于 VT_1 的发射极，从而使 VT_1 基极输入信号极性为正；R_2 上的信号，正端作用于 VT_2 的发射极，负端作用于 VT_2 的基极，从而使

VT_2 基极输入信号极性为负。即 VT_1、VT_2 基极输入了差模信号，$u_{i1} = \dfrac{1}{2}u_i$，$u_{i2} = -\dfrac{1}{2}u_i$。

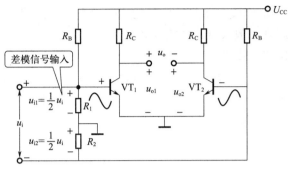

图3-19　差模信号输入的情况

因两侧电路对称，电压放大倍数相等，用 A_u 表示，则：

$$u_{o1} = A_u u_{i1}$$

$$u_{o2} = A_u u_{i2}$$

$$u_o = u_{o1} - u_{o2} = A_u(u_{i1} - u_{i2}) = A_u u_i$$

u_o、u_i 之比以 A_d 表示，称为差模电压放大倍数：

$$A_d = \frac{u_o}{u_i}$$

可见，差模电压放大倍数等于单级放大器的放大倍数。这说明差分放大器抑制零点漂移的优点是靠增加三极管的数量换来的。

（3）共模输入

当在输入端加上一对大小相等、极性相同的信号 $u_{i1} = u_{i2} = u_{ic}$（称为共模信号）时，对于 VT_1 来说，因基极信号极性为正，故基极电流和集电极电流会增大，并使集电极电压下降 ΔV_{C1}，从静态时的 V_{C1} 下降至（$V_{C1} - \Delta V_{C1}$）。对于 VT_2 来说，变化情况完全相同。由于两个集电极电位和电位变化量均相同，所以输出电压 $u_o = (V_{C1} - \Delta V_{C1}) - (V_{C2} - \Delta V_{C2}) = 0$。这说明差分放大器在电路对称的情况下对共模信号没有放大能力。

共模电压放大倍数：

$$A_c = \frac{u_{oc}}{u_{ic}} = 0$$

上面讨论的是理想情况，在一般情况下，因电路不可能完全对称，故 $A_c \neq 0$，将 A_d、A_c 之比取对数，以 K_{CMRR} 表示，称为共模抑制比，则：

$$K_{\mathrm{CMRR}} = 20\lg\left|\dfrac{A_{\mathrm{d}}}{A_{\mathrm{c}}}\right|$$

共模抑制比反映了差分放大器共模抑制能力的大小。其值越大，说明差分放大器对共模信号的抑制能力越强，放大器的性能越好。

（4）差分放大器的改进电路

为了提高共模抑制比，需要对差分放大器进行改进。下面介绍两种最常用的改进电路：一种是在两管发射极上加一个电阻 R_{E} 和负电源 $-U_{\mathrm{EE}}$，如图3-20所示；另一种是在两管发射极上增加恒流源，如图3-21所示。

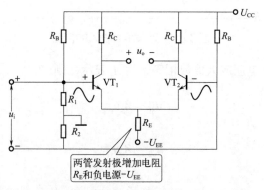

图3-20　差分放大器的改进电路

在差模信号输入时，由于两个单管放大器的输入信号大小相等而极性相反且电路对称，若输入信号使一个三极管发射极电流增加多少，则必然使另一个三极管发射极电流减少多少，因此，流过发射极电阻的电流保持不变，发射极电位恒定，故电阻 R_{E} 对差模信号而言相当于短路，不影响差模放大倍数。

发射极电阻 R_{E} 越大，对于零点漂移和共模信号的抑制作用越显著，同时又不影响差模放大倍数。但 R_{E} 越大，产生的直流压降就越大。为了补偿 R_{E} 上的直流压降，使发射极基本保持零电位，故增加负电源 $-U_{\mathrm{EE}}$，基极电流 I_{B} 可经下偏电阻（R_{1} 和 R_{2}）由 $-U_{\mathrm{EE}}$ 提供，因此图3-20电路中的 R_{B} 可省去。

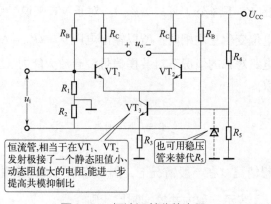

图3-21　恒流源差分放大器

手把手教你快速
看懂电子电路图

当R_E选得较大时，维持正常工作电流所需的负电源将很高，在实际中往往以理想电流源代替电阻R_E。理想电流源电路可由场效应晶体管或双极结型晶体管构成，如图3-21所示。

3.5.3　差分放大器的输入和输出方式

差分放大器有两个输入端和两个输出端，除了前面讨论的双端输入-双端输出式电路以外，为了适应信号源和负载经常有一端接地的情况，还经常采用单端输入方式和单端输出方式。差分放大器的四种输入输出方式如图3-22所示。

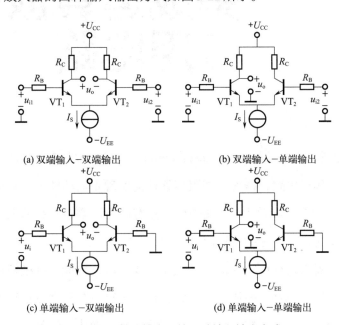

图3-22　差分放大器的四种输入输出方式

四种差分放大器的性能对比见表3-2。

表3-2　四种差分放大器的性能对比

输入方式	双端		单端	
输出方式	双端	单端	双端	单端
差模放大倍数 A_d	$-\dfrac{\beta R_C}{R_B+r_{be}}$	$\pm\dfrac{\beta R_C}{2(R_B+r_{be})}$	$-\dfrac{\beta R_C}{R_B+r_{be}}$	$\pm\dfrac{\beta R_C}{2(R_B+r_{be})}$
差模输入电阻 r_i	$2(R_B+r_{be})$		$2(R_B+r_{be})$	
差模输出电阻 r_o	$2R_C$	R_C	$2R_C$	R_C

第 4 章

集成运算放大器应用电路

集成运算放大器（integrated operational amplifier）是一种具有差分输入、多级直接耦合、高增益的单片集成电路，搭配一些阻容器件能实现不同功能的运算电路。集成运算放大器可以看作是一个双端输入-单端输出，具有高电压增益、高输入电阻、低输出电阻，能较好抑制零点漂移的差分放大电路。

集成运算放大器引入深度负反馈，可工作在线性区，构成多种模拟运算电路，如比例运算电路、加法运算电路、减法运算电路、积分运算电路和微分运算电路等；集成运算放大器开环工作或引入正反馈，可工作在非线性区，构成电压比较器、波形产生电路等，广泛应用于信号检测和自动控制系统中。

4.1 集成运算放大器的基础知识

4.1.1 集成运算放大器的组成

集成运算放大器简称集成运放，是由多级直接耦合的放大电路组成的高增益模拟电路。尽管品种繁多，内部电路结构也各不相同，但是它们的基本组成部分、结构形式和组成原则基本一致。集成运算放大器通常由输入级、中间级、输出级和偏置电路四部分组成，如图4-1所示。

输入级是提高集成运算放大器质量的关键部分，要求输入电阻高、静态电流小、差模放大倍数高、零点漂移小。输入级都采用差分放大器构成，它有同相和反相两个输入端。

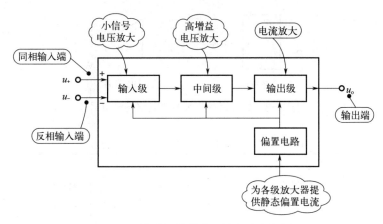

图4-1　集成运算放大器的组成方框图

中间级主要进行电压放大，要求电压放大倍数高，一般由共发射极放大电路构成。其中放大管采用复合管，以提高电流放大系数；集电极电阻常采用晶体管恒流源代替，以提高电压放大倍数。

输出级一般由互补对称电路或射极输出器构成，其输出电阻低、带负载能力较强，能输出足够大的电压和电流。

偏置电路的作用是为各级电路提供稳定和合适的偏置电流，决定各级的静态工作点，一般由各种恒流源构成。

4.1.2　集成运算放大器的封装形式和图形符号

集成运算放大器有金属圆壳式和双列直插式两种封装形式。如图4-2（a）所示为金属圆壳封装引脚排列图，它以圆壳边缘上的凸点作为定位标志，一般将对准定位标志的引脚定为最大引脚号。如图4-2（b）所示为双列直插封装引脚排列图，一般在器件正表面上的一端设半圆缺口或标志点，引脚朝下，按俯视图，缺口或标志点左下脚为第1引脚，各引脚按逆时针依次递增顺序排列。

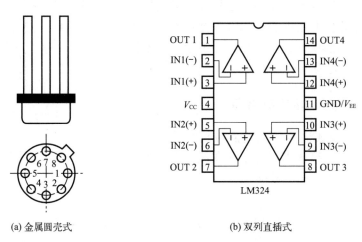

(a) 金属圆壳式　　　　　　　(b) 双列直插式

图4-2　集成运算放大器的封装形式

图4-3所示为集成运算放大器的电路图形符号，其含义如表4-1所示。

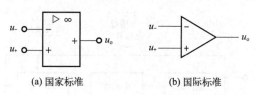

(a) 国家标准   (b) 国际标准

图4-3 集成运算放大器的电路图形符号

表4-1 集成运算放大器电路图形符号的含义

符号名称	电路图形符号	说明
国家标准规定的图形符号		"▷"表示集成运算放大器信号传输的方向;"∞"表示开环电压放大倍数的理想化条件;2根输入引脚分别为同相输入端u_+和反相输入端u_-,且引脚上标有"+""−"极性,表示输入信号与输出信号之间的相位关系;1根输出引脚,为输出端u_o
国际标准规定的图形符号		三角形表示集成运算放大器信号传输的方向;2根输入引脚分别为同相输入端u_+和反相输入端u_-,且引脚上标有"+""−"极性,表示输入信号与输出信号之间的相位关系;1根输出引脚,为输出端u_o

重要提示

在分析电路运算放大器时,一般将它看成是一个理想运算放大器。理想化的条件主要是:
① 开环电压放大倍$A_{uo} \rightarrow \infty$;
② 差模输入电阻$r_{id} \rightarrow \infty$;
③ 输出电阻$r_o \rightarrow 0$;
④ 共模抑制比$K_{CMRR} \rightarrow \infty$。

由于实际集成运算放大器的上述指标接近理想化的条件,因此在分析时用理想运算放大器代替实际集成运算放大器引起的误差并不严重,在工程上是允许的,这样做的目的是使分析过程大大简化。

4.1.3　集成运算放大器的传输特性

图4-4所示是集成运算放大器的传输特性,分为线性区和饱和区。运算放大器可工作在线性区,也可工作在饱和区,但分析方法不同。

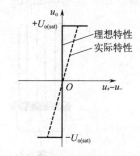

图4-4　集成运算放大器的传输特性

（1）工作在线性区

当集成运算放大器工作在线性区时,u_o和$(u_+ - u_-)$是线性关系,即:

$$u_o = A_{uo}(u_+ - u_-) \tag{4-1}$$

手把手教你快速
看懂电子电路图

由于集成运算放大器的开环电压放大倍数 A_{uo} 很高，即使输入毫伏级以下的信号，也足以使输出电压饱和，其饱和值 $+U_{o(sat)}$ 或 $-U_{o(sat)}$ 接近正电源电压或负电源电压值。要使集成运算放大器工作在线性区，通常引入深度负反馈。

集成运算放大器工作在线性区，分析依据主要有两条，即"虚短"和"虚断"，其含义如表4-2所示。

表4-2 "虚短"和"虚断"的含义

分析依据	含义
虚短	由于集成运算放大器的开环电压放大倍数 $A_{uo} \to \infty$，而输出电压是一个有限值，因此同相输入端的电位与反相输入端的电位近似相等，即 $u_+ \approx u_-$，此即所谓"虚短"
虚断	由于集成运算放大器的差模输入电阻趋于无穷大，同相输入端与反相输入端的电流接近于零，即 $i_+ = i_- \approx 0$，此即所谓"虚断"

（2）工作在饱和区

集成运算放大器工作在饱和区时，式（4-1）不能满足，这时输出电压 u_o 只有两种可能，即等于 $+U_{o(sat)}$ 或 $-U_{o(sat)}$，而 u_+ 与 u_- 不再相等，不再满足"虚短"。

当 $u_+ > u_-$ 时，$u_o = +U_{o(sat)}$；当 $u_+ < u_-$ 时，$u_o = -U_{o(sat)}$。

集成运算放大器工作在饱和区时，主要说明下列三点：

① 集成运算放大器本身不带反馈，或者带有正反馈，这一点与集成运算放大器工作在线性区明显不同。

② 集成运算放大器的输出与输入之间是非线性的，输出电压 u_o 等于 $+U_{o(sat)}$ 或 $-U_{o(sat)}$。

③ 同相端和反相端上的电压大小不等，即不存在"虚短"，但由于集成运算放大器的输入电阻很大，所以输入端的信号电流很小而接近于零，这样集成运算放大器仍然具有"虚断"的特点，即两个输入端的电流可认为等于零。

4.1.4 集成运算放大器的使用要点

集成运算放大器有两个电源引脚 V_{CC} 和 V_{EE}，但有不同的供电方式。不同的供电方式，对输入信号的要求是不同的。

① 双电源供电。集成运算放大器大多采用这种供电方式。相对于公共端（地）的正电源与负电源分别接于集成运算放大器的 V_{CC} 和 V_{EE} 引脚上，如图4-2（b）所示的LM324的4脚和11脚 。在这种方式下，可把信号源直接接到集成运算放大器的输入引脚上，而输出电压的摆幅可达正负对称电源电压。

② 单电源供电。单电源供电是将集成运算放大器的 V_{EE} 引脚接地，而将 V_{CC} 接电源正极。为保证集成运算放大器内部电路具有合适的静态工作点，在集成运算放大器输入端一般要加一直流电位。此时，集成运算放大器的输出在直流电位的基础上随输入信号变化。用作交流放大器时，集成运算放大器的静态输出电压约为 $V_{CC} / 2$，加接电容可隔离输出中的直流成分。

4.2　识读集成运算放大器线性应用电路

集成运算放大器引入深度负反馈，可以使输出和输入之间具有某种特定的函数关系，即实现特定的模拟运算，如比例、加法、减法、积分、微分运算等，这就构成了模拟运算电路。

4.2.1　比例运算电路

（1）反相比例运算电路

输入信号从反相输入端引入的运算便是反相运算。图4-5所示电路为反相比例运算电路。输入信号 u_i 经输入电阻 R_1 送至反相输入端，而同相输入端通过电阻 R_2 接"地"。反馈电阻 R_F 跨接在输出端和反相输入端之间。

根据集成运算放大器工作在线性区时的两条分析依据（虚短和虚断）可知

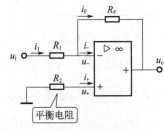

图4-5　反相比例运算电路

$$i_1 \approx i_F, \quad u_- \approx u_+ = 0$$

由图4-5可知

$$u_o = -\frac{R_F}{R_1} u_i$$

则闭环电压放大倍数为

$$A_{uf} = \frac{u_o}{u_i} = -\frac{R_F}{R_1} \tag{4-2}$$

当 $R_F = R_1$ 时

$$A_{uf} = \frac{u_o}{u_i} = -1, \quad 即 u_o = -u_i$$

此时，集成运算放大器称为反相器。

式（4-2）表明，输出电压 u_o 与输入电压 u_i 是比例运算关系。如果 R_1 和 R_F 的阻值足够精确，而且集成运算放大器的开环电压放大倍数很高，就可认定 u_o 与 u_i 的关系只取决于 R_F 与 R_1 的比值，而与集成运算放大器本身的参数无关。式（4-2）中的负号表示 u_o 与 u_i 反相。

手把手教你快速
看懂电子电路图

R_2 是平衡电阻，$R_2 = R_1 // R_F$，其作用是消除静态基极电流对输出电压的影响。

（2）同相比例运算电路

输入信号从同相输入端引入的运算便是同相运算。图4-6 所示是同相比例运算电路。

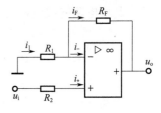

图4-6 同相比例运算电路

根据集成运算放大器工作在线性区时的分析依据可知

$$u_- \approx u_+ = u_i , \quad i_1 \approx i_F$$

由图4-6可得出

$$u_o = (1 + \frac{R_F}{R_1})u_i$$

则闭环电压放大倍数为

$$A_{uf} = \frac{u_o}{u_i} = 1 + \frac{R_F}{R_1} \qquad (4\text{-}3)$$

由此可见，输出电压 u_o 与输入电压 u_i 的比例关系也可认定与运算放大器本身的参数无关。

式（4-3）中，A_{uf} 为正值，表示 u_o 与 u_i 同相，并且 A_{uf} 总是大于或等于1，这点和反相比例运算电路不同。

当 $R_1 = \infty$ 或 $R_F = 0$ 时，则

$$A_{uf} = \frac{u_o}{u_i} = 1 , \quad 即 \ u_o = u_i$$

此时，集成运算放大器称为电压跟随器。图4-7所示为常用的电压跟随器电路。

4.2.2 加法运算电路

如果在反相输入端增加若干输入电路，则构成反相加法运算电路，如图4-8所示。

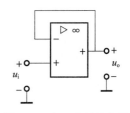

图4-7 电压跟随器电路

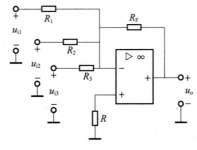

图4-8 加法运算电路

利用电路的线性性质，可采用叠加定理对加法运算电路进行分析，可得

$$u_{\mathrm{o}} = -(\frac{R_{\mathrm{F}}}{R_1}u_{\mathrm{i}1} + \frac{R_{\mathrm{F}}}{R_2}u_{\mathrm{i}2} + \frac{R_{\mathrm{F}}}{R_3}u_{\mathrm{i}3}) \qquad (4\text{-}4)$$

当 $R_1 = R_2 = R_3 = R_{\mathrm{F}}$ 时，则

$$u_{\mathrm{o}} = -(u_{\mathrm{i}1} + u_{\mathrm{i}2} + u_{\mathrm{i}3})$$

平衡电阻

$$R = R_1 // R_2 // R_3 // R_{\mathrm{F}}$$

从式（4-4）中可看出，加法运算电路也与集成运算放大器本身的参数无关，只要电阻阻值足够精确，就可保证加法运算的精度和稳定性。

4.2.3 减法运算电路

如果集成运算放大器的两个输入端都有输入，则为差分输入，电路如图4-9所示。差分运算在电子测量和控制系统中应用广泛。

利用叠加定理可求得输出电压 u_{o} 与输入电压 u_{i} 的关系为

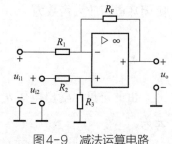

图4-9　减法运算电路

$$u_{\mathrm{o}} = (1 + \frac{R_{\mathrm{F}}}{R_1})\frac{R_3}{R_2 + R_3}u_{\mathrm{i}2} - \frac{R_{\mathrm{F}}}{R_1}u_{\mathrm{i}1} \qquad (4\text{-}5)$$

当 $R_1 = R_2$ 和 $R_{\mathrm{F}} = R_3$ 时，由式（4-5）可得

$$u_{\mathrm{o}} = \frac{R_{\mathrm{F}}}{R_1}(u_{\mathrm{i}2} - u_{\mathrm{i}1}) \qquad (4\text{-}6)$$

当 $R_{\mathrm{F}} = R_1$ 时，则

$$u_{\mathrm{o}} = u_{\mathrm{i}2} - u_{\mathrm{i}1}$$

由式（4-6）可以看出，输出电压与两个输入电压的差值成正比，所以可以进行减法运算。

由于电路存在共模电压，为了保证运算精度，应当选用共模抑制比较高的集成运算放大器和精密电阻。

4.2.4 积分运算电路

在图4-5所示的反相比例运算电路中，若用电容 C_{F} 代替 R_{F} 作为反馈元件，则就构成了积分运算电路，如图4-10所示。

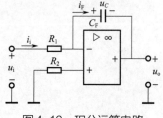

图4-10　积分运算电路

**手把手教你快速
看懂电子电路图**

输出电压 u_o 与输入电压 u_i 的关系为

$$u_o = -u_C = -\frac{1}{C_F}\int i_F \, \mathrm{d}t = -\frac{1}{R_1 C_F}\int u_i \mathrm{d}t \qquad (4\text{-}7)$$

式（4-7）表明 u_o 与 u_i 的积分成比例，式中的负号表示两者反相。$R_1 C_F$ 称为积分时间。

若 u_i 为阶跃电压 U，则输出电压与时间 t 成正比，最后达到负饱和值 $-U_{o(sat)}$，其波形如图4-11所示。

$$u_o = -\frac{U}{R_1 C_F}t$$

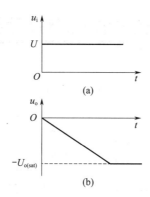

图4-11　积分运算电路的阶跃响应

4.2.5　微分运算电路

微分运算是积分运算的逆运算，只需将图4-10中反相输入端的电阻和反馈电容调换位置即可构成微分运算电路，如图4-12所示。

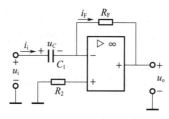

图4-12　微分运算电路

微分运算电路的输出 u_o 与输入 u_i 的关系为

$$u_o = -R_F C_1 \frac{\mathrm{d}u_i}{\mathrm{d}t}$$

即输出电压与输入电压对时间的一次微分成正比。

若 u_i 为阶跃电压 U 时，则输出电压 u_o 为尖脉冲，如图4-13所示。

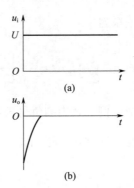

图4-13　微分运算电路的阶跃响应

4.3　识读集成运算放大器非线性应用电路

如图4-14所示，当集成运算放大器处于开环或正反馈时，其将工作在非线性状态。

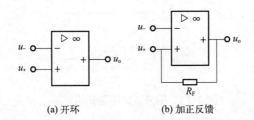

(a) 开环　　　　　　　(b) 加正反馈

图4-14　集成运算放大器工作在非线性状态的两种电路形式

4.3.1　电压比较器

电压比较器的基本功能是对两个输入电压进行比较，并根据比较结果输出相应的逻辑信号，在测量、控制及波形变换等方面有着广泛的应用。在电压比较器电路中，都要有给定的参考电压，将一个模拟电压信号与参考电压作比较，在输出端则以高电平或低电平来反映比较结果。

常用的电压比较器有单限电压比较器、窗口电压比较器和滞回电压比较器。

（1）单限电压比较器

单限电压比较器可用于检测输入信号电压是否大于或小于某一特定值，根据输入方式可分为反相输入式和同相输入式。

如图4-15所示为反相输入式单限电压比较器，在比较器的反相端加上连续变化的模拟量，同相端加上固定的基准电压 U_R，而输出信号则是数字量，即"1"或"0"。因此，比较器可以作为模拟电路与数字电路的接口。

图4-15中的 U_R 是一个固定的参考电压，由传输特性可以看出，当输入信号 u_i 在参考电压 U_R 处变化时，输出电压 u_o 发生跳变。传输特性上输出电压跃变时的输入电压称为

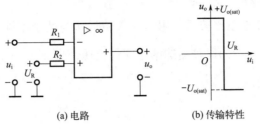

(a) 电路 (b) 传输特性

图4-15　反相输入式单限电压比较器

阈值电压（也称门限电压），用 U_{TH} 表示。单限电压比较器只有一个门限电压，其值可以正，也可以负。

阈值电压为零的比较器称为过零电压比较器。过零电压比较器就是单限电压比较器的一个特例，其门限电压 $U_{TH}=0$。反相输入式过零电压比较器的同相输入端接地，而同相输入式过零电压比较器的反相输入端接地。

反相输入式过零电压比较器电路及电压传输特性如图4-16所示。当输入信号电压 $u_i>0$ 时，输出电压 $u_o=-U_{o(sat)}$；当 $u_i<0$ 时，$u_o=+U_{o(sat)}$。

同相输入式过零电压比较器电路及电压传输特性如图4-17所示。当输入信号电压 $u_i>0$ 时，输出电压 $u_o=+U_{o(sat)}$；当 $u_i<0$ 时，$u_o=-U_{o(sat)}$。

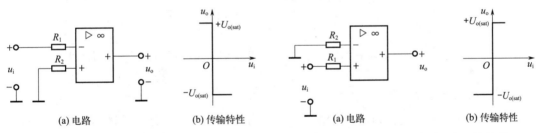

(a) 电路　　(b) 传输特性

图4-16　反相输入式过零电压比较器

(a) 电路　　(b) 传输特性

图4-17　同相输入式过零电压比较器

对于反相输入式过零电压比较器，当输入信号为正弦波电压 u_i 时，则输出 u_o 为矩形波，如图4-18所示，利用电压比较器可实现波形转换。

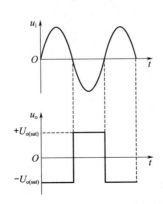

图4-18　电压比较器实现波形转换

（2）窗口电压比较器

图4-19所示为窗口电压比较器，用于输入信号 u_i 与两个不同的参考电压相比较的情况。其中，U_{RH}、U_{RL} 分别为比较器的两个阈值电压，且 $U_{RH} > U_{RL}$；电阻 R_1、R_2 和稳压管 VD_Z 构成输出限幅电路。

当 $u_i > U_{RH}$ 时，$u_{o1} = +U_{o(sat)}$，$u_{o2} = -U_{o(sat)}$；二极管 VD_1 导通，VD_2 截止；稳压管 VD_Z 工作在稳压状态，$u_o = +U_Z$。

当 $u_i < U_{RL}$ 时，$u_{o1} = -U_{o(sat)}$，$u_{o2} = +U_{o(sat)}$；二极管 VD_1 截止，VD_2 导通；稳压管 VD_Z 工作在稳压状态，$u_o = +U_Z$。

当 $U_{RL} < u_i < U_{RH}$ 时，$u_{o1} = -U_{o(sat)}$，$u_{o2} = -U_{o(sat)}$；二极管 VD_1 和 VD_2 均截止；稳压管 VD_Z 截止，$u_o = 0$。

当 U_{RH} 和 U_{RL} 均大于零时，其电压传输特性如图4-20所示。

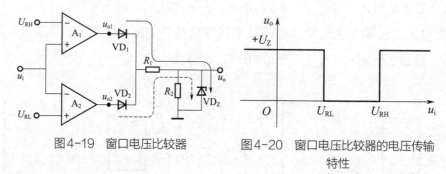

图4-19 窗口电压比较器 · 图4-20 窗口电压比较器的电压传输特性

（3）滞回电压比较器

滞回电压比较器又称为施密特触发器，电路如图4-21（a）所示。图中，VD_Z 为双向稳压管，跨接在输出端与"地"之间，作双向限幅用；R_3 为限流电阻。

滞回电压比较器的传输特性如图4-21（b）所示。U'_+ 称为上门限电压，U''_+ 称为下门限电压，两者之差 $U'_+ - U''_+$ 称为回差。

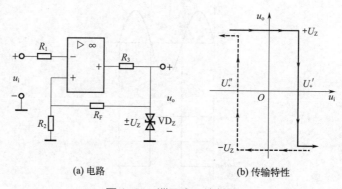

(a) 电路 · (b) 传输特性

图4-21 滞回电压比较器

手把手教你快速看懂电子电路图

当输出电压 $u_o = +U_Z$ 时，$u_+ = U'_+ = \dfrac{R_2}{R_2 + R_F} U_Z$。

当输出电压 $u_o = -U_Z$ 时，$u_+ = U''_+ = -\dfrac{R_2}{R_2 + R_F} U_Z$。

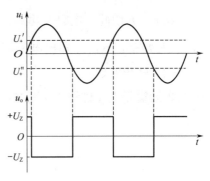

设某一瞬间 $u_o = +U_Z$，当输入电压 u_i 增大到 $u_i \geq U'_+$ 时，发生负向跃变，输出电压 u_o 转变为 $-U_Z$；当 u_i 减小到 $u_i \leq U''_+$ 时，u_o 又转变为 $+U_Z$，发生正向跃变。如此周而复始，随着 u_i 的大小变化，u_o 输出为一矩形波电压，如图4-22所示。

图4-22　滞回电压比较器的波形图

综上可以看出，滞回电压比较器能加速输出电压的转变过程，改善输出波形在跃变时的陡度。此外，回差提高了电路的抗干扰能力。输出电压一旦转变为 $+U_Z$ 或 $-U_Z$ 后，随即自动变化，u_i 必须有较大的反向变化才能使输出电压转变。

4.3.2　波形产生电路

图4-23所示电路是一个由集成运算放大器构成的矩形波信号发生器，它在集成运算放大器上同时加正、负反馈电路，构成滞回电压比较器。VD_Z 为双向稳压管，假设 VD_Z 的稳压值 $U_Z = 5V$，它可以使输出电压 U_o 稳定在 $+U_Z$ 或 $-U_Z$。若取 $R_1 = 2k\Omega$，$R_2 = 3k\Omega$，则 $u_+ = \pm\dfrac{R_2}{R_1 + R_2} U_Z = \pm 3V$。

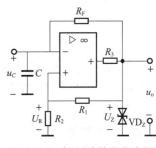

图4-23　矩形波信号发生器

（1）工作原理

在 $0 \sim t_1$ 期间，$u_o = 5V$ 通过 R_F 对电容 C 进行充电，在电容 C 上充得上正下负的电压，u_C 电压上升，即 u_- 电压也上升，在 t_1 时刻 u_- 电压达到门限电压3V，开始有 $u_- > u_+$，输出电压 u_o 马上变为低电平，即 $u_o = -5V$，同相输入端的门限电压被 u_o 拉低至 $u_+ = -3V$。

在 $t_1 \sim t_2$ 期间，电容 C 开始放电，放电路径是：电容 C 上端 $\rightarrow R_F \rightarrow R_1 \rightarrow R_2 \rightarrow$ 地 $\rightarrow$ 电容 C 下端。t_2 时刻，电容 C 放电完毕。

在 $t_2 \sim t_3$ 期间，$u_o = -5V$ 电压开始对电容 C 反充电，其路径是：地 $\rightarrow$ 电容 $C \rightarrow R_F \rightarrow VD_Z$ 上端（$-5V$）。电容 C 被充得上负下正的电压。u_C 为负压，u_- 也为负压，随着电容 C 不断被反充电，u_- 不断下降。在 t_3 时刻，u_- 下降到 $-3V$，开始有 $u_- < u_+$，输出电压 u_o 马上转为高电平，即 $u_o = 5V$，同相输入端的门限电压被 u_o 抬高至 $u_+ = 3V$。

在 $t_3 \sim t_4$ 期间，$u_o = 5V$ 又开始经 R_F 对电容 C 进行充电，t_4 时刻将电容 C 上的上负下正电压中和。

在 $t_4 \sim t_5$ 期间，电容 C 再继续充得上正下负的电压，t_5 时刻，u_- 电压达到门限电压 3V，开始有 $u_- > u_+$，输出电压 u_o 马上变为低电平。

（2）输出波形

以后重复上述过程，从而在电路输出端得到图4-24所示的矩形波信号 u_o。

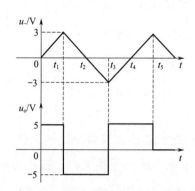

图4-24　矩形波信号发生器波形图

除了矩形波信号发生器，利用集成运算放大器还可构成三角波、锯齿波和正弦波信号发生器。

4.4　识读集成运算放大器典型应用电路

4.4.1　测量放大器

在许多工业应用中，经常要对一些物理量如压力、温度、流量等进行测量和控制。在这些情况下，通常先利用传感器将它们转换为电信号（电压或电流），这些电信号一般是很微弱的，需要进行放大和处理。另外，由于传感器所处的工作环境一般都比较恶劣，经常受到强大干扰源的干扰，因而在传感器上会产生干扰信号，并和转换得到的电信号叠加在一起。此外，转换得到的电信号往往需要屏蔽电缆进行远距离传输，在屏蔽电缆的外层屏蔽上也不可避免地会接收到一些干扰信号，如图4-25所示。这些干扰信号对后面连接的放大器系统，一般构成共模信号输入。由于它们相对于有用的电信号往往比较大，一般的放大器对它们不足以进行有效的抑制，只有采用专用的测量放大器（也称仪用放大器）才能有效地消除这些干扰信号的影响。

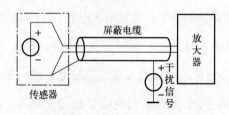

图4-25　测量信号的传输

典型的测量放大器由三个集成运算放大器构成，电路如图4-26所示。输入级由两个同相比例运算电路组成，其输入电阻高。由于电路结构对称，可抑制共模噪声。输出级为差分放大器，用于放大差模信号。通常选取 $R_3 = R_4 = R_5 = R_6$，故具有跟随特性，且输出电阻很小。

通常选取 $R_1 = R_2$ 为定值，改变电阻 R，即可方便地调整测量放大器的增益，所以 R 称为增益调整电阻。集成运算放大器的选取，尤其是电阻 R_3、R_4、R_5、R_6 的匹配情况会直接影响测量放大器的共模抑制能力。在实际应用中，往往由于集成运放的非理想化及电阻的选配不能满足要求，从而导致测量放大器的性能明显降低。

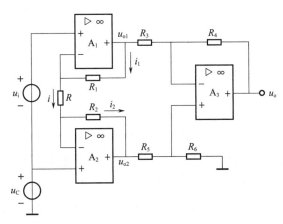

图4-26 测量放大器

设 u_i 为有效的输入信号，u_C 为共模信号。由集成运放的"虚断"和"虚短"特性可得测量放大器的输出电压 u_o 为

$$u_o = -(1 + \frac{R_1 + R_2}{R})u_i \tag{4-8}$$

从式（4-8）中可以看出，其输出与共模信号 u_C 无关，这表明测量放大器具有很强的共模抑制能力。

常用的单片集成测量放大器有 AD522、AD620 等，其电路结构简单，只需外接一个增益调整电阻，因此设计效率更高。

图4-27所示电路为三线式铂电阻测温电路，该电路中采用了测量放大器，以提高输入阻抗和共模抑制比。电路中，铂热电阻 R_T 与高精度电阻 $R_1 \sim R_3$ 组成桥路，R_3 的一端通过导线接地。R_{W1}、R_{W2}、R_{W3} 是导线等效电阻。流经传感器的电流路径为 $U_T \rightarrow R_2 \rightarrow R_3 \rightarrow R_{W2} \rightarrow R_{W3} \rightarrow$ 地。如果电缆中导线的种类相同，则导线电阻 R_{W1} 和 R_{W2} 相等，温度系数也相同，能够实现温度补偿。由于流经 R_{W3} 的两电流也都相同，因此不会影响测量结果。经测量放大器放大的信号，一般由折线近似的模拟电路或 A/D 转换器构成数据表，进行线性化。由于 R_1 的电阻比 R_T 大得多，所以 R_T 变动的非线性对温度特性影响非常小，因此

在电路中未设线性化电路。

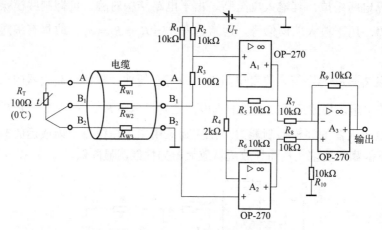

图4-27　三线式铂电阻测温电路

4.4.2　采样-保持电路

在计算机实时控制系统和非电量的测量系统中，通常要将模拟信号转换为数字量，这就需要对连续变化的模拟量进行跟踪采样，并将采集到的量值保持一定时间，以便在此时间内完成模拟量到数字量的转换，这就是采样-保持电路的功能。采样-保持原理电路如图4-28（a）所示，电路由电子开关S、保持电容C、控制信号u_G和由集成运放组成的电压跟随器组成，u_G为矩形脉冲。

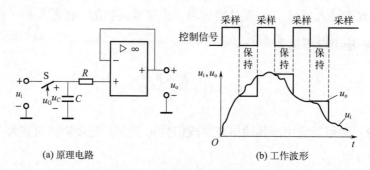

(a) 原理电路　　　　　(b) 工作波形

图4-28　采样-保持电路

当控制信号u_G为高电平时，电子开关S接通，电路处于采样阶段。这时u_i对保持电容C迅速充电，$u_o = u_C = u_i$，输出电压跟随输入电压的变化（运算放大器构成的电压跟随器），即对输入信号采样。当控制信号u_G为低电平时，电子开关断开，电路处于保持阶段。由于输出端的电压跟随器具有极高的输入电阻和很小的输出电阻，减小了保持电容的放电电流，增强了保持电路的带负载能力，使输出电压u_o基本上不受负载的影响。

图4-28（b）所示为采样-保持电路的工作波形。为了使采样后的信号能真实反映原模拟信号的变化，采样频率应足够高。根据采样定理，采样频率应不低于模拟信号中频率最高的谐波分量频率的两倍。

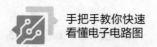

手把手教你快速
看懂电子电路图

第 5 章
选频电路与振荡电路

当电路中有不同频率的信号时，选频电路的作用是选出需要的频率分量且滤除不需要的频率分量，常用的选频电路有 LC 谐振电路、有源滤波器等。在无外加输入信号的条件下，振荡电路可以产生常用的正弦波、矩形波等信号。

5.1 识读 LC 谐振电路

在同时含有电感 L 和电容 C 的交流电路中，如果总电压和总电流同相，则称电路处于谐振状态。根据 L 和 C 的连接形式不同，LC 谐振电路分为串联谐振和并联谐振两种。谐振电路可用于频率选择。

5.1.1 LC 串联谐振电路

图 5-1 所示为 LC 串联谐振电路，其中 R 是电感 L 的等效电阻。当电路中 $X_L = X_C$ 时，电路发生串联谐振。由此得出谐振频率 $f = f_0 = \dfrac{1}{2\pi\sqrt{LC}}$。

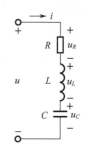

图 5-1 LC 串联谐振电路

LC 电路发生串联谐振时，具有以下显著特点：

① 阻抗最小，$|Z_0| = R$，电路呈电阻性。当电路工作频率 $f > f_0$ 时，电路呈电感性；当电路工作频率 $f < f_0$ 时，电路呈电容性。阻抗特性如图 5-2 所示。

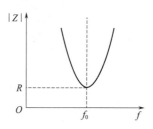

图 5-2 LC 串联谐振电路的阻抗特性

② 在电源电压 U 不变的情况下，电路中的电流在谐振时达到最大值，即 $I = I_0 = \dfrac{U}{R}$。

③ 电阻电压等于电源电压；电感电压与电容电压大小相等、相位相反，互相抵消。

④ U_L 或 U_C 与电源电压 U 的比值称为品质因数，通常用 Q 表示。

$$Q = \frac{U_L}{U} = \frac{U_C}{U} = \frac{\omega_0 L}{R} = \frac{1}{\omega_0 CR}$$

当 $X_L = X_C \gg R$ 时，$U_L = U_C \gg U$，即品质因数 Q 很高时，可能会击穿线圈或电容的绝缘，因此在电力系统中一般应避免发生串联谐振。而在无线电工程上，可利用此特点来选择信号。

⑤ 如图5-3所示，R 越小，Q 值越大，谐振曲线越尖锐，频率选择性越好，抗干扰能力越强。

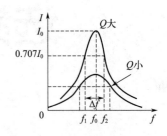

图5-3　LC串联谐振电路的频率特性

5.1.2　LC 并联谐振电路

图5-4所示为 LC 并联谐振电路，其中 R 是电感 L 的等效电阻。当电路的工作频率 $f = f_0 \approx \dfrac{1}{2\pi\sqrt{LC}}$ 时，电路发生并联谐振。

LC 电路发生并联谐振时，具有以下显著特点。

① 阻抗最大，$|Z_0| = \dfrac{L}{RC}$，电路呈电阻性，阻抗特性如图

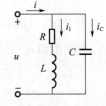

图5-4　LC并联谐振电路

5-5（a）所示。当电路工作频率 $f > f_0$ 时，电容 C 的容抗在减小，电感 L 的感抗在增大，并联时容抗起主要作用，整个电路呈电容性，如图5-5（b）所示；当电路工作频率 $f < f_0$ 时，电容 C 的容抗在增大，电感 L 的感抗在减小，并联时感抗起主要作用，整个电路呈电感性，如图5-5（c）所示。

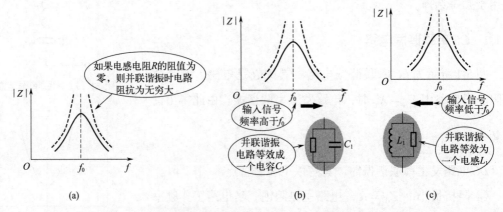

图5-5　LC并联谐振电路的阻抗特性

② 电路的总电流最小，电感支路与电容支路的电流大小相等，相位相反。在电路进

入稳态后，它们之间的无功功率可以相互转换，而不需要电源提供。

③ 支路电流 I_1 或 I_C 与总电流 I_0 的比值为电路的品质因数，因此 LC 并联谐振也称电流谐振。

$$Q = \frac{I_1}{I_0} = \frac{1}{\omega_0 CR} = \frac{\omega_0 L}{R}$$

在 L 和 C 不变时，R 值越小，品质因数 Q 值越大，阻抗模 $|Z_0|$ 也越大，阻抗谐振曲线越尖锐，频率选择性也就越好。

5.2 识读选频滤波电路

滤波电路是一种具有频率选择功能的电子装置，它允许一定频率范围内的信号通过，而同时抑制或大大衰减此频率范围以外的信号，常用于信号处理、数据传送和抑制干扰等。

无源滤波器是仅由 R、L、C 元件串联或者并联组合构成的滤波器。有源滤波器是由晶体管和运算放大器等有源元件和 R、L、C 元件构成的滤波器。相对于无源滤波器，有源滤波器除了滤波作用外，还具有一定的电压放大和输出缓冲作用，具有体积小、效率高、频率特性好等优点。

根据工作频率不同，有源滤波器可分为低通、高通、带通和带阻四种类型。

5.2.1 有源低通滤波器

图5-6（a）所示为一阶有源低通滤波器，由一阶无源低通滤波电路和同相比例运算电路两部分组成。

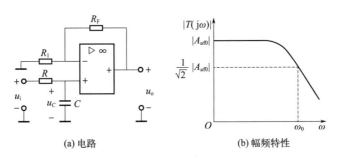

(a) 电路　　　　(b) 幅频特性

图5-6　一阶有源低通滤波器

设输入电压 u_i 为某一频率的正弦电压，则一阶无源低通滤波器的输出

$$\dot{U}_+ = \dot{U}_C = \frac{\dfrac{1}{j\omega C}}{R + \dfrac{1}{j\omega C}} \dot{U}_i = \frac{\dot{U}_i}{1 + j\omega RC} \tag{5-1}$$

同相比例运算电路的输出

$$\dot{U}_{o} = (1 + \frac{R_F}{R_1})\dot{U}_{+} \qquad\qquad (5\text{-}2)$$

将式（5-1）代入式（5-2），得

$$\dot{U}_{o} = (1 + \frac{R_F}{R_1})\frac{1}{1 + j\omega RC}\dot{U}_{i}$$

所以

$$\frac{\dot{U}_{o}}{\dot{U}_{i}} = \frac{1 + \frac{R_F}{R_1}}{1 + j\omega RC} = \frac{1 + \frac{R_F}{R_1}}{1 + j\frac{\omega}{\omega_0}}$$

式中，$\omega_0 = \dfrac{1}{RC}$ 称为截止角频率。

若频率 ω 为变量，则该电路的传递函数

$$T(j\omega) = \frac{U_{o}(j\omega)}{U_{i}(j\omega)} = \frac{1 + \frac{R_F}{R_1}}{1 + j\frac{\omega}{\omega_0}} = \frac{A_{uf0}}{1 + j\frac{\omega}{\omega_0}}$$

式中，$A_{uf0} = 1 + \dfrac{R_F}{R_1}$ 为同相比例运算电路的电压放大倍数。

$|T(j\omega)|$ 随 ω 变化的特性称为幅频特性。一阶有源低通滤波器的幅频特性为

$$|T(j\omega)| = \frac{|A_{uf0}|}{\sqrt{1 + (\frac{\omega}{\omega_0})^2}}$$

当 ω 取如表5-1所示的三个典型值时，计算 $|T(j\omega)|$，并据此做出其幅频特性曲线，如图5-6（b）所示。

表5-1　一阶有源低通滤波器传递函数的典型值

ω	0	ω_0	∞
$|T(j\omega)|$	$|A_{uf0}|$	$\dfrac{|A_{uf0}|}{\sqrt{2}}$	0

由幅频特性可以看出，当 $\omega < \omega_0$ 时，信号几乎保持电压增益 $|A_{uf0}|$ 无衰减；当 $\omega > \omega_0$ 时，$|T(j\omega)|$ 明显下降，信号衰减明显，因此该电路具有低通滤波特性，同时具有一定的

手把手教你快速
看懂电子电路图

电压增益。

为了改善滤波效果，常将两节RC电路串联起来，如图5-7（a）所示，称为二阶有源低通滤波器。由如图5-7（b）所示的幅频特性可以看出，相对于一阶有源滤波器，在$\omega > \omega_0$时，二阶有源滤波器对信号的衰减更明显，滤波效果更好。

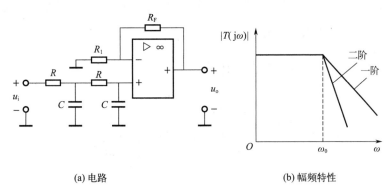

(a) 电路   (b) 幅频特性

图5-7　二阶有源低通滤波器

5.2.2　有源高通滤波器

将图5-6（a）所示一阶有源低通滤波器中的R和C互换位置，即可得到一阶有源高通滤波器，如图5-8（a）所示。

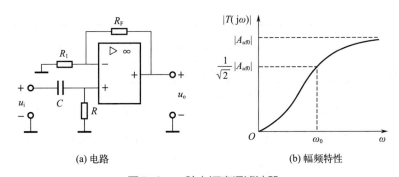

(a) 电路   (b) 幅频特性

图5-8　一阶有源高通滤波器

设输入电压u_i为某一频率的正弦电压，则一阶有源高通滤波器的输出

$$\dot{U}_+ = \dot{U}_R = \frac{R}{R + \dfrac{1}{\mathrm{j}\omega C}}\dot{U}_i = \frac{\dot{U}_i}{1 + \dfrac{1}{\mathrm{j}\omega RC}} \tag{5-3}$$

将式（5-3）代入式（5-2），得

$$\dot{U}_o = \left(1 + \frac{R_F}{R_1}\right)\frac{1}{1 + \dfrac{1}{\mathrm{j}\omega RC}}\dot{U}_i$$

所以：

$$\frac{\dot{U}_o}{\dot{U}_i} = \frac{1 + \dfrac{R_F}{R_1}}{1 - j\dfrac{\omega_0}{\omega}}$$

式中，$\omega_0 = \dfrac{1}{RC}$ 称为截止频率。

若频率 ω 为变量，则该电路的传递函数

$$T(j\omega) = \frac{U_o(j\omega)}{U_i(j\omega)} = \frac{1 + \dfrac{R_F}{R_1}}{1 - j\dfrac{\omega_0}{\omega}} = \frac{A_{uf0}}{1 - j\dfrac{\omega_0}{\omega}}$$

幅频特性为

$$|T(j\omega)| = \frac{|A_{uf0}|}{\sqrt{1 + (\dfrac{\omega_0}{\omega})^2}}$$

当 ω 取如表5-2所示的三个典型值时，计算 $|T(j\omega)|$，并据此做出其幅频特性曲线，如图5-8（b）所示。

表5-2　一阶高通滤波器传递函数的典型值

ω	0	ω_0	∞
$|T(j\omega)|$	0	$\dfrac{|A_{uf0}|}{\sqrt{2}}$	$|A_{uf0}|$

由幅频特性可以看出，当 $\omega > \omega_0$ 时，信号几乎保持电压增益 $|A_{uf0}|$ 无衰减；当 $\omega < \omega_0$ 时，$|T(j\omega)|$ 明显下降，信号衰减明显，因此该电路具有高通滤波特性，同时具有一定的电压增益。

5.2.3　有源带通滤波器

将低通滤波器和高通滤波器串联，并使低通滤波器的截止频率 ω_H 大于高通滤波器的截止频率 ω_L，则构成有源带通滤波器，如图5-9（a）所示。

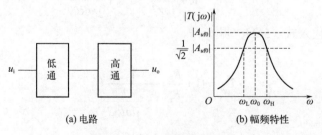

(a) 电路　　　　　　　(b) 幅频特性

图5-9　有源带通滤波器

由图5-9（b）所示幅频特性可以看出，其通频带为 $BW = \omega_H - \omega_L$，频率在通频带范围内的信号可以通过，频率在通频带以外的信号被阻止。

5.2.4 有源带阻滤波器

将低通滤波器和高通滤波器并联，并使高通滤波器的截止频率大于低通滤波器的截止频率，则构成有源带阻滤波器，如图5-10（a）所示，图5-10（b）所示为幅频特性。

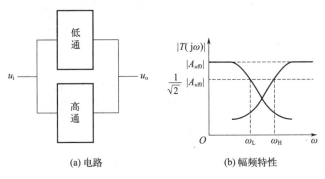

(a) 电路　　　　　　(b) 幅频特性

图5-10　有源带阻滤波器

5.3　振荡电路的组成与振荡条件

振荡电路是一种不需要外加输入信号而能够自行产生输出信号的电路，这种现象就是电子电路的自激振荡。

5.3.1 振荡电路的组成

下面以图5-11所示的小信号调谐放大器为例来说明振荡电路的组成。若在输入端a、b间加一输入信号 u_i，放大后在输出端c、d间将得到输出信号 u_o。若调整放大器的增益或中频变压器T的匝数比和极性，可以使c、d间的输出波形与a、b间的输入波形完全一样，即幅度相等、相位相同。若此时以极快的速度自a、b两点切断输入信号 u_i，而将a、b转接到c、d上，就构成了图5-12所示的形式。由于c、d间的信号与切换前的信号完全相同，理所当然得到与切换前一样的输出信号，因而就把放大电路转换成了振荡电路。

从结构上看，振荡电路是一个没有输入信号的带选频网络的正反馈放大器，因此振荡电路至少由两部分组成：一是具有选频特性的放大电路；二是正反馈电路。

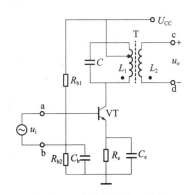

图5-11　小信号调谐放大器

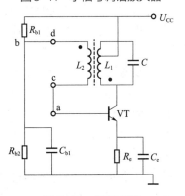

图5-12　振荡电路

一般振荡电路由放大电路、正反馈电路、选频电路和稳幅电路四部分组成，如图5-13所示。

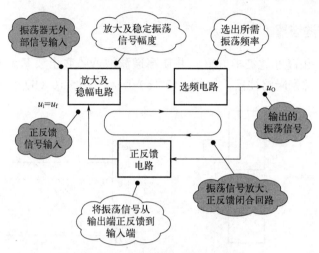

图5-13　振荡电路的组成方框图

振荡电路四个组成部分的作用如下。

① 放大电路。这是满足振幅平衡条件必不可少的，即没有放大，就不可能产生正弦波振荡。因为在振荡过程中必然会有能量损耗，导致振荡衰减。这时就需要放大电路控制并不断地向振荡电路提供能量，以维持等幅振荡。

② 正反馈电路。它将放大电路输出的一部分或全部返送到输入端，完成自激振荡，主要作用是形成正反馈，以满足相位平衡条件。

③ 选频电路。为了得到单一频率的正弦输出信号，电路中必须有选频电路，即在正反馈电路的反馈信号中，只有所选定频率的信号才能使电路满足自激振荡的条件。

④ 稳幅电路。其作用是不让正弦输出信号无限增大而趋于稳定。可以利用放大电路自身元件的非线性、采用热敏元件或其他限幅电路来稳定振幅。为了更好地获得稳定的等幅振荡，有时需要引入负反馈网络。

5.3.2　振荡电路的振荡条件

对于正弦波振荡电路而言，其目的是利用自激振荡产生波形，因此应设法满足自激振荡的条件，下面以图5-14所示的正弦波振荡电路的方框图来说明。这里仅讨论放大和反馈两个环节，后两个环节待结合具体电路时再分析。

（1）振幅平衡条件

振荡电路的工作分为起振和稳定工作两个阶段。

在起振阶段，应满足 $AF > 1$。其中，A 是放大电路的放大倍数，F 是反馈系数。不同频率的正弦信号在放大和反馈过程中通过选频网络，只有其中一个频率（谐振频率）的信号幅度最大且满足正反馈相位条件。这个频率的信号再经过放大，如此进行反馈、放大的多次循环过程，信号的幅度越来越大，振荡就建

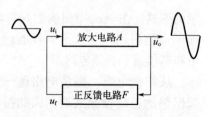

图5-14　正弦波振荡电路的方框图

立起来了。显然，在振荡建立过程中，反馈信号的振幅必须大于前一次输入信号的振幅，即 $u_f > u_i$。由图 5-14 可知，$u_f = Fu_o = AFu_i$，从而可得到振荡电路的起振条件为 $AF > 1$。

当电路起振后，信号不断增大，非线性元件如三极管逐渐工作到非线性区，放大能力降低。若再继续增加输入信号，输出信号幅度增加得很少。当满足 $AF = 1$ 时，即满足振幅平衡条件，就得到了稳定的振荡输出。

（2）相位平衡条件

设 u_i 与 u_f 的相位差为 $\varphi_i + \varphi_f$，则根据 $AF = 1$ 可知

$$\varphi_i + \varphi_f = 2n\pi(n = 0, \pm1, \pm2 \cdots)$$

该条件要求反馈信号的相位与所需输入信号的相位相同，即必须具有正反馈网络。要实现自激振荡，振幅平衡条件和相位平衡条件必须同时满足，两者缺一不可。

5.4 识读变压器耦合振荡器

变压器耦合振荡器是指由变压器构成反馈电路来完成正反馈的正弦波振荡器。变压器耦合振荡器的特点是输出电压大，适用于频率较低的振荡器。

5.4.1 变压器耦合振荡器的电路结构

变压器耦合振荡器电路如图 5-15 所示。T 是耦合变压器，它的一侧绕组接在晶体管 VT 的集电极回路，称为振荡线圈；另一端接在 VT 的基极回路，称为反馈线圈。T 的同名端见图中黑点所示。

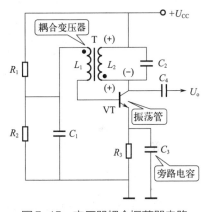

图 5-15 变压器耦合振荡器电路

5.4.2 变压器耦合振荡器的工作过程

这一电路的正反馈过程如下：设振荡信号电压某瞬间在 VT 基极为正，用（+）表示，使 VT 基极电流增大，集电极为负，用（-）表示，变压器 T 次级线圈 L_2 下端为（-），上端为（+），变压器 T 初级线圈 L_1 下端为（+），与基极极性一致，所以 L_2 上输出信号经 T 耦合到初级线圈 L_1，增强了 VT 的输入信号，所以形成正反馈。

L_2 和 C_2 构成 LC 谐振回路，电路的谐振频率便是振荡信号频率 f_0。选频过程如下：L_2 和 C_2 并联谐振电路作为晶体管 VT 的集电极负载，因为并联谐振在谐振时阻抗最大，且为纯电阻性，所以在谐振频率 $f_0 = \dfrac{1}{2\pi\sqrt{LC}}$ 时能够自动满足相位条件而形成振荡，这就是 LC 谐振回路的选频作用。

C_1 将 L_1 上端振荡信号交流接地，正反馈信号接到 VT 的输入回路：L_1 下端→VT 基极→VT 发射极→发射极旁路电容 C_3→地端→旁路电容 C_1→L_1 上端。

5.5 识读三点式振荡器

LC 振荡器除变压器耦合振荡器外，还有常用的电感三点式和电容三点式振荡器。

5.5.1 电感三点式振荡器

电感三点式振荡器的电路结构与变压器耦合振荡器电路相类似，由分压式偏置放大电路和并联谐振回路构成，所不同的是变压器采用具有中间抽头的自耦变压器，属于自耦形式，如图 5-16 所示。

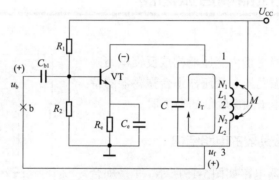

图 5-16　电感三点式振荡器

R_1、R_2、R_e、C_{b1}、VT 等元件组成放大电路；L_1、L_2 和 C 组成 LC 振荡回路；反馈信号取自电感 L_2 上的电压，并经 C_{b1} 反馈到 VT 基极；C_e 为旁路电容。图 5-16 所示的 LC 并联谐振电路中的电感有首端、中间抽头和尾端三个端点，其交流通路分别与放大电路的集电极、发射极（地）和基极相连，因此被称为电感三点式振荡电路。

设从反馈线的点 b 处断开，同时输入 u_b 为（＋）极性的信号。由于在纯电阻负载条件下，共射电路具有倒相作用，因而其集电极电位瞬时极性为（－）。又因 2 端交流接地，因此 3 端的瞬时极性为（＋），即反馈信号 u_f 与输入信号 u_b 同相，满足相位平衡条件。

对于振幅条件，由于共射放大电路的放大倍数 A_u 较大，只要适当调整电感中间抽头的位置就可实现起振。当加大 L_2（或减小 L_1）时，电路便可顺利起振。考虑到 L_1、L_2 间的互感 M，电路的振荡频率可近似表示为

$$f = f_0 = \frac{1}{2\pi\sqrt{(L_1 + L_2 + 2M)C}}$$

式中，M 为互感系数。

这种振荡电路的工作频率范围从数百千赫到数十兆赫。

电感三点式振荡器的优点是容易起振、振荡幅度大、频率范围较宽，缺点是振荡输出波形含有较多高次谐波、波形容易失真，它只适用于对波形要求不高的场合。

5.5.2　电容三点式振荡器

电容三点式振荡器的基本电路如图5-17（a）所示，图5-17（b）为其交流等效电路。从交流等效电路中可以看出，三极管的三个电极分别接在振荡电容的三个端点上，故称为电容三点式振荡器，反馈电压取自电容 C_2 的两端。

电容三点式振荡器的选频网络由 L、C_1 和 C_2 组成。设某一瞬间，VT 基极信号极性为正，则集电极信号极性为负。由图5-17（b）所示的交流等效电路可以看出，选频网络右端极性为负，左端为正，从而使 C_1、C_2 上的信号极性为左正右负。C_2 上的信号加在 VT 的输入端，与原信号极性相同，因此是正反馈，满足相位平衡条件。如果合理选择 C_1、C_2 的容量比，就可保证 C_2 上有足够的信号电压，从而满足振幅平衡条件，使电路能够顺利起振。

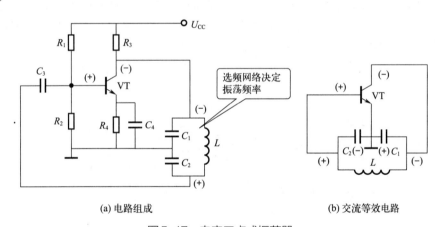

(a) 电路组成　　　　　　　　　(b) 交流等效电路

图5-17　电容三点式振荡器

电路的振荡频率为

$$f_0 = \frac{1}{2\pi\sqrt{LC}} \tag{5-4}$$

式中，C 为 C_1 和 C_2 串联后的等效电容，其值为

$$C = \frac{C_1 C_2}{C_1 + C_2}$$

电容三点式振荡器的振荡频率高，可达100MHz以上，波形失真小，但易停振，且频率易受三极管极间电容和电路分布电容的影响。这种电路适用于对波形要求较高、频率相对固定的场合。

5.5.3 电容三点式振荡器改进电路

三极管存在一定的极间电容，这些电容的容量很小，一般在几皮法以下。当振荡频率较低时，可以忽略极间电容的影响；但当振荡频率高到一定程度时，极间电容的影响就变得较为明显。

如图5-18所示，三极管的极间电容 C_{BE}、C_{CE} 分别与 C_2、C_1 并联，这些电容均参与振荡，从而使振荡频率受到影响。另外，极间电容易受温度及三极管工作状态的影响，导致振荡频率不稳。为了提高振荡频率的稳定性，需对电路加以改进。

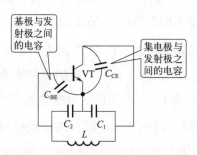

图5-18　三极管极间电容对振荡频率的影响

对于电容三点式振荡器，当需要改变频率而调节振荡回路的电容参数时，也会影响电路的起振，为此，把一个电容 C 串入振荡回路的电感支路中，这样改变电容 C 就可以调节振荡频率而不影响电路的起振，目前应用较多的改进电路是克拉泼振荡电路，如图5-19所示。其中图5-19（a）所示为其电路组成，图5-19（b）是其交流等效电路。

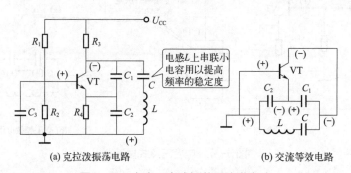

(a) 克拉泼振荡电路　　　　　　　(b) 交流等效电路

图5-19　电容三点式振荡器改进电路

从图5-19中可以看出，它仍属于电容三点式振荡器，只是在电感 L 上串联了一个小电容 C。电路设计中要求：$C \ll C_1$ 和 $C \ll C_2$。

电路的振荡频率为

$$f_0 = \frac{1}{2\pi\sqrt{LC'}} \tag{5-5}$$

式中，C' 为 C_1、C_2 和 C 串联后的总容量，$C' \approx C$。

从式（5-5）中可以看出，改进电路的振荡频率 f_0 基本与 C_1 和 C_2 无关，自然也就不受三极管的极间电容 C_{BE}、C_{CE} 的影响。

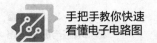
手把手教你快速
看懂电子电路图

5.6 识读晶体振荡器

晶体具有压电效应，其固有频率十分稳定，因此晶体振荡器具有非常高的频率稳定度。石英晶体振荡器电路的形式是多种多样的，但其基本电路只有两类，即并联晶体振荡器和串联晶体振荡器。

5.6.1 认识石英晶体

石英晶体是一种常用的选择频率和稳定频率的电子元件，广泛应用于电子仪器仪表、通信设备、广播和电视设备、影视播放设备、计算机等领域。

（1）石英晶体的外形、文字符号和电路图形符号

石英晶体一般密封在金属、塑料或玻璃等外壳中，其外形如图5-20所示。石英晶体按频率稳定度可分为普通型和高精度型，其标称频率和体积大小也有多种规格。

晶体的文字符号为"B"或"BC"，电路图形符号如图5-21所示。

图5-20 石英晶体的外形　　　　图5-21 石英晶体的电路图形符号

双电极型　　　三电极型　　　两对电极型

（2）石英晶体的主要参数

石英晶体的参数主要有标称频率、负载电容和激励电平等。

① 标称频率　标称频率f_0是指晶体的振荡频率，通常直接标注在晶体的外壳上，一般用带有小数点的几位数字来表示，单位为MHz或kHz，如图5-22所示。

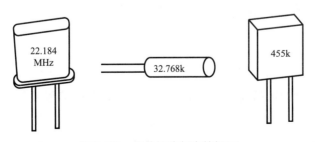

22.184 MHz　　32.768k　　455k

图5-22 晶体标称频率的标示

② 负载电容　负载电容是指晶体组成振荡电路时所需配接的外部电容 C_L。负载电容是决定振荡频率的因素之一，在规定的负载电容 C_L 下晶体的振荡频率即为标称频率 f_0。使用晶体时必须按要求接入规定的负载电容，这样才能保证振荡频率符合该石英晶体的标称频率。

③ 激励电平　激励电平是指石英晶体正常工作时所消耗的有效功率。常用的标称值有 0.1mW、0.5mW、1mW、2mW 等。激励电平的大小关系到电路工作的稳定和可靠。激励电平过大会使频率稳定度下降，甚至造成石英晶体损坏；激励电平过小会使振荡幅度变小和不稳定，甚至不能起振。一般应将激励电平控制在其标称值的50%~100%范围内。

（3）晶体的压电效应

石英晶体之所以能做振荡电路是基于它的压电效应。若在石英晶体的两个电极上加一电场，晶片就会产生机械变形。反之，若在晶片的两侧施加机械压力，则在晶片相应的方向上将产生电场。这种物理现象称为压电效应。如果在晶片的两极上加交变电压，晶片就会产生机械振动，同时晶片的机械振动又会产生交变电场。在一般情况下，晶片机械振动的振幅和交变电场的幅值非常微小，但当外加交变电压的频率为某一特定值时，幅值明显加大，比其他频率下的幅值大得多，这种现象称为压电谐振。因此，石英晶体又称为石英晶体谐振器。

石英晶体的压电谐振现象可以用图5-23（a）所示的电路模型来表示。等效电路中的 C_0 为切片与金属板构成的静电电容，L 和 C 分别模拟晶体的质量和弹性，而晶片振动时因摩擦而造成的损耗用电阻 R 来等效。石英晶体与 LC 回路的谐振现象十分相似，它可以等效为一个品质因数 Q 极高的谐振回路，其品质因数 Q 高达10000~500000。

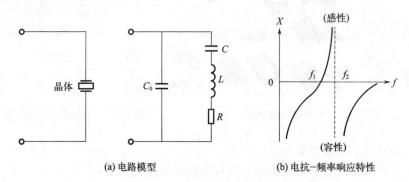

(a) 电路模型　　　　(b) 电抗-频率响应特性

图5-23　石英晶体的电路模型与电抗特性曲线

由电路模型可知，石英晶体有两个谐振频率：

① 当 R、L、C 支路发生串联谐振时，其谐振频率为

$$f_1 = \frac{1}{2\pi\sqrt{LC}}$$

由于 C_0 很小，它的容抗比 R 大得多，因此，串联谐振的等效阻抗近似为 R，呈电阻性，且其阻值很小。

② 当频率高于 f_1 小于 f_2 时，R、L、C 支路呈感性，当与 C_0 发生并联谐振时，其振荡

　手把手教你快速
看懂电子电路图

频率为

$$f_2 = \frac{1}{2\pi\sqrt{LC}}\sqrt{1+\frac{C}{C_0}} = f_1\sqrt{1+\frac{C}{C_0}}$$

由于 $C \ll C_0$，因此 f_1 与 f_2 非常接近。

图 5-23（b）所示为石英晶体的电抗 - 频率响应特性曲线。图中，f_1 为其串联谐振频率，f_2 为其并联谐振频率。在 $f < f_1$ 和 $f > f_2$ 范围时，晶体呈现容性；在 $f_1 < f < f_2$ 范围内，晶体呈现感性；在 $f = f_1$ 时晶体呈现电阻性。

通常，石英晶体产品所给出的标称频率既不是 f_1 也不是 f_2，而是外接一个小电容 C_S 时校正的振荡频率，C_S 与石英晶体串联，如图 5-24 所示。利用 C_S 可使石英晶体的谐振频率在一个范围内调整。C_S 的选择应比 C 大。串入 C_S 之后，并不影响并联谐振频率。

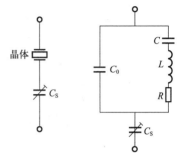

图 5-24　石英晶体串联谐振频率的调整

5.6.2　并联晶体振荡器

图 5-25（a）所示为并联晶体振荡器电路，晶体 B 作为反馈元件，并联于晶体管 VT 的集电极与基极之间，R_1、R_2 是晶体管 VT 的基极偏置电阻，R_3 为集电极电阻，R_4 为发射极电阻，C_1 为基极旁路电容。

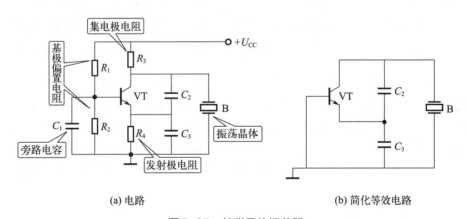

(a) 电路　　　　　　　　　　　　　(b) 简化等效电路

图 5-25　并联晶体振荡器

图 5-25（b）所示为并联晶体振荡器的简化等效电路。从简化等效电路中可以看出，这是一个电容三点式振荡器，晶体 B 在这里可以等效为一个电感元件使用，与振荡回路电容 C_2、C_3 一起组成并联谐振回路，共同决定电路的振荡频率。

因为晶体的电抗曲线非常陡，可等效为一个随频率有很大变化的电感。当由于温度、分布电容等因素使振荡频率降低时，石英晶体的振荡电感量就会迅速减小，迫使振荡频率回升；反之，则作反方向调整，最终使得振荡器具有很高的频率稳定度。这就是并联晶体振荡器的稳频过程。

5.6.3 串联晶体振荡器

串联晶体振荡器电路如图5-26（a）所示，晶体管 VT_1、VT_2 组成两级阻容耦合放大器，晶体B与电容 C_2 串联后作为两级放大器的反馈网络，R_1、R_3 分别为 VT_1、VT_2 的基极偏置电阻，R_2、R_4 分别为 VT_1、VT_2 的集电极负载电阻，C_1 为两管间的耦合电容，C_3 为振荡器输出耦合电容。

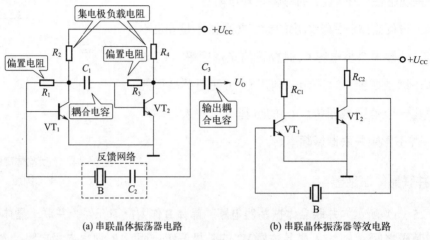

(a) 串联晶体振荡器电路　　　　　　(b) 串联晶体振荡器等效电路

图5-26　串联晶体振荡器

串联晶体振荡器的等效电路如图5-26（b）所示。图中 R_{C1} 和 R_{C2} 为由密勒等效变换得到的集电极等效电阻。因为两级放大器的输出电压（VT_2 的集电极电压）与输入电压（VT_1 的基极电压）同相，晶体B在这里等效为一个纯电阻使用，将 VT_2 的集电极电压反馈到 VT_1 的基极，构成正反馈网络。电路振荡频率由晶体的固有串联谐振频率决定。

石英晶体的固有谐振频率非常稳定，在反馈电路中起着带通滤波器的作用。当电路频率等于晶体的串联谐振频率时，石英晶体呈现电阻性，实现正反馈，电路振荡。当电路频率偏离石英晶体的串联谐振频率时，晶体呈现为容性或感性，不满足振荡的相位条件。因此，振荡频率只能等于石英晶体的固有串联谐振频率，这就是串联晶体振荡器的稳频过程。

5.7　识读RC正弦波振荡器

RC 和 LC 振荡电路产生正弦振荡的原理基本相同。它们在电路组成方面的主要区别是：RC 振荡电路的选频网络由电阻和电容组成，而 LC 振荡电路的选频网络则由电感和电容组成。

RC正弦波振荡器主要有移相式振荡器、桥式振荡器和双T网络式振荡器等类型。

5.7.1　RC移相式振荡器

图5-27所示为RC移相式振荡器电路。这个电路由两部分组成，即放大电路和选频网络。图中虚线右侧是一共射放大电路，左侧是由三节形式相同的RC电路组成的选频网络。

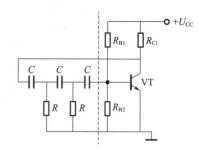

图5-27　RC移相式振荡器电路

为了说明RC电路是如何选频的，我们取图5-27所示电路中RC电路的一节，如图5-28所示。因为电阻R两端的电压与流过它的电流是同相的，而电容C中的电流超前其两端电压$90°$。当RC电路的输入信号u_1频率很低时，电容的容抗$X_C \gg R$，R对电流的影响可以忽略，因此电流超前u_1 $90°$；电阻两端的电压u_2也超前u_1接近于$90°$，但幅度很小。反之，当u_1频率很高时，容抗X_C可以忽略，相当于u_1直接加在电阻R的两端，$u_2 = u_1$，相位也基本相同。可见，如果u_1的频率适中，那么u_2超前u_1的相位角在$0° \sim 90°$之间。

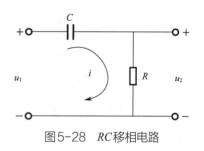

图5-28　RC移相电路

当需要的相移角φ超过$90°$时，可用多节移相网络来解决，三节这样的RC电路便可实现对某一频率的输入信号移相$180°$。三节RC电路在振荡电路中既是正反馈网络，又是选频网络。合理选择其电路参数，对某一频率的信号通过RC移相电路，使每一节的平均移相为$60°$，总移相为$180°$，从而满足振荡平衡条件，对这一频率的信号发生振荡。

移相式振荡器的振荡频率不仅与每节的R和C值有关，而且还与放大电路的负载电阻R_{C1}和输入电阻R_i有关。通常为了设计方便，总是使每节的R和C完全一样，且令$R_{C1} = R$，$R \gg R_i$。当满足这些条件后，移相式振荡器的振荡频率为

$$f_0 = \frac{1}{2\pi\sqrt{6}RC}$$

为了满足起振，三极管的β值越大，电路起振就越容易。RC移相式振荡器的优点是电路结构简单，但输出波形失真大。

5.7.2　RC桥式振荡器

RC桥式振荡电路用来产生几十千赫以下的低频振荡信号，目前常用的低频信号源大都属于这种正弦波振荡电路。

图5-29所示是典型的桥式振荡电路，RC串并联网络既是正反馈网络，又是选频网络。为了说明该电路能否产生正弦波振荡，我们首先分析RC串并联电路的频率特性。

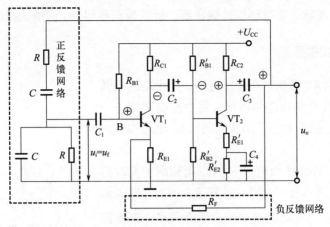

图5-29 *RC*桥式振荡电路

（1）*RC*串并电路的选频特性

图5-30（a）所示是*RC*串并联电路的组成。对于*RC*串并联网络而言，u_i 为输入电压，u_o 为输出电压。图5-30（b）所示为幅频特性曲线，反映 u_o 与 u_i 幅度相对大小与输入信号频率 *f* 之间的关系。图5-30（c）所示为相频特性曲线，反映 u_o 与 u_i 相位差大小与信号频率 *f* 之间的关系。

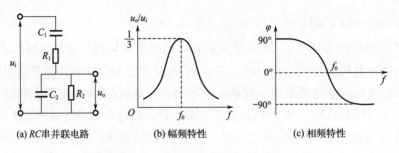

(a) *RC*串并联电路　　　　(b) 幅频特性　　　　(c) 相频特性

图5-30 *RC*串并联电路及其频率响应

幅频特性表明*RC*串并联电路具有选频能力。电容的容抗 $X_C = \dfrac{1}{2\pi fC}$，当 u_i 的幅度固定，仅改变信号频率 *f* 时，输出 u_o 的幅度也随频率的改变而不同。当 $f = 0$ 时，C_1 相当于开路，$u_o = 0$。当频率 *f* 增大时，电容容抗减小，输出 u_o 不等于0，且随频率 *f* 的增大，u_o 也增大；但由于 C_2 的容抗也随频率 *f* 升高而减小，因此，当频率 *f* 增大到某个数值后，若继续增大 *f*，这时 u_o 反而下降。当 $f \to \infty$ 时，$u_o = 0$。显然，在频率 *f* 从0到∞变化时，u_o 经历了一个从无到有，再从有到无的过程。这期间存在一个幅度最大的频率点，这个频率就是振荡频率 f_0。

$$f_0 = \frac{1}{2\pi\sqrt{R_1 C_1 R_2 C_2}}$$

手把手教你快速
看懂电子电路图

若取 $R_1 = R_2 = R$, $C_1 = C_2 = C$, 则上式可化简为

$$f_0 = \frac{1}{2\pi RC}$$

图5-30（c）所示的相频特性说明：当 u_i 的频率为0时，u_o 超前 u_i 90°；当 u_i 的频率 $f \to \infty$ 时，u_o 滞后 u_i 90°；只有当 $f = f_0$ 时，u_o 与 u_i 同相。

综上所述，RC 串并电路具有正反馈和选频作用。

（2）桥式振荡电路的振荡条件

由图5-29所示电路可得到反馈系数

$$F = \frac{\dot{U}_f}{\dot{U}_o} = \frac{\dfrac{-\mathrm{j}RX_C}{R - \mathrm{j}X_C}}{R - \mathrm{j}X_C + \dfrac{-\mathrm{j}RX_C}{R - \mathrm{j}X_C}} = \frac{1}{3 + \mathrm{j}\dfrac{R^2 - X_C^2}{RX_C}}$$

当 $R^2 - X_C^2 = 0$ 时，$R = X_C = \dfrac{1}{2\pi fC}$，对应振荡频率 $f = f_0 = \dfrac{1}{2\pi RC}$，则有 $|F| = \dfrac{U_f}{U_o} = \dfrac{1}{3}$。

因此，满足振幅平衡条件的 $A_u = \dfrac{1}{F} = 3$。

为了保证电路顺利起振，$A_u > 3$。

为了使放大器起振后 $A_u = 3$，在电路中引入了负反馈。图5-29中 R_F 是反馈电阻，属于电压串联负反馈，它使放大器的输3入电阻提高，输出电压降低，从而削弱放大器对选频回路的影响。

第6章

直流稳压电源电路

直流稳压电源是一种常用的电子设备，电子电路工作时都需要直流稳压电源作为工作电源。直流稳压电源通常由电源变压器、整流电路、滤波电路和稳压电路四部分组成，图6-1为其电路组成方框图。

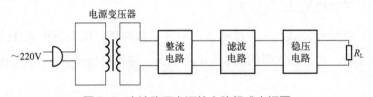

图6-1　直流稳压电源的电路组成方框图

各组成部分的功能如下：

① 电源变压器：将220V/50Hz的工频交流电源电压变换为符合整流需要的交流电压，一般为降压变压器；

② 整流电路：利用整流元件（二极管、晶闸管等）的单向导电性，将交流电压转换成单向脉动的直流电压，是交流电转换为直流电的关键环节；

③ 滤波电路：减小整流输出电压的脉动程度，以适合负载需要；

④ 稳压电路：在交流电源电压波动或负载变动时，使直流输出电压稳定。在对直流电压的稳定程度要求较低时，稳压电路也可以不要。

6.1 识读整流电路

利用二极管的单向导电特性可构成整流电路，将交流电压转换成单向脉动的直流电压。常见的整流电路有半波整流、全波整流、桥式整流和倍压整流等类型。

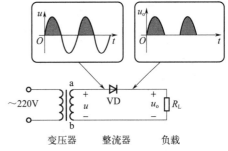

图6-2 正极性半波整流电路

6.1.1 半波整流电路

半波整流电路是电源电路中一种最简单的整流电路。根据电路的不同结构，可以得到正极性的单向脉动直流输出电压，也可得到负极性的单向脉动直流输出电压。其中，正极性半波整流电路的应用较为广泛，如图6-2所示。

（1）工作原理

在交流电压 u 处于正半周时，二极管 VD 导通，电流回路是电源变压器二次侧 a 端→二极管 VD 正极→VD 负极→负载 R_L→变压器二次侧 b 端，输出 u_o 等于交流电压 u（二极管的正向导通压降较小，可忽略）。在交流电压 u 处于负半周时，二极管 VD 截止，电路中不能形成电流回路，输出 $u_o = 0$。

交流电压 u 经二极管整流后仅输出半个周期的波形，所以称为半波整流。

（2）参数计算

由于交流电压时刻在发生变化，所以整流后输出的直流电压 u_o 也会变化，这种大小变化的直流电压称为脉动直流电压。

设变压器二次侧电压为 $u = \sqrt{2}U \sin \omega t$，则半波整流负载 R_L 两端的电压 u_o 的平均值为

$$U_o = \frac{1}{2\pi} \int_0^\pi \sqrt{2}U \sin \omega t \mathrm{d}(\omega t) = \frac{\sqrt{2}}{\pi}U = 0.45U \qquad (6\text{-}1)$$

式中，U 为正弦交流电压 u 的有效值。

负载 R_L 上流过的电流平均值为

$$I_L = \frac{U_o}{R_L} = 0.45\frac{U}{R_L}$$

（3）二极管的选用

对于整流电路，整流二极管的选择非常重要。在选择整流二极管时，主要考虑最高反向电压 U_{RM} 和最大整流电流 I_{RM}。

在半波整流中，整流二极管两端承受的最高反向电压为交流电压 u 的峰值，即

$$U_{RM} = \sqrt{2}U$$

整流二极管流过的平均电流与负载电流相同，即

$$I_D = I_L = \frac{U_o}{R_L} = 0.45\frac{U}{R_L}$$

在选择整流二极管时，所选择二极管的最高反向电压应大于在电路中承受的最高反向电压 U_{RM}，最大整流电流应大于流过二极管的平均电流 I_D，否则整流二极管容易反向击穿或烧坏。

（4）电路特点

① 利用二极管的单向导电性能将交流电压变换为直流脉动电压；

② 二极管导通时，其压降很小，可忽略不计，因此可认为输出电压 u_o 与输入电压 u 的正半周期波形相同；

③ 负载上得到的整流电压是单向的（极性一定），但其大小是变化的，常用一个周期的平均值来描述；

④ 在对整流二极管选型时，必须考虑二极管截止时承受的最高反向电压和流过二极管的最大整流电流。

6.1.2　全波整流电路

（1）正极性全波整流电路

图6-3所示电路为正极性全波整流电路。电路中的电源变压器 T_1 有一个抽头，且为中间抽头，中间抽头将二次绕组一分为二，抽头以上线圈为 L_1，抽头以下线圈为 L_2，L_1 和 L_2 输出的交流电压幅值相等、相位相反。VD_1、VD_2 是两个整流二极管，它们构成全波整流电路，R_L 为负载。

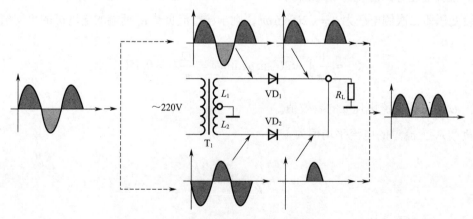

图6-3　正极性全波整流电路

① 工作原理　在交流电压正半周时，VD_1 导通，电流回路是：二次绕组 L_1 上端→整流二极管 VD_1→负载 R_L→地端→二次绕组中间抽头。此时，二次绕组 L_2 下端输出负半周

交流电压，VD$_2$处于截止状态。

在交流电压负半周时，VD$_2$导通，电流回路是：二次绕组L$_2$下端→整流二极管VD$_2$→负载R$_L$→地端→二次绕组中间抽头。此时，二次绕组L$_1$上端输出负半周交流电压，VD$_1$处于截止状态。

由以上分析可知，在交流电压正半周时，VD$_1$导通，在交流电压负半周时，VD$_2$导通，即在交流电压的整个周期内，负载R$_L$上均有直流电压输出，且极性均为正，所以称为正极性全波整流。

② 电路特点

a.当电源变压器T$_1$二次绕组上端输出正半周交流电压时，二次绕组下端输出大小相等的负半周交流电压。

b.全波整流电路输出的单向脉动直流电压中含有大量的交流成分，因电路在交流输入的正、负半周均有输出，所以其交流成分的频率是输入电压频率的2倍，如图6-4所示。

输入电压频率50Hz　　　输出电压，频率提高一倍，为100Hz

图6-4　全波整流电路输出电压与输入电压交流成分的频率关系

c.全波整流电路中的变压器利用率比半波整流时高。

（2）负极性全波整流电路

图6-5所示是负极性全波整流电路。与正极性全波整流电路相同，也采用两个整流二极管构成一组整流电路，所不同的是两个整流二极管的接法与正极性全波整流电路不同。

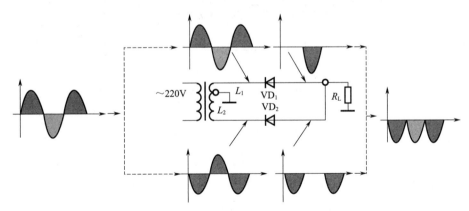

图6-5　负极性全波整流电路

① 工作原理　当电源变压器二次绕组上端输出正半周交流电压时，VD$_1$截止，同时二次绕组下端输出大小相等的负半周交流电压，使VD$_2$导通，其导通后电流通路为：地线→负载R$_L$→VD$_2$→二次绕组下端→二次绕组中间抽头。由于流过负载电阻R$_L$的电流是从下而上的，因此输出端得到的是负极性的单向脉动直流电压。

当电源变压器二次绕组上端输出负半周交流电压时，VD_1承受正向偏置电压而导通，其导通后的电流回路是：地线→负载R_L→VD_1→二次绕组上端→二次绕组中间抽头。同样，流过负载电阻R_L的电流是从下而上的，因此，输出端得到的仍是负极性的单向脉动直流电压。

② 电路特点

a.全波整流电路输出正极性还是负极性单向脉动直流电压，主要取决于整流二极管的连接方式。整流二极管正极接电源变压器的二次绕组时，输出正极性直流电压；整流二极管负极接电源变压器的二次绕组时，输出负极性直流电压。

b.输出正极性的全波整流电路中，流过负载的电流方向是从上而下；输出负极性的全波整流电路中，流过负载的电流方向是从下而上。

c.在全波整流电路中，电源变压器一定要有中间抽头，否则就不能构成全波整流电路。

6.1.3 桥式整流电路

（1）典型的单相桥式整流电路

图6-6所示为典型的单相桥式整流电路，它由4个二极管 $VD_1 \sim VD_4$ 接成电桥的形式构成。

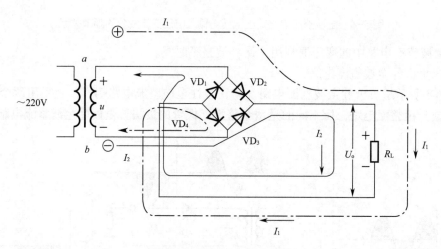

图6-6　单相桥式整流电路

① 工作原理　在变压器二次绕组的交流电压正半周时，其极性为上正下负，即a点电位高于b点电位，VD_2、VD_4承受正向偏置电压导通，VD_1、VD_3承受反向偏置电压而截止，电流I_1的路径是：a→VD_2→R_L→VD_4→b。这时，负载电阻R_L上得到一个半波电压，如图6-7所示。

在变压器二次绕组的交流电压负半周时，其极性为上负下正，即b点电位高于a点电位，VD_1、VD_3承受正向偏置电压导通，VD_2、VD_4承受反向偏置电压而截止，电流I_2的路径是：b→VD_3→R_L→VD_1→a。同样，负载电阻R_L上也得到一个半波电压，如图6-7所示。

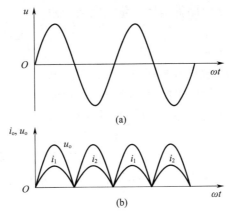

图6-7 单相桥式整流电路电压与电流的波形

由以上分析可以看出：a.与全波整流电路相比，桥式整流电路中电源变压器二次绕组不需要中间抽头；b.桥式整流电路利用了交流输出电压的正、负半周，整流效率大大提高。

② 参数计算　由于桥式整流电路能利用到交流电压的正、负半周，故负载 R_L 两端脉动直流电压 u_o 的平均值是半波整流的两倍，即

$$U_o = 0.9U$$

负载 R_L 上流过的电流平均值为

$$I_L = \frac{U_o}{R_L} = 0.9\frac{U}{R_L}$$

③ 二极管的选用　在桥式整流电路中，每个整流二极管有半个周期处于截止。在截止时，整流二极管承受的最高反向电压为

$$U_{RM} = \sqrt{2}U$$

这一点与半波整流电路相同。

每两个二极管串联导电半个周期，因此每个二极管流过的平均电流只有负载电流的一半，即

$$I_D = \frac{1}{2}I_L = 0.45\frac{U}{R_L}$$

同样，在桥式整流电路中，选用整流二极管的原则与前述半波整流相同。

④ 电路特点　桥式整流电路与半波整流电路相比，其明显的优点是输出电压高、纹波电压小、整流二极管所承受的最高反向电压较低，并且因为电源变压器在正、负半周都有电流通过，所以变压器利用率高。在输出相同直流功率的条件下，桥式整流电路可以使用容量更小的变压器，因此在整流电路中得到了广泛应用。

实际电路中，整流电路具有明显的特征。一般来讲，在看到电路板上有1个整流全桥和1个体积较大的电解电容器或者4个二极管和1个体积较大的电解电容器时，就可以

判断这几个器件构成的单元电路就是桥式整流电路，如图6-8所示。

图6-8　电路板上的桥式整流电路

（2）桥堆构成的整流电路

① 认识桥堆　在实际直流电源电路中，桥式整流电路常采用整流桥堆的形式。桥堆主要有全桥和半桥两种类型，全桥桥堆和半桥堆都是整流二极管的组合器件。桥堆的外形有多种，体积大小也不一，一般情况下，整流电流大的桥堆其体积也大。全桥桥堆的应用最为广泛，其封装有四种，即方桥、扁桥、圆桥、贴片MINI桥，如图6-9所示。桥堆的各引脚旁均有标记，所以在电路中能很容易识别。

(a) 扁桥　　　　　(b) 方桥　　　　　(c) 圆桥　　　　(d) 贴片MINI桥

图6-9　全桥桥堆的封装

图6-10所示是全桥桥堆、半桥堆的电路图形符号，其文字符号用"UR"表示。

图6-10（a）所示是全桥桥堆的电路图形符号。全桥桥堆利用集成技术将4个整流二极管集成在一个硅片上，有4根引出脚。图中"~"是交流电压的输入引脚，4根引脚除标有"~"符号的2根引脚之间可以互换使用外，其他引脚之间不能互换使用。2个二极管负极的连接点是全桥直流输出端的"正极"，即"+"是正极性直流电压输出引脚；2个二极管正极的连接点是全桥直流输出端的"负极"，即"−"是负极性直流电压输出引脚。图6-10（b）是全桥桥堆电路图形符号的简化形式。

半桥堆是由2个二极管组成的器件。图6-10（c）、（d）所示是两种半桥堆的电路图形符号，它们内部的二极管连接方式不同。一个是2个二极管的负极相连，另一个是2个二极管的正极相连。

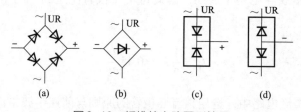

(a)　　　　　(b)　　　　　(c)　　　　　(d)

图6-10　桥堆的电路图形符号

② 重要提示

a.整流桥堆中两根交流电压输入脚"~"与电源变压器次级绕组相连，这两根引脚没有正、负极性之分；

b.将负极性端"−"接地，正极性端"+"通过负载接地，则负载两端为正极性直流脉动电压；

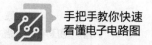

手把手教你快速
看懂电子电路图

c.将正极性端"＋"接地，负极性端"－"通过负载接地，则负载两端为负极性直流脉动电压。

③ 桥式整流电路的简化画法　整流电路中采用桥堆，其电路结构得到明显简化，电路的设计效率也更高。图6-11（b）所示电路为图6-11（a）所示桥式整流电路的简化画法，在电子产品电路图中多采用这种形式的画法。在掌握了桥堆的内部结构及电路工作原理后，电源电路的读图、识图将变得更为简单。

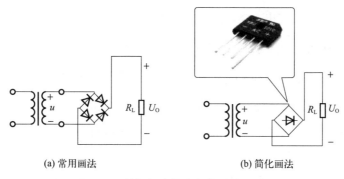

(a) 常用画法　　　　　　　　　　(b) 简化画法

图6-11　单相桥式整流电路及简化画法

④ 桥堆构成的正、负极性全波整流电路　图6-12所示电路为桥堆构成的正、负极性全波整流电路。电路中的UR是整流桥堆，T是带中间抽头的电源变压器。

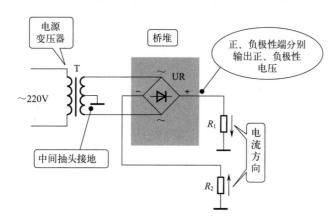

图6-12　桥堆构成的正、负极性全波整流电路

6.1.4　倍压整流电路

利用滤波电容的能量存储作用，由多个电容和二极管可以获得几倍于变压器二次侧绕组电压的直流输出电压，这种电路称为倍压整流电路。倍压整流电路是一种将较低交流电压转换成较高直流电压的整流电路。在对电源质量要求不是很高且功率要求也不是很大的场合，常使用倍压整流电路，如电蚊拍需要输出高达1200V的电压以击毙蚊子，若制作相应的变压器是很不容易的，这时就需要使用倍压整流电路来实现。

按输出电压相对输入电压的倍数，倍压整流电路可分为二倍压、三倍压及多倍压整流电路，其中二倍压整流电路是典型的应用电路。

（1）二倍压整流电路

图6-13所示为二倍压整流电路，由变压器T、两个整流管 VD_1、VD_2 及两个电容器 C_1、C_2 组成。

二倍压整流电路的工作原理如下：交流电压 u_i 接变压器T的一次绕组 L_1，再感应到二次绕组 L_2 上，L_2 上交流信号电压 u_2 的峰值电压为 $\sqrt{2}U_2$。在 u_2 的负半周时，L_2 上的电压为上负下正，该电压经 VD_1 对 C_1 充电，充电路径是 L_2 下正 $\rightarrow VD_1 \rightarrow C_1 \rightarrow L_2$ 上负，在 C_1 上充得左负右正的电压，该电压大小约为 $\sqrt{2}U_2$；在 u_2 的正半周时，L_2 上的电压为上正下负，该电压与 C_1 上的左负右正电压叠加，再经 VD_2 对 C_2 充电，充电路径是 C_1 右正 $\rightarrow VD_2 \rightarrow C_2 \rightarrow L_2$ 下负。L_2 上的电压与 C_1 上的电压叠加后，C_1 右端相当于整个电压的正极，L_2 下端相当于整个电压的负极，结果在 C_2 上获得约为 $2\sqrt{2}U_2$ 的电压 u_o，提供给负载 R_L。

（2）多倍压整流电路

根据二倍压整流电路原理可构成多倍压整流电路。倍压整流电路可以通过增加整流二极管和电容的方法成倍提高输出电压，一般来讲，n 倍压整流电路需要 n 个整流二极管和 n 个电容器。倍压整流的倍数越高，电路的输出电流越小，带负载能力越差。

① 三倍压整流电路　图6-14所示为三倍压整流电路，由3个整流二极管 $VD_1 \sim VD_3$ 和3个电容器 $C_1 \sim C_3$ 构成。

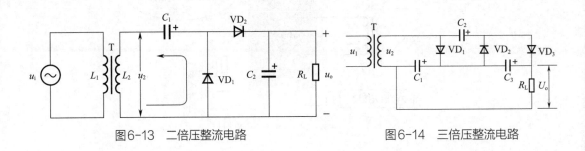

图6-13　二倍压整流电路　　　　　图6-14　三倍压整流电路

在输入交流电压 u_2 的第一个半周（正半周）时，u_2 经 VD_1 对 C_1 充电至 $\sqrt{2}U_2$；在 u_2 的第二个半周（负半周）时，u_2 与 C_1 上的电压串联后经 VD_2 对 C_2 充电至 $2\sqrt{2}U_2$；在 u_2 的第三个半周（正半周）时，VD_3 导通使 C_3 也充电至 $2\sqrt{2}U_2$。因为输出电压 $U_o = U_{C_1} + U_{C_3} = 3\sqrt{2}U_2$，因此在负载上得到的峰值电压为 u_2 峰值电压的3倍。

② 七倍压整流电路　图6-15所示电路为七倍压整流电路。七倍压整流电路的工作原理与二倍压整流电路基本相同。当 u_2 电压极性为上负下正时，它经 VD_1 对 C_1 充得左正右负电压，大小为 $\sqrt{2}U_2$；当 u_2 电压极性为上正下负时，上正下负的 u_2 电压与 C_1 左正右负电压叠加，经 VD_2 对 C_2 充得左正右负电压，大小为 $2\sqrt{2}U_2$。当 u_2 电压极性又变为上负

手把手教你快速
看懂电子电路图

下正时，上负下正的 u_2 电压、C_1 上的左正右负电压与 C_2 上的左正右负电压3个电压进行叠加，由于 u_2 电压与 C_1 上的电压极性相反，相互抵消，故叠加后总电压为 $2\sqrt{2}U_2$，它经 VD_3 对 C_3 充电，在 C_3 上充得左正右负的电压，电压大小为 $2\sqrt{2}U_2$。电路中的 $C_4 \sim C_7$ 的充电原理与 C_3 充电基本类似，它们两端充得的电压大小为 $2\sqrt{2}U_2$。

在电路中，除了 C_1 两端电压为 $\sqrt{2}U_2$ 外，其他电容两端电压均为 $2\sqrt{2}U_2$，总电压 U_o 为 C_1、C_3、C_5、C_7 的端电压之和。如果在电路中灵活接线，就可以获得一倍压、二倍压、三倍压、四倍压、五倍压及六倍压及七倍压。

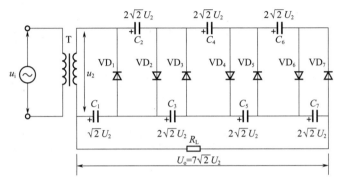

图6-15　七倍压整流电路

6.2 识读滤波电路

整流电路虽然可以把交流电转换为直流电，但是所得到的输出电压是单向脉动电压，含有较多的交流成分。在某些设备（如电镀、蓄电池充电等设备）中，这种电压的脉动是允许的。但是在大多数电子设备中，整流电路中都要加滤波器，以去除输出电压中的交流成分，降低输出电压的脉动程度。

常用的滤波电路有无源滤波和有源滤波两大类。5.2节介绍了由集成运放构成的有源滤波电路，本节介绍常用的无源滤波电路，包括电容滤波、电感滤波和复合滤波电路，以及由晶体管构成的有源滤波电路，最常用的有源元件是晶体管和集成运放。

6.2.1　电容滤波电路

（1）电路组成

图6-16所示为单相桥式整流电容滤波电路，电路中 C 是滤波电容，它接在桥式整流电路的输出端与地之间，R_L 是负载电阻。桥式整流得到的 u_1 是单向脉

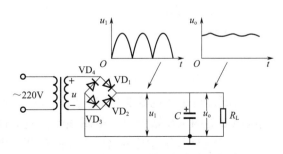

图6-16　单相桥式整流电容滤波电路

动直流电压，其中既有直流成分也有交流成分。由于输出端接有滤波电容器 C，交流成分被电容 C 旁路到地，输出电压 u_o 即为较平滑的直流电压。

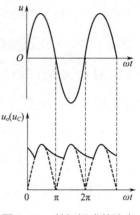

图6-17 单相桥式整流电容滤波电路的波形

（2）工作原理

在 u 的正半周且 $u > u_C$ 时，VD_1 和 VD_3 导通，一方面供电给负载，另一方面对电容器 C 进行充电。当电容 C 充电到最大值，即 $u_C = \sqrt{2}U$ 后，u 按正弦规律开始下降，当 $u < u_C$ 时，VD_1 和 VD_3 承受反向电压而截止，电容器对负载 R_L 放电，u_C 按指数规律下降。

在 u 的负半周，情况类似，只是在 $|u| > u_C$ 时，VD_2 和 VD_4 导通。

经滤波后 u_o 的波形如图6-17所示，脉动程度明显降低。放电时间常数 $R_L C$ 越大，脉动程度就越小。

一般要求 $R_L C \geqslant (3 \sim 5)\dfrac{T}{2}$，式中，$T$ 是电源 u 的周期。这时，输出电压 u_o 的平均值 $U_o \approx 1.2U$。

（3）重要提示

① 对于单相桥式整流电路而言，无论有无电容滤波，二极管所承受的最高反向电压都是 $\sqrt{2}U$，对整流二极管选型时需注意。

② 滤波电容选用电解电容器，且容量较大。从滤波角度讲，滤波电容的容量越大，对交流成分的容抗越小，滤波效果越好；但这样会造成二极管在比较长的时间内都有大电流流过，容易损坏整流二极管。

③ 电容滤波器一般应用于要求输出电压较高、负载电流较小且变化也较小的场合。

6.2.2　电感滤波电路

在大电流的情况下，由于负载电阻 R_L 很小，若采用电容滤波电路，则电容容量势必很大，而且整流二极管的冲击电流也非常大，在此情况下应采用电感滤波。由于电感线圈的电感量要足够大，所以一般采用有铁芯的线圈。

（1）电路组成

图6-18所示为单相桥式整流电感滤波电路，电路中滤波电感 L 与桥式整流电路的负载电阻 R_L 相串联。

（2）工作原理

当流过电感的电流变化时，电感线圈中产生的自感电动势将阻止电流的变化。当通过电感线圈的电流增大时，电感线圈产生的自感电动势与电流方向相反，阻止电流的增加，同时将一部分电能转化成磁场能存储在电感中；当通过电感线圈的电流减小时，自

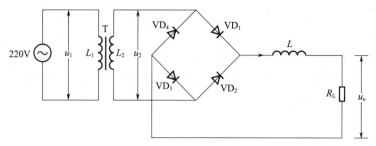

图6-18　单相桥式整流电感滤波电路

感电动势与电流方向相同，阻止电流的减小，同时释放出存储的能量，以补偿电流的减小。因此经电感滤波后，负载电流及电压的脉动程度会减小，输出波形变得平滑。

6.2.3　复合滤波电路

单独的电容滤波或电感滤波效果往往不理想，通常将电容、电感和电阻组合起来构成复合滤波电路，以达到较好的滤波效果。常用的复合滤波电路有 LC 滤波电路、π形 LC 滤波电路、π形 RC 滤波电路等。

（1） LC 滤波电路

① 电路组成　为了减小输出电压的脉动程度，在滤波电容之前串接一个铁芯电感线圈 L ，这样就组成了 LC 滤波电路，如图6-19所示。

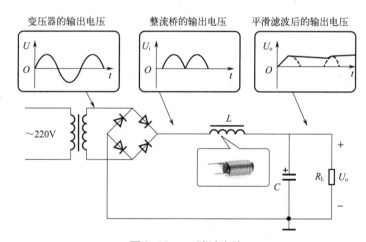

图6-19　LC 滤波电路

② 工作原理　由于通过电感线圈的电流发生变化时，线圈要产生自感电动势阻碍电流的变化，因而使负载电流和负载电压的脉动大为减小。频率越高，电感的感抗（ $X_L = \omega L = 2\pi fL$ ）越大，滤波效果越好。

电感线圈之所以能滤波也可以这样来理解：因为电感线圈对整流电路的交流分量具有阻抗，谐波频率愈高，阻抗愈大，所以它可以减弱整流电压中的交流分量，ωL 比 R 大得愈多，滤波效果愈好，而后又经过电容滤波器滤波，再一次滤除交流分量。这样，便可以得到甚为平滑的直流输出电压。但是，由于电感线圈的电感较大（一般在几亨到几十亨的范围内），其匝数较多，电阻也较大，因此其上也有一定的直流电压降，造成输出电压的下降。

③ 重要提示

a.LC滤波电路适用于电流较大、要求输出电压脉动很小的场合，用于高频时更为合适；

b.在电流较大、负载变动较大并对输出电压的脉动程度要求不太高的场合下，也可以将电容器除去，而采用电感滤波器。

（2）π形滤波电路

① π形LC滤波电路　在如图6-20所示电路中，虚框部分由一个电感L和两个电容C_1和C_2接成π形结构，组成π形LC滤波电路。

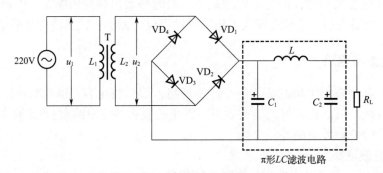

图6-20　π形LC滤波电路

π形LC滤波电路是在LC滤波电路之前并联了一个滤波电容C_1，其滤波效果比LC滤波电路要好。

由于电容C_1接在电感L之前，在刚接通电源时，变压器的二次绕组通过整流二极管对电容C_1充电的浪涌电流较大，为缩短浪涌电流的持续时间，一般要求电容C_1的容量小于C_2。

② π形RC滤波电路　由于电感线圈的体积大而笨重，成本又高，因此有时将π形LC滤波电路中的电感L用电阻R代替，即构成π形RC滤波电路，如图6-21所示。

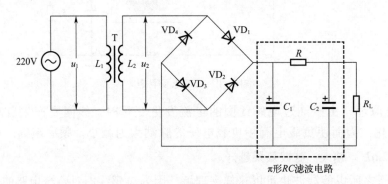

图6-21　π形RC滤波电路

电阻对于交、直流电流均具有降压作用。因滤波电容的交流阻抗很小，当电阻和电容配合后，就会使脉动电压的交流成分较多地降落在电阻两端，而较少地降落在电容和负载上，从而起到了滤波的作用。

手把手教你快速
看懂电子电路图

电阻 R 越大，电容 C_2 越大，滤波效果越好；但电阻 R 越大，也会使直流电压降和损耗增大，因此 R 的阻值不能太大，一般为几十欧到几百欧。π 形 RC 滤波电路主要适用于负载电流较小而又要求输出电压脉动很小的场合。

6.2.4　有源滤波电路

对于 RC 滤波电路，电阻 R 的阻值越大，滤波效果越好；但电阻值越大，电路的损耗越大，使输出电压偏低，而有源滤波电路可克服此问题。

（1）电路组成

利用晶体管的直流放大作用可构成有源滤波电路。在图 6-22（a）所示的电路中，虚框内晶体管 VT_1、电容 C_1 和电阻 R_1 组成有源滤波电路。其中，R_1 是 VT_1 的基极偏置电阻，C_1 是晶体管 VT_1 的基极滤波电容。电路中，C_2 是输出电压 u_o 的滤波电容，R_L 是滤波电路的负载。

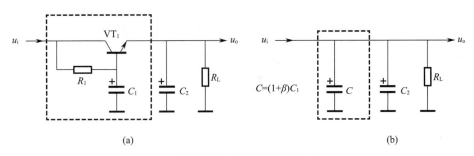

图6-22　有源滤波电路

因为晶体管的发射极电流是基极电流的 $(1+\beta)$ 倍，所以 C_1 的作用相当于在输出端接入了一个容量为 $(1+\beta)$ 倍 C_1 容量的大滤波电容，其等效电路如图 6-22（b）所示。有源滤波电路具有直流压降小、滤波效果好的特点，主要应用在滤波要求高的场合。

（2）工作原理

在图 6-22（a）所示的电路中，R_1 和 C_1 构成一阶 RC 滤波电路。但与简单 RC 滤波电路不同的是，R_1 除了作为滤波电阻，还为 VT_1 提供基极偏置电流。由于这一偏置电流很小，R_1 的阻值可以取得比较大，这样 RC 滤波的效果就很好，使 VT_1 基极直流电压中的交流成分很少。由于发射极电压具有跟随基极电压的特性，VT_1 发射极输出电压中的交流成分也很少，达到了滤波的目的，同时也不会使直流输出电压下降很多。

电路中的 R_1 的阻值大小决定了 VT_1 的基极电流大小，从而决定了 VT_1 集电极与发射极之间的管压降，也就决定了 VT_1 发射极输出直流电压的大小。因此，改变 R_1 的大小，就可以调节直流输出电压 u_o 的大小。

由晶体管构成的电子滤波电路通常用在整流电流不大，但滤波要求较高的电路中，R_1 的阻值一般为几千欧，C_1 的容量通常为几微法至 100μF。

6.3 识读稳压二极管稳压电路

经整流和滤波后的电压往往会随交流电源电压的波动和负载的变化而变化。电压的不稳定有时会产生测量和计算方面的误差，引起控制装置的工作不稳定，甚至无法正常工作。因此在直流电源电路中，通常在整流和滤波后还需要稳压环节。常用的稳压电路有稳压二极管稳压电路、串联型稳压电路和集成稳压电路等。

6.3.1 认识稳压二极管

（1）伏安特性及图形符号

稳压二极管是一种特殊的面接触型半导体硅二极管，它工作在反向击穿区，而且其反向击穿是可逆的。稳压二极管的伏安特性曲线与普通二极管类似，其差异是稳压二极管的反向特性曲线比较陡，如图6-23（a）所示。图6-23（b）所示为稳压二极管的图形符号。

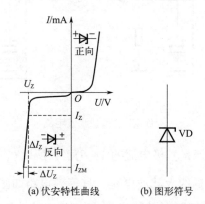

(a) 伏安特性曲线　　(b) 图形符号

图6-23　稳压二极管的伏安特性曲线及图形符号

可见，稳压二极管的工作特性与普通二极管有所不同。稳压二极管与适当数值的电阻配合后能起稳定电压的作用，故称为稳压二极管。此外，它还可以用来对信号进行限幅。

（2）工作原理

从图6-23（a）所示的伏安特性曲线中可以看出，反向电压在一定范围内变化时，反向电流很小。当反向电压增大到击穿电压时，稳压二极管反向击穿。此后，电流虽然在很大范围内变化，但稳压二极管两端的电压变化很小。利用这一特性，稳压二极管在电路中起到稳压作用。因此，稳压二极管起稳压作用时，工作于反向击穿区。与普通二极管不同，稳压二极管的反向击穿是可逆的。当去掉反向电压后，稳压二极管又恢复正常。但是，如果反向电流超过电流允许的范围，稳压二极管将会发生热击穿而损坏。因此，稳压二极管起稳压作用时，工作于反向击穿区。

（3）主要参数

① 稳定电压 U_Z　稳定电压是稳压二极管在正常工作下管子两端的电压。由于生产工艺和其他原因，稳压值有一定的分散性。因此，手册给出的稳定电压不是一个确定值，

而是给了一个范围。例如，2CW59型稳压二极管的稳压值为10~11.8V。

② 最大稳定电流 I_{ZM}　它是指稳压二极管长时间工作而不损坏所允许流过的最大稳定电流。稳压二极管在实际应用中，工作电流要小于最大稳定电流，否则会损坏稳压二极管。

③ 电压温度系数 α_U　它是用来表征稳压二极管的稳压值受温度变化影响的一个参数，有正负之分。一般来说，低于6V的稳压二极管，其电压温度系数是负值；高于6V的稳压二极管，其电压温度系数是正值；而在6V左右的管子，稳压值受温度的影响比较小。因此，选用稳定电压为6V左右的稳压二极管，可得到较好的温度稳定性。

④ 最大允许耗散功率 P_{ZM}　它是指稳压二极管击穿后稳压二极管本身所允许消耗功率的最大值。实际使用中，如果超过这一值，稳压二极管将发生热击穿而烧坏。

⑤ 动态电阻 r_Z　它是指稳压二极管端电压的变化量与相应的电流变化量的比值，$r_Z = \Delta U_Z / \Delta I_Z$。稳压二极管的反向伏安特性曲线愈陡，则动态电阻愈小，稳压性能愈好。

6.3.2　典型的稳压二极管稳压电路

最简单的直流稳压电源是采用稳压二极管来稳定电压的。图6-24所示电路是一种稳压二极管稳压电路，经过桥式整流电路整流和电容滤波器滤波后得到直流电压 U_i，再经过限流电阻 R 和稳压二极管 VD_Z 组成的稳压电路接到负载 R_L 上，这样负载上得到的就是一个比较稳定的电压 U_o。

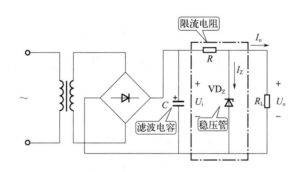

图6-24　稳压二极管稳压电路

引起电压不稳定的原因是交流电源电压的波动和负载电流的变化。下面分两种情况分析稳压电路的作用。

（1）当交流电源电压波动时

当交流电源电压升高而使整流输出电压 U_i 升高时，负载电压 U_o 也要升高。U_o 即为稳压二极管两端的反向电压。当负载电压 U_o 稍有升高时，稳压二极管的电流 I_Z 就显著增大，因此电阻 R 上的电压降增大，以抵偿 U_i 的升高，从而使负载电压 U_o 保持基本不变。

当交流电源电压降低而使 U_i 降低时，负载电压 U_o 也要降低，因而稳压二极管电流 I_Z 显著减小，电阻 R 上的电压降也减小，仍然保持负载电压 U_o 近似不变。

（2）当负载电流变化时

当负载电流增大时，电阻 R 上的电压降增大，负载电压 U_o 因而下降。只要 U_o 稍有下降，稳压二极管的电流 I_Z 就显著减小，通过电阻 R 的电流和电阻上的电压降保持近似不变，因此负载电压 U_o 也就近似不变。

当负载电流减小时，稳压过程相反，读者可自行分析。

6.3.3　实用稳压二极管稳压电路

图6-25所示是一种实用的稳压二极管稳压电路。电路中，以晶体管 VT_1 和 VT_2 为核心元器件构成两级阻容耦合放大电路，稳压二极管 VD_1 与限流电阻 R_4 组成稳压电路接在第一级放大电路的直流电源电路中。

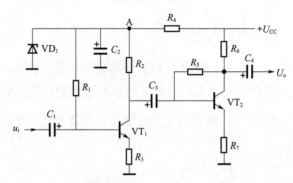

图6-25　实用稳压二极管稳压电路

若电路中没有稳压二极管 VD_1，电路中A点的直流电压会随直流电源电压 $+U_\text{CC}$ 的变化而波动，A点直流电压的波动通过电阻 R_1 和 R_2 将分别引起 VT_1 基极和集电极直流电压的波动，从而影响放大电路的正常工作。

加入稳压二极管 VD_1 后，A点的直流电压就是 VD_1 的稳压值，从而保证了晶体管 VT_1 基极和集电极直流电压的稳定，使放大电路的工作不受直流电源电压 $+U_\text{CC}$ 波动的影响。

6.4　识读串联型稳压电路

晶体管稳压电路有串联和并联两种，稳压精度高，在一定范围内可调节。常用的是串联型稳压电路，如图6-26所示是串联型稳压电路方框图，主要由基准电压电路、采样电路、比较放大电路和调整电路等部分组成，各部分的作用如下。

① 采样电路：采集输出电压及其变化量；

② 基准电压：提供稳定的基准电压；

③ 比较放大电路：将采样电压与基准电压进行比较放大，并推动电压调整环节；

手把手教你快速
看懂电子电路图

④ 调整电路：在比较放大环节的推动下，根据调整量改变输出电压，使输出电压保持恒定。

6.4.1 电路组成

图6-27所示电路为串联型稳压电路，其各部分组成和功能如下。

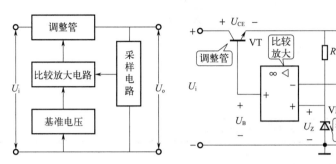

图6-26　串联型稳压电路方框图　　　图6-27　串联型稳压电路

① 采样电路：由电位器 R_1 和电阻 R_2 组成分压电路，将输出电压 U_o 的一部分作为采样电压 U_F，送到运放的反相输入端。

② 基准电压：由电阻 R_3 和稳压管 VD_Z 组成稳压电路，提供一个稳定的基准电压 U_Z 送至运放的同相输入端，作为调整和比较的标准。

③ 比较放大电路：运算放大器将基准电压 U_Z 和采样电压 U_F 之差放大后控制调整管 VT。

④ 调整管：VT 为工作在线性区的功率管，其基极电压 U_B 为运算放大器的输出电压，由它来改变调整管 VT 的集电极电流 I_C 和管压降 U_{CE}，从而达到自动调整稳定输出电压的目的。

6.4.2 工作原理

由图6-27可知，反馈电压 U_F 送至运算放大器的反相输入端，$U_- = U_F = \dfrac{R_1'' + R_2}{R_1 + R_2} U_o$，当电源电压或负载电阻的变化使输出电压 U_o 升高时，U_F 也就升高。

调整管的基极电位 $U_B = A_{uo}(U_Z - U_F)$，可见 U_B 随之减小，其稳压过程为：

$$U_o \uparrow \longrightarrow U_F \uparrow \longrightarrow U_B \downarrow \longrightarrow I_C \downarrow \longrightarrow U_{CE} \uparrow \longrightarrow$$

$$U_o \downarrow \longleftarrow$$

使 U_o 保持稳定。当输出电压降低时，其稳定过程相反。

图6-27所示的串联型稳压电路引入的是串联电压负反馈，故称为串联型稳压电路。

从以上分析来看，调整管就像一个自动可变电阻。当输出电压增大时，它的导通程度会减小，C、E间的内阻增大，使增大的电压全部加在调整管的C、E之间，使 $U_\circ$ 保持稳定。当输出电压减小时，调整过程相反，也可确保 $U_\circ$ 保持稳定。

根据同相比例运算放大电路可知：

$$U_\circ \approx U_B = (1 + \frac{R_1'}{R_1'' + R_2})U_Z$$

即调节电位器 R_1 就可以调节输出电压 $U_\circ$。

6.5 识读三端集成稳压电路

集成稳压器经历了由小功率多端到大功率三端的发展过程。所谓三端是指电压输入端、电压输出端和公共接地端。集成稳压器的种类较多，有正输出、负输出以及正负对称输出稳压器，固定输出稳压器和可调输出稳压器，三端稳压器和多端稳压器等。

6.5.1 认识三端集成稳压器

三端集成稳压器是一种常用的电子设备，用于保持其输出电压稳定不受输入电压波动的影响，具有稳压精度高、工作稳定可靠、外围电路简单、体积小、重量轻等优点，在各种电源电路中应用广泛。

（1）三端固定输出集成稳压器

三端固定输出集成稳压器是常用的一种中小功率集成稳压电路，常用的有78××和79××两大系列，其型号含义如图6-28所示。78××系列输出的固定正电压有5V、6V、9V、12V、15V、18V和24V七个等级。79××系列输出固定负电压，其参数与78××系列基本相同。例如7805输出 +5V 电压，7905输出 −5V 电压。78××和79××系列集成稳压器最大输出电流为1.5A，其内部含限流保护、过热保护和过压保护电路。

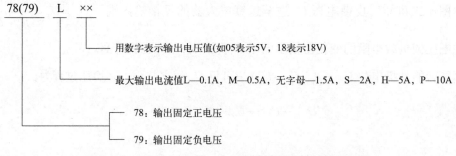

图6-28　78××和79××系列集成稳压器的型号含义

常用的三端固定输出集成稳压器的封装形式有塑料封装和金属封装等，其外形和引脚功能如图6-29所示。

手把手教你快速
看懂电子电路图

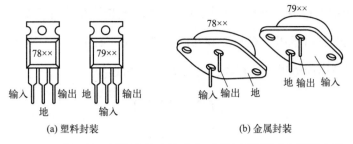

图6-29 常用的三端固定输出集成稳压器的封装形式和引脚功能

（2）三端可调输出集成稳压器

国产的三端可调输出集成稳压器的典型产品为CW×17和CW×37系列，其中17系列输出正电压，37系列输出负电压，其型号含义如图6-30所示。

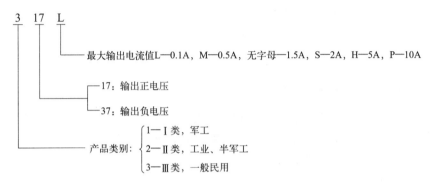

图6-30 CW×17和CW×37系列集成稳压器的型号含义

CW×17和CW×37系列集成稳压器的引脚排列如图6-31所示。

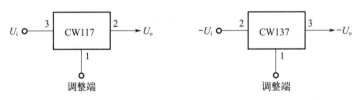

图6-31 CW×17和CW×37系列集成稳压器的引脚排列

三端集成稳压器在实际使用时，需注意以下几点。

① 一定要分清引脚及其作用，避免接错时损坏集成块。

② 为保证工作的可靠性，输入电压应比输出电压高3~5V，过高的输入电压将导致器件严重发热，甚至损坏。同时输入电压和输出电压相差不得小于2V，否则稳压性能不好。

③ 小功率三端集成稳压器使用时不用散热片。大功率三端集成稳压器需要安装符合要求尺寸的散热器，否则稳压管温度过高，稳压性能将变差，甚至损坏。

④ 为了扩大输出电流，三端集成稳压器允许并联使用。

6.5.2 三端集成稳压器的典型应用

图6-32所示为78××系列三端集成稳压器的基本接法，只需在输入端和输出端上分别加一个滤波电容即可，使稳压电路变得十分简单。

在图6-32所示电路中，电容 C_i 用以抵消输入端较长接线的电感效应，防止产生自激振荡，接线不长时也可不用。C_i 一般在 $0.1 \sim 1\mu F$ 之间，如 $0.33\mu F$。电容 C_o 是为了瞬时增减负载电流时不致引起输出电压有较大的波动。C_o 可选用 $1\mu F$。

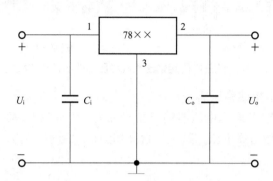

图6-32　78××系列三端集成稳压器的基本接法

6.5.3　三端集成稳压器的扩展应用

在一些电子设备中，有些负载需要较高的电压或较大的电流，而三端集成稳压电路又无法输出较高电压或较大电流，这时就需要对三端集成稳压电路进行扩展。

（1）可调式直流稳压电源电路

图6-33所示电路为可调式直流稳压电源电路。

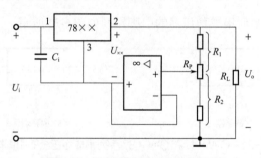

图6-33　可调式直流稳压电源电路

因集成运算放大器的"虚短"特性，即 $u_+ \approx u_-$，由基尔霍夫电压定律（KVL）可得：

$$U_o = (1 + \frac{R_2}{R_1})U_{\times\times}$$

调节电位器 R_p 即可调整 R_2 与 R_1 的比值，就可调节输出电压 U_o 的大小。

（2）提高输出电压的稳压电路

图6-34所示电路是提高输出电压的稳压电路，输出电压 $U_o = U_{\times\times} + U_Z$。

（3）增大输出电流的稳压电路

图6-35所示电路是增大输出电流的稳压电路。其工作原理是：当 I_o 较小时，U_R 较

手把手教你快速
看懂电子电路图

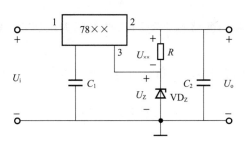

图6-34 提高输出电压的稳压电路

小，VT 截止，$I_C = 0$。当 $I_o > I_{oM}$ 时，U_R 较大，VT 导通，$I_o = I_{oM} + I_C$。

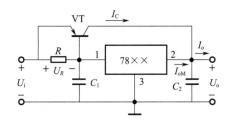

图6-35 增大输出电流的稳压电路

（4）输出正负电源的稳压电路

在电子电路中，不仅需要正电源，往往还需要负电源。图6-36所示为输出正、负对称电源的稳压电路，7815的输出端与地之间输出 +15V 的稳定电压，7915的输出端与地之间输出 −15V 的稳定电压。

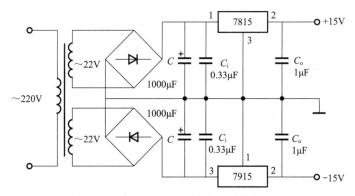

图6-36 输出正、负对称电源的稳压电路

（5）三端可调式集成稳压器应用电路

图6-37所示电路为CW317三端可调式集成稳压器的典型应用电路。其中，C_1 是滤波电容；C_2 用以抑制高频干扰和防止产生自激振荡；C_3 用于减小可调电阻 R_2 两端的纹波电压；C_4 用于防止输入瞬间过电压；VD_1、VD_2 是保护二极管，用来防止输入端或输出端短路时因 C_3、C_4 放电而击穿内部的调整管。

电阻 R_1 和可变电阻 R_2 构成采样电路。电阻 R_1 接在输出端与调整端之间，R_1 通常取 240Ω，CW317 输出端和调整端之间的基准电压为 1.25V。电阻 R_2 接在调整端与地端之间。

由于调整端的电流可忽略不计，则电路的输出电压为：

$$U_o = 1.25 \times (1 + \frac{R_2}{R_1})$$

调节可变电阻 R_2，即可使输出电压 U_o 连续变化。当 $R_2 = 6.8\text{k}\Omega$ 时，输出电压 U_o 将在 1.25~37V 范围内连续变化。

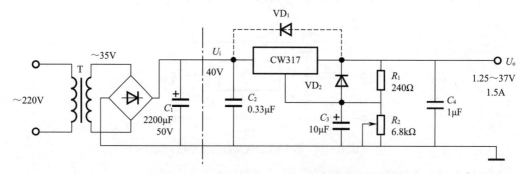

图6-37　CW317三端可调式集成稳压器应用电路

图6-38所示电路为三端可调式稳压器CW317和CW337构成的能同时输出连续可调正、负电压的稳压电路。

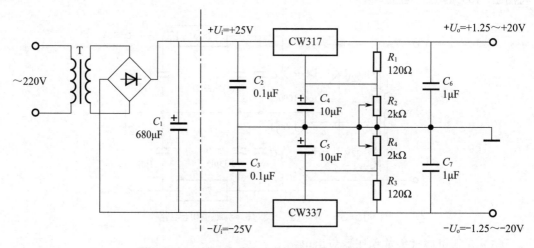

图6-38　三端可调式集成稳压器正负可调稳压电路

6.6　识读五端集成稳压电路

五端集成稳压器有可调式、低压差五端固定式和低压差五端可调式三种。

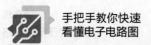

6.6.1 五端可调正电压单片稳压器

五端可调正电压单片稳压器的典型产品有DN-35等，其内部结构框图如图6-39（a）所示。DN-35型稳压器由恒流源提供基准电压，由反馈电压提供信号，误差放大器对输出变化作跟踪监测，并将测量结果随时送入调整管的基极，实现对调整管的输出控制。DN-35型稳压器设有完善的保护电路，如输入过电压保护、安全工作区保护和过热保护等。

图6-39（b）所示是五端可调正电压单片稳压器DN-35的引脚示意图，其中1脚为输入端，2脚为电流限制端，3脚为接地端，4脚为反馈电压端，5脚为输出端。其典型应用如图6-39（c）所示。

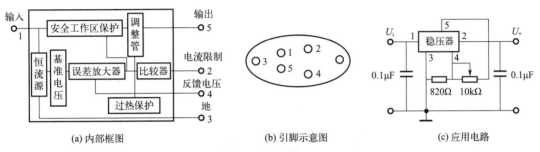

(a) 内部框图　　　　　　　　(b) 引脚示意图　　　　　　　　(c) 应用电路

图6-39　五端可调正电压单片稳压器DN-35

6.6.2 低压差五端固定集成稳压器

低压差五端固定集成稳压器的典型产品有TLE4260等，其内部电路如图6-40所示。TLE4260集成稳压器主要由调整管、调节器、带隙基准、控制放大器、缓冲器、过压保护、过热保护、欠压保护及短路保护等组成，具有很强的抗干扰能力。

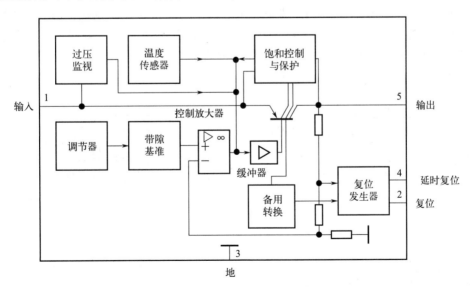

图6-40　TLE4260内部电路框图

TLE4260引脚功能如图6-41所示。

TLE4260的典型应用电路如图6-42所示。

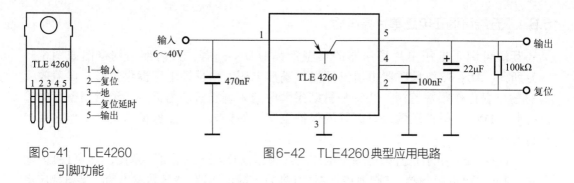

图6-41 TLE4260
引脚功能

图6-42 TLE4260典型应用电路

6.6.3 低压差五端可调集成稳压器

MIC29712是一款调节型低压差稳压器集成电路。它有5根引脚，1~5脚分别为通/断控制端、输入端、接地端、输出端和调节端，图6-43所示是其外形和引脚分布图。

图6-43 MIC29712的外形和引脚分布图

图6-44（a）所示为MIC29712典型应用电路。1脚为通/断控制端，当1脚为高电平时电路处于接通状态，稳压器有直流电压输出。当1脚为低电平时，电路关断，稳压器无直流电压输出。如果需要电路始终处于接通状态运用时，可将电路中的1脚和2脚在外电路中连接在一起，如图6-44（b）所示。

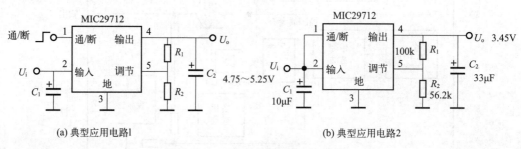

图6-44 MIC29712典型应用电路

输出电压 U_o 的计算公式为：

$$U_o = 1.240 \times (1 + \frac{R_1}{R_2})$$

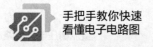
手把手教你快速
看懂电子电路图

调整电阻 R_1 与 R_2 的比值即可调整输出电压 U_o。

输入电压端与输出电压端之差比较小的稳压器被称作低压差（LDO）稳压器。为获得大电流输出，可将两片或两片以上的LDO并联工作构成复合式稳压器。例如，采用两片LDO可将输出电流扩展到2倍；如采用3片LDO，可将输出电流扩展到3倍；以此类推。这种方法的特点是将总输出功率平均分配给每片LDO，并能保持LDO的输出特性。

需要注意的是，将两片LDO并联使用时，必须使二者的电路参数及散热量能实现匹配。因为LDO中的PNP型调整管属于双极型晶体管，它具有负电阻温度系数，当温度升高时，在输入电压不变的情况下通过调整管的电流会变大。如果两个调整管不能匹配或二者的工作温度不同，负载电流不能被两片LDO平均分配，通过其中一个调整管的电流就比通过另一个调整管的电流大。其结果是电流大的调整管将更热，促使电流继续增大，酿成"热量失控"的恶性循环后果，最终会导致最热的那片LDO损坏。

图6-45 所示是由两片MIC29712并联构成的+3.3V的LDO电路。电路中，A_1 和 A_2 为MIC29712低压差稳压器集成电路，其中 A_1 作为主稳压器，A_2 为辅助稳压器。R_1 和 R_2 为取样电阻，选择 $R_1 = 205\text{k}\Omega$、$R_2 = 124\text{k}\Omega$ 时，输出电压 $U_o = 3.29\text{V} \approx 3.3\text{V}$。为使两片LDO能并联工作，一种简单而有效的方法是利用电流检测电阻 R_4、R_5 和运算放大器 A_3 来监控通过每片LDO的电流并使之保持平衡。电流检测电阻的选择原则是在适度的输出电流情况下，能提供一个足够大的输出电压，以便使运算放大器的输入失调电压可忽略不计。如果电阻太小，就会影响匹配；若阻值过大，复合式稳压器的压差将会增大。

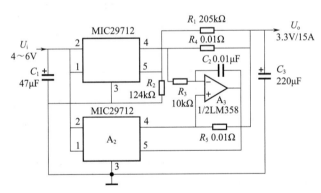

图6-45　由两片MIC29712并联构成的大电流输出稳压器电路

6.7　识读开关电源电路

前面介绍的串联型稳压电路具有输出稳定度高、输出电压可调、纹波系数小、电路简单、工作可靠等优点，而且已经有多种集成稳压器供选用，是目前应用最广泛的稳压电路。但是，串联型稳压电路中的调整管总是工作于放大状态，一直有电流通过，故管子的功耗较大，电路的效率不高，一般只能达到30%~50%。

为了克服上述缺点，可采用开关式稳压电源，其优点是：

（1）功耗小、效率高

电路中的调整管工作在开关状态，即开关管主要工作在饱和导通和截止两种状态。由于管子饱和导通压降 U_{CES} 和截止电流 I_{CEO} 都很小，管耗主要发生在状态开与关的转换过程中，电源效率可提高到75%~95%。

（2）体积小、重量轻

省去了电源变压器和调整管的散热装置，所以体积小、重量轻。

6.7.1 开关电源的分类与基本工作原理

（1）开关电源的分类

开关电源种类繁多，如表6-1所示。

表6-1 开关电源的分类

分类方法	主要类型
按转换器的结构形式划分	隔离型
	非隔离型
按激励方式划分	自励式
	他励式
按调制方式划分	脉宽调制（PWM）型
	脉频调制（PFM）型
	混合调制型
按开关管的类型划分	晶体管型
	场效应管型
	晶闸管型
	变压器型
按开关管与负载的连接方式划分	串联型
	并联型

（2）开关电源的基本工作原理

在图6-46（a）所示电路中，当开关S合上时，电源E经开关S对电容C充电，在电容C上得到上正下负的电压；当开关S断开时，电容C可对后级电路放电。若开关S闭合时间长，则电源E对电容C的充电时间也长，电容C两端电压 U_o 会升高；如果S闭合时间短，则电源E对电容C的充电时间短，电容C两端电压会下降。由此可见，改变开关的闭合时间长短就能改变输出电压的高低。

在实际的开关电源中，开关S常用晶体管代替，并且在晶体管的基极加一个控制信号（脉冲信号）来控制晶体管的导通和截止，如图6-46（b）所示。当控制信号的高电平加到晶体管VT的基极时，晶体管VT饱和导通，VT的集电极与发射极间相当于短路，电源E经VT的集电极和发射极对电容C充电；当控制信号的低电平到来时，VT截止，VT的集电极与发射极间相当于开路，C对后级电路放电。如果晶体管基极控制信号的高电平持续时间长，低电平持续时间短，则电源E对C的充电时间长，C放电时间短，C两端电压会上升。

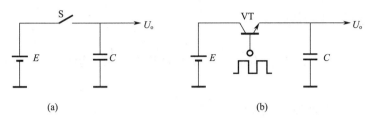

图6-46　开关电源的基本工作原理

6.7.2　串联型开关稳压电源

图6-47所示为串联型开关稳压电源的原理框图及关键点电流电压波形。它和串联反馈型稳压电路相比，电路增加了LC滤波电路以及三角波（u_T）发生器和比较器组成的驱动放大电路，该三角波发生器与比较器组成的电路又称为脉宽调制电路（PWM）。三角波发生器通过比较器产生一个方波，去控制调整管的通断。调整管导通时，向电感充电。当调整管截止时，必须给电感中的电流提供一个泄放通路来保护调整管VT。图中二极管VD即可起到这个作用，因而常称VD为续流二极管。

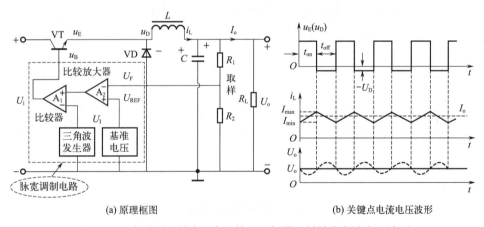

图6-47　串联型开关稳压电源的原理框图及关键点电流电压波形

图6-47（a）中，U_i是整流滤波电路的输出电压，u_B是比较器的输出电压，利用u_B控制调整管VT将U_i变成断续的矩形波电压u_E（u_D）。当u_B为高电平时，VT饱和导通，输入电压U_i经VT加到二极管VD的两端，电压u_E等于U_i（忽略调整管VT的饱和压降），此时二极管承受反向电压而截止，负载中有电流I_o流过，电感L储存能量。当u_B为低电平时，VT由导通变为截止，滤波电感产生自感电势（极性如图所示），使二极管VD导通，于是电感中储存的能量通过VD向负载R_L释放，使负载R_L继续有电流流过。此时电压u_E等于$-U_D$（二极管的正向压降）。由此可见，虽然调整管处于开关工作状态，但由于二极管VD的续流作用和L、C的滤波作用，输出电压是比较平稳的。

图6-47（b）所示为电路关键点的电流电压波形。图中，t_{on} 是调整管 VT 的导通时间，t_{off} 是调整管 VT 的截止时间，开关转换周期 $T = t_{on} + t_{off}$。在忽略滤波电感 L 的直流压降的情况下，输出电压的平均值为：

$$U_o = (U_i - U_{CES})\frac{t_{on}}{T} + (-U_D)\frac{t_{off}}{T} \approx U_i \frac{t_{on}}{T} = qU_i$$

式中，$q = \dfrac{t_{on}}{T}$ 为脉冲波形的占空比。

由此可见，对于一定的 U_i 值，调节占空比即可调整输出电压 U_o。

6.7.3　并联型开关稳压电源

并联型开关稳压电源是现在用得最多的电源，计算机显示器、彩电、计算机电源都采用它，所以了解其工作原理和电路特点是电子系统电源设计的基本要求。并联型开关稳压电路原理图如图6-48（a）所示，其工作波形与串联型开关稳压电路基本相同。VD 为续流二极管，开关管 VT 与输入直流电压以及负载并联而称为并联型开关电路。

当开关脉冲为高电平时，开关管 VT 饱和导通，相当于开关闭合，输入电压 U_i 向电感储存能量。这时因电容已充有电荷，极性为上正下负，因此二极管 VD 截止，负载 R_L 依靠电容 C 放电供给电流，如图6-48（b）所示。

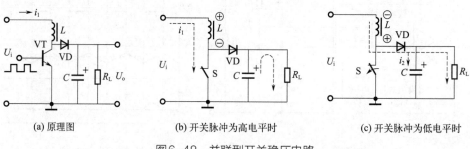

(a) 原理图　　　　　　(b) 开关脉冲为高电平时　　　　　(c) 开关脉冲为低电平时

图6-48　并联型开关稳压电路

当开关脉冲为低电平时，开关管 VT 截止，相当于开关断开。由于电感 L 中的电流不能突变，这时电感 L 两端产生自感电动势，极性是上负下正，它和输入电压相叠加使二极管 VD 导通，产生电流 i_2，向电容 C 充电的同时并向负载供电，如图6-48（c）所示。当电感释放的能量逐渐减小时，就由电容 C 向负载放电，并很快转入开关脉冲高电平状态，再一次使 VT 饱和导通，由输入电压 U_i 向电感 L 输送能量。用这种并联型开关稳压电路可以组成不同电源变压器的开关稳压电路。

6.7.4　自励式开关电源电路

在开关电源工作时，需要在开关管的基极加控制脉冲。根据控制脉冲的产生方式不同，可将开关电源分为自励式开关电源和他励式开关电源。

手把手教你快速
看懂电子电路图

图6-49所示是一种典型的自励式开关电源电路，主要由整流滤波电路、振荡电路、稳压电路和保护电路等组成。

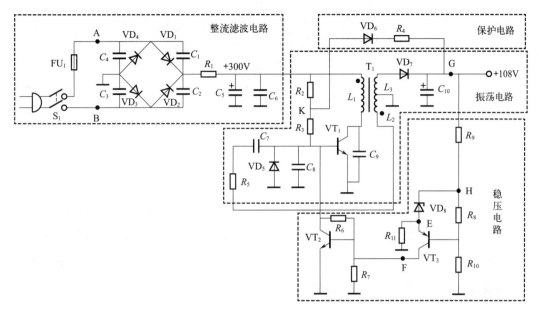

图6-49 典型的自励式开关电源电路

整流滤波电路可将220V/50Hz的工频交流电转换为约+300V的直流电压；振荡电路用来产生控制脉冲信号，以控制开关管的导通和截止；保护电路实现欠电压和过电流保护。

下面主要分析稳压电路部分的工作原理。稳压电路部分由晶体管VT_2、VT_3、电阻$R_6 \sim R_{11}$和稳压二极管VD_8组成，其中VT_2为脉宽控制管，VT_3为取样管。

例如，当220V/50Hz的工频交流电电压上升时，经整流滤波后，C_5上的电压会高于+300V，电源电路输出端C_{10}的电压也会高于+108V，H点的电压上升。H点电压一路经VD_8送到VT_3的发射极，使发射极电压U_{E3}较基极电压U_{B3}上升得更多，VT_3导通程度加深，VT_3的E、C极之间的阻值减小，F点电压也上升。VT_2的基极电压上升，VT_2导通程度加深，VT_2的C、E极之间的阻值减小，这样会使开关管VT_1基极电压下降。VT_1因基极电压低而截止时间变长，饱和时间缩短，电流流过L_1的时间短，L_1储能减少。在VT_1截止时，L_1产生的电动势低，L_3上的感应电动势低，L_3经VD_7使C_{10}储能减少，C_{10}两端电压下降，基本稳定在正常值（+108V），实现输出电压稳定。

6.7.5 他励式开关电源电路

他励式开关电源与自励式开关电源的区别是：前者有独立的振荡器，而后者没有独立的振荡器，开关管是振荡器的一部分。

图6-50所示为他励式开关电源电路的组成示意图。其中，独立的振荡器产生控制脉

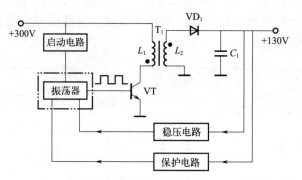

图6-50　他励式开关电源电路组成示意图

冲信号，使控制开关管工作在开关状态。

稳压工作原理：当负载增大时，电源电路的输出电压+130V会下降，该下降的电压送到稳压电路，稳压电路会输出一个控制信号送到振荡器，使振荡器产生的脉冲信号宽度变宽，即高电平持续时间变长，开关管VT的导通时间变长，L_1储能增大。VT截止时L_1产生的电动势升高，L_2感应出的电动势也升高，该电动势对电容C_1充电，使C_1的端电压上升，从而使输出电压稳定在+130V。

第7章

功率放大器

能够向负载提供足够信号功率的放大电路称为功率放大电路或功率放大器，简称功放。功率放大器通常用作放大电路的输出级，以驱动执行机构，如使扬声器发声、继电器动作、仪表指针偏转等。

7.1 功率放大器基础知识

从能量控制和转换的角度看，功率放大电路与其他放大电路在本质上没有根本区别，只是功放不单纯追求输出高电压或大电流，而是追求在电源电压确定的情况下输出尽可能大的功率。功率放大器从电源取用的功率较大，为提高电源的利用率，必须尽可能提高功率放大器的效率，这是功率放大器和电压放大器的主要区别。

按工作频率，功率放大器分为高频功率放大器和低频功率放大器。高频功率放大器和低频功率放大器的共同特点都是输出功率大和效率高，但二者的工作频率和相对频带宽度却相差很大，因而负载网络和工作状态也不同。

低频功率放大器的工作频率低，但相对频带宽度却很宽。例如，某低频功率放大器的工作频率范围为20~20000Hz，高低频率之比达1000倍，因此低频功率放大器都是采用无调谐负载，如电阻、变压器等。高频功率放大器的工作频率高，由几百千赫到几百兆赫、几千兆赫甚至几万兆赫，但相对频带很窄。例如，调幅广播电台（频段525~1605kHz）的频带宽度为10kHz，如中心频率取为1000kHz，则相对频宽只相当于中心频率的百分之一。因此，高频功率放大器一般都采用选频网络作为负载回路。

本章主要介绍常用的低频功率放大器。

7.1.1　低频功率放大器的基本要求

一个性能良好的低频功率放大器应满足以下要求：

（1）有足够大的输出功率

由于低频功率放大器要输出足够大的功率驱动负载，所以要求功率放大管有足够大的电压和电流输出幅度，但又不允许超过功率放大晶体三极管的各项极限参数，如反向击穿电压 $U_{(BR)CEO}$、集电极最大允许电流 I_{CM}、集电极最大允许耗散功率 P_{CM} 等。

（2）有较高的效率

功率放大器的效率是指负载得到的交流信号功率与电源供给的直流功率之比。由于大功率放大器的能量消耗较大，所以必须要考虑放大器的效率问题。功率放大器输出的功率越大，效率就越高，故低频功率放大器应着重考虑如何将一定的直流电源能量转换成尽可能大的交流信号能量输出。提高效率的主要途径是降低放大器的静态工作点。

（3）非线性失真要小

由于低频功率放大器通常直接用于收音机或高保真音响设备中，所以对电路的非线性失真有严格的要求。

（4）功率放大晶体三极管散热应良好

由于功率放大器消耗功率大，功率放大晶体三极管的发热量大、温度较高，所以必须安装良好的散热装置，否则会严重影响低频功率放大器的功率输出效果。

7.1.2　低频功率放大器的类型

低频功率放大器有两种分类方法：一种是按三极管放大信号时的工作状态来划分，主要有甲类、乙类和甲乙类三种；另一种是按功率放大器输出级的电路形式来划分，可分为变压器耦合功率放大器、无输出变压器耦合功率放大器、无输出电容器耦合功率放大器、桥式功率放大器等。

（1）按三极管放大信号时的工作状态分类

按三极管放大信号时的工作状态，即放大电路静态工作点的设置，低频功率放大器有甲类、乙类和甲乙类三种工作状态，不同工作状态下静态工作点的设置如图7-1所示。

甲类功率放大器如图7-1（a）所示，其静态工作点 Q 在交流负载线的中点。其特点是：功率放大管在输入信号的整个周期内都处于放大状态，电流的导通角为360°。优点是输出信号无失真现象，缺点是静态电流大、效率低。

甲乙类功率放大器如图7-1（b）所示，其静态工作点 Q 设置在交流负载线上略低

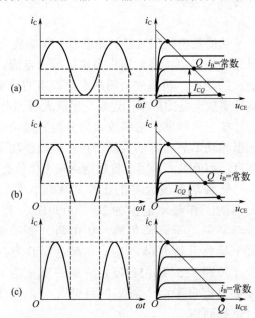

图7-1　功率放大器的三种工作状态
（a）甲类放大器；（b）甲乙类放大器；（c）乙类放大器

手把手教你快速
看懂电子电路图

于甲类工作点的位置，功率放大管电流的导通角大于180°。其优点是：静态工作电流较小，但效率较高。目前，实用的功率放大器经常采用这种方式。

乙类功率放大器如图7-1（c）所示，其静态工作点Q设置在交流负载线的截止点。其特点是：功率放大管仅在输入信号的正半周期内导通工作，输出信号为半波信号。如果将两个功率放大管组合起来交替工作，让某一个功率放大管在输入信号的正半周内导通，另一个功率放大管在输入信号的负半周内导通，然后它们的输出信号在负载上就可以合成为一个完整的全波信号，功率放大管电流的导通角为180°。该电路的优点是：无输入信号时，静态电流几乎为零，所以功耗很小，效率高。其缺点是：会出现交越失真现象。

（2）按功率放大器输出级的电路形式分类

按输出端的特点，低频功率放大器可分为以下几种类型：

① 变压器耦合功率放大器；

② 无输出变压器耦合功率放大器（简称OTL电路）；

③ 无输出电容器耦合功率放大器（简称OCL电路）；

④ 桥式功率放大器（简称BTL电路）。

7.2 识读常用的功率放大器

本节主要介绍常用的甲类、乙类和甲乙类功率放大器的工作原理和特点。

7.2.1 甲类功率放大器

图7-2所示是甲类功率放大器的典型电路，级间采用变压器耦合方式。T_1是输入耦合变压器，T_2是输出耦合变压器，R_1和R_2分别为基极上偏电阻和下偏电阻，电源电压U_{CC}经R_1和R_2分压后，在A点获得一个直流电压U_A，U_A经T_1的次级送到VT的基极，作为VT的基极偏置电压。在分析时可忽略变压器的直流压降，即VT的基极直流电压就等于U_A。R_3是发射极的反馈电阻，用来稳定静态工作点。因其上接有旁路电容C_2，故R_3只有直流反馈作用。

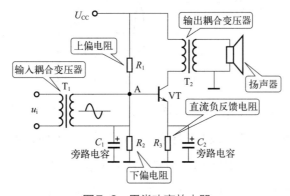

图7-2 甲类功率放大器

对于交流而言，T_1 次级的上端接在 VT 的基极上，下端接地，而 VT 的发射极对交流信号也是接地的，所以，T_1 次级上的信号全部加在 VT 的基极与发射极之间。经 VT 放大后的交流信号电流流过 T_2 的初级线圈，在初级线圈上产生信号电压，经变压后送到扬声器，推动扬声器工作。采用变压器耦合信号具有阻抗变换作用，能实现阻抗匹配，使扬声器获得最大功率。

甲类功率放大器主要有以下特点：

① 由于信号的正、负半周用一个三极管来放大，信号的非线性失真很小，声音的音质比较好，这是甲类功率放大器的主要优点之一。

② 信号的正、负半周用同一个三极管放大，使放大器的输出功率受到限制，效率比较低，实际效率只有15%~30%。即使在理想情况下，甲类功率放大器的效率最高也只能达到50%。

③ 功率三极管的静态工作电流比较大，没有输入信号时对直流电压的损耗比较大，当采用电池供电时这一问题更加突出，因此对电源的消耗大。

7.2.2　乙类功率放大器

乙类功率放大器的效率比甲类功率放大器高得多，但它需要两个同型号的三极管来组成，其典型电路如图7-3所示。

两个放大管 VT_1 和 VT_2 的基极没有静态工作电流，电路没有静态损耗。输入变压器 T_1 的次级和输出变压器 T_2 的初级都有中心抽头。T_1 次级的 L_1 和 L_2 绕组分别接在 VT_1 和 VT_2 的基极和发射极之间，为 VT_1、VT_2 的输入回路提供输入信号。

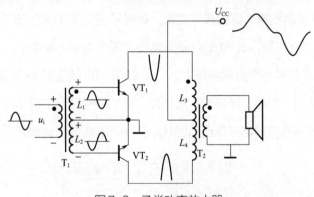

图7-3　乙类功率放大器

输入信号 u_i 加在变压器 T_1 的初级线圈，从而在其次级分别感应出大小相等、相位相反的信号，分别加在 VT_1 和 VT_2 的输入回路。在输入信号为正半周时，VT_1 基极信号极性为正，VT_2 基极信号极性为负，故 VT_1 导通，VT_2 截止。VT_1 将信号放大后，由 T_2 的 L_3 绕组耦合到次级绕组，推动扬声器工作。相反，在输入信号为负半周时，VT_1 截止，VT_2 导通。可见，VT_1 和 VT_2 是交替工作的，它们各自放大半周信号，再由输出变压器放大的信号进行合成，形成完整的信号输出。

综上所述，乙类功率放大器具有以下特点：

① 省电。在没有输入信号时，没有静态损耗，所以不消耗功率。

② 输出功率大。输入信号的正、负半周各用一个三极管交替工作，每次只有一个导通，这样可以有效地提高放大器的输出功率，即乙类放大器的输出功率可以做得很大。

③ 效率高。理想情况下，效率最高可达78.5%，但实际效率比这个数值要低些。

④ 存在交越失真。由于三极管工作在放大状态，三极管又没有静态偏置电流，而是用输入信号给三极管加正向偏置，这样在输入较小的信号时或大信号的起始部分，在两个输出放大器一开一关之间，导致正、负半周交点的不连续，即存在交越失真现象，如图7-4所示。

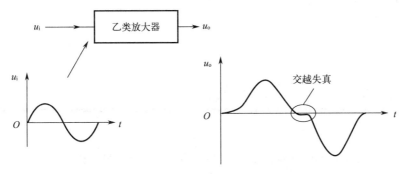

图7-4　乙类功率放大器的交越失真示意图

7.2.3　甲乙类功率放大器

乙类功率放大器这种推挽式设计的好处是电路的效率更高，但是此类放大器在正弦波过零点的附近会导致信号的交越失真。为了克服交越失真，设计了甲乙类放大器，如图7-5所示。

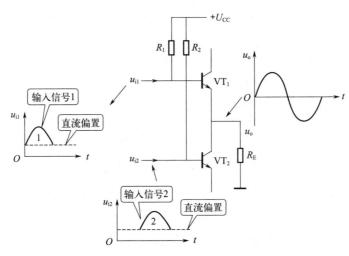

图7-5　甲乙类推挽功率放大器

图7-5中，VT_1 和 VT_2 构成功放输出级电路，R_1 和 R_2 为两管基极电阻，分别给 VT_1 和

VT_2提供很小的静态偏置电流，使两管工作在临界导通状态，这样输入信号便能直接进入三极管的放大区。

甲乙类功率放大器具有以下特点。

① 甲乙类功率放大器同乙类放大器一样，用两个三极管分别放大输入信号的正、负半周信号，但是电路中增加了基极偏置电阻，保证三极管工作在临界放大状态。

② 由于给三极管所加的静态偏置电流很小，因此在没有输入信号时放大器对直流电源的损耗很小。此外，由于加入了直流偏置，三极管不会进入截止区，因此输出信号不存在失真。因此，甲乙类功率放大器具有甲类和乙类放大器的优点，同时又克服了这两种放大器的缺点。

③ 电路中增加了发射极电阻 R_E，其阻值很小，主要起电流串联负反馈的作用，以改善放大器的性能。

7.3 识读OTL功率放大器

OTL是英文output transformerless（无输出变压器）的缩写。传统的功率放大器采用变压器耦合，经过输出变压器与负载连接，而OTL功率放大器采用输出端耦合电容器取代输出耦合变压器。

7.3.1 OTL放大原理

（1）电路结构

图7-6所示为OTL功率放大器电路结构，用一个大容量电容取代了变压器连接负载。电路采用一对特性相同但极性不同的配对管，管子的基极连接信号的输入端，发射极连接信号的输出端。

（2）工作原理

在输入信号的正半周，两管的基极电压都升高。对于PNP型管 VT_2 来说，发射结因加反向偏置电压而截止，没有输出信号；对于NPN型管 VT_1 来说，发射

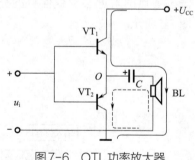

图7-6　OTL功率放大器

结因加正向偏置电压而导通，VT_1 导通后从发射极输出放大后的正半周信号，此时流过扬声器的电流方向如图中带箭头的实线所示。与此同时电源向电容器 C 充电，使电容器 C 充有左正右负的电压，为负半周的工作做好准备。

在输入信号的负半周，两管的基极电压同时下降，VT_2 因发射结正向偏置转为导通，VT_1 因发射结反向偏置转为截止，这时电源无法向 VT_2 供电，只能通过电容器 C 放电为 VT_2 供电，在负载BL上得到负半周放大后的信号，此时流过扬声器的电流方向如图中的

手把手教你快速
看懂电子电路图

虚线所示。

7.3.2 实用OTL功率放大器

（1）电路结构和工作原理

图7-7所示电路为实际使用的OTL功率放大电路，VT_1和VT_2是两个不同类型的三极管，两管特性相同，因此又称OTL互补对称功率放大器。

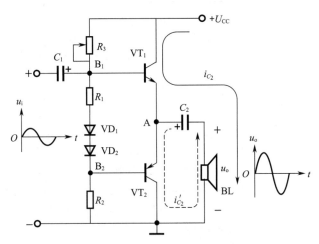

图7-7 OTL互补对称功率放大器

在静态时，调节R_3，使A点的电位为$U_{CC}/2$，输入耦合电容C_1上的电压即为A点和"地"之间的电位差，也等于$U_{CC}/2$；同时获得合适的直流电压$U_{B_1B_2}$，使VT_1和VT_2两管工作在甲乙类状态。

当有输入交流信号u_i时，在u_i的正半周，VT_1导通，VT_2截止，电流i_{C_2}的通路如图中实线所示；在u_i的负半周，VT_1截止，VT_2导通，电容C_2放电，电流i'_{C_2}的通路如图中虚线所示。

由此可见，在输入信号u_i的一个周期内，电流i_{C_2}和i'_{C_2}以正、反方向交替流过扬声器，在扬声器上合成而获得一个交流输出信号电压u_o。为了使输出波形对称，在C_2放电过程中，其上电压不能下降过多，因此C_2的容量必须足够大。

此外，由于二极管的动态电阻很小，R_1的阻值也不大，所以VT_1和VT_2的基极交流电位基本相等，否则会造成输出波形正、负半周不对称的现象。

（2）复合管

上述互补对称功率放大器要求有一对特性相同的NPN型和PNP型功率输出管，在输出功率较小时可以选配这对晶体管，但在要求输出功率较大时就很难配对。因此在输出功率大的场合，往往采用复合管来代替互补对称管。复合管是由两个或两个以上的三极管采用复合法而构成的高β值大功率管。复合管有两种组态，即NPN型复合管和PNP型复合管，如图7-8所示。

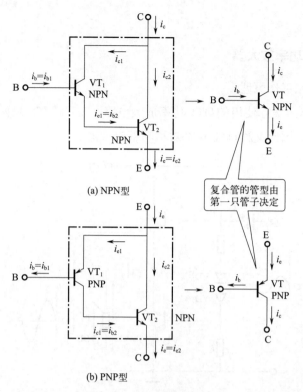

(a) NPN型

(b) PNP型

图7-8　复合管的组态

当多个三极管构成复合管时，复合管的管型由第一个管子决定，复合管的β值等于各个管子β值之积。

7.3.3　OTL电路中的自举电路

图7-9所示为OTL功率放大器中的自举电路。图中，C_1、R_1和R_2构成自举电路。C_1为自举电容，R_1为隔离电阻，R_2将自举电压加到晶体三极管VT_2的基极。

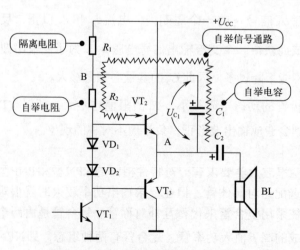

图7-9　OTL功率放大器中的自举电路

手把手教你快速
看懂电子电路图

（1）自举电路的作用

不加自举电路，晶体三极管 VT_1 集电极信号在正半周期间 VT_2 导通放大，当输入 VT_2 的基极信号比较大时，VT_2 基极信号电压增大，由于 VT_2 发射极电压跟随基极电压变化而变化，使 VT_2 发射极电压接近直流工作电压 $+U_{CC}$，造成 VT_2 集电极与发射极之间的直流工作电压 U_{CE} 减小，VT_2 容易进入饱和区，使三极管基极电流不能有效地控制集电极电流。

也就是说，三极管集电极与发射极之间的直流工作电压 U_{CE} 减小后，基极电流增大许多才能使三极管集电极电流有一些增大，显然使正半周大信号输出受到限制，造成正半周大信号的输出不足，所以必须采用自举电路加以补偿。

（2）自举电路静态工作原理

静态时，直流工作电压 $+U_{CC}$ 经电阻 R_1 对电容 C_1 进行充电，使电容 C_1 上充有上正下负的电压 U_{C_1}，B点的直流电压高于A点电压。

（3）电路的自举过程

由于 C_1 容量很大，加入自举电压后，其放电回路的时间常数很大，使 C_1 上的电压 U_{C_1} 基本不变。正半周大信号出现时，A点电压升高导致B点电压也随之升高。

电路中，B点升高的电压经电阻 R_2 加至三极管 VT_2 基极，使 VT_2 基极上的信号电压更高（正反馈），有更大的基极信号电流激励 VT_2，使 VT_2 发射极输出信号电流更大，补偿因 VT_2 集电极与发射极之间直流工作电压 U_{CE} 下降而造成的输出信号电流不足。

（4）自举电路中隔离电阻的作用

自举电路中，隔离电阻 R_1 用来将B点的直流电压与直流工作电压 $+U_{CC}$ 隔离，使B点直流电压有可能在某瞬间超过 $+U_{CC}$。当 VT_2 中正半周信号幅度很大时，A点电压接近 $+U_{CC}$，B点直流电压更大，并超过 $+U_{CC}$，此时B点电流经 R_1 流向电源 $+U_{CC}$。可见，设置了隔离电阻 R_1 后，自举电路在大信号时的自举作用会更好。

7.3.4　OTL功率放大器输出电路特征

OTL功率放大器电路中取消了输出变压器，因此彻底克服了输出变压器本身存在的体积大、损耗大、频率响应差等缺点，所以应用广泛。

OTL功率放大器的输出电路特征有：

① OTL电路一般采用单电源供电，电路简单。

② 为了保证输出波形对称，必须保证输出耦合电容 C（见图7-6）上的电压为 $U_{CC}/2$，当电容 C 放电时，其电压不能下降太多，因此电容 C 的容量必须足够大。

③ 由于输出端与负载之间采用大容量电容器耦合，低频特性差。

④ 额定输出功率约为 $U_{CC}^2/(8R_{BL})$，为提高输出功率，可采用较高的直流电源供电。

7.3.5 集成OTL功率放大器

图7-10所示电路是采用集成功放TDA2040（IC）组成的OTL功率放大器电路。电路采用+32V单电源工作，电压增益为30dB，扬声器阻抗$R_{BL}=4\Omega$时输出功率为15W，扬声器阻抗$R_{BL}=8\Omega$时输出功率为7.5W。

信号电压u_i由集成功放IC的同相输入端输入，C_1为输入耦合电容。R_1、R_2为偏置电阻，其作用是将IC的同相输入端的电位设置在电源电压的1/2处（+16V）。R_3的作用是防止因偏置电阻R_1、R_2而降低输入阻抗。R_5为反馈电阻，它与C_4、R_4一起组成交流负反馈网络，决定电路的电压增益，电压增益为$A_u=1+\dfrac{R_5}{R_4}$。C_3、C_5为电源滤波电容。R_6、C_6组成输出端消振网络，以防电路自励。C_7为输出耦合电容。

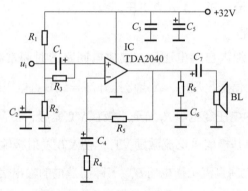

图7-10　集成OTL功率放大器电路

7.4 识读OCL功率放大器

OCL是英文output capacitorless（无输出电容）的缩写。OCL功率放大器即无输出电容器功率放大器，它在OTL电路的基础上省去了输出端大电容。省去输出端大电容后，系统的低频响应更加平滑，但必须采用对称的正、负电源供电，这增加了电源的复杂性。

7.4.1 OCL放大原理

（1）电路结构

如图7-11（a）、（b）所示为OCL功率放大电路的电路原理图和实物接线图。VT_1和VT_2是特性相同但极性不同的配对管。VT_1和VT_2两管的集电极分别与对称的正、负直流电源相连，两管的基极相连作为信号的输入端，两管的发射极相连作为信号的输出端。

 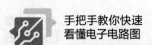
手把手教你快速
看懂电子电路图

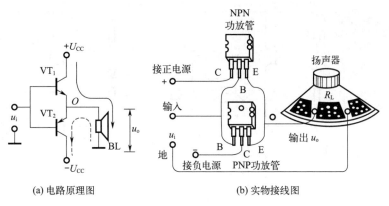

(a) 电路原理图　　　　　(b) 实物接线图

图7-11　OCL功率放大电路

（2）工作原理

静态时，两管均处于截止状态。由于两管特性相同，又采用对称的直流电源供电，所以输出端 O 点的静态电压为0V。

在输入信号正半周时，两管的基极电位同时升高，由于两对管的极性不同，基极上的输入信号使 VT_1 发射结正向偏置，VT_1 处于放大状态；而正半周的输入信号使 VT_2 发射结反偏截止。此时，流过扬声器的电流方向是自上而下，如图7-11（a）中带箭头的实线所示。

在输入信号负半周时，两管的基极电位同时下降，使 VT_1 发射结反偏截止，VT_2 进入放大状态。此时流过扬声器的电流方向是自下而上，如图7-11（a）中带箭头的虚线所示。

综上分析可以看出，OCL功率放大电路是利用了NPN型和PNP型对管的互补特性，用一个信号激励晶体管 VT_1、VT_2 轮流导通与截止，分别放大交流信号的正、负半周，负载上得到的是一个放大了的完整信号。

7.4.2　实用OCL功率放大器

在OCL功率放大电路中，由于没有直流偏置电路，在正负半周的交界处，输入电压较低，输出对管都截止，输出电压与输入电压不存在线性关系，存在一小段死区，也会出现交越失真现象。

如图7-12所示为OCL互补对称功率放大器，该电路可以有效消除交越失真的现象，得到的波形接近于理想正弦波。图7-12（a）所示是OCL电路原理图，图7-12（b）是电位的简化画法。

图7-12所示电路工作于甲乙类状态，它与OTL电路的区别有两点：一是没有输出电容；二是采用双电源供电。VT_2 采用正电源（$+U_{CC}$）供电，VT_3 采用负电源（$-U_{CC}$）供电，这两个电源的大小相等。扬声器接在功放对管的中点（A点）与地之间，因 VT_2 和 VT_3 的参数非常接近，故A点的静态电位为0V。

当 VT_1 输出信号为正半周时，VT_2 导通，VT_3 截止，VT_2 对正半周信号进行放大，放大后电流从发射极输出至扬声器。此时，$+U_{CC}$ 担负着给 VT_2 供电的任务，回路电流如图

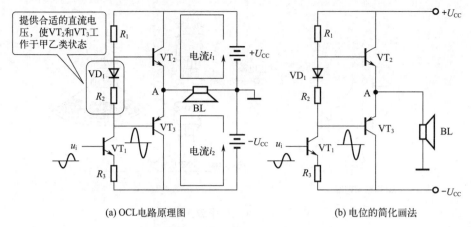

(a) OCL电路原理图　　　　　　　(b) 电位的简化画法

图7-12　OCL互补对称功率放大器

7-12（a）中 i_1 所示。当 VT$_1$ 输出信号为负半周时，VT$_3$ 导通，VT$_2$ 截止，VT$_3$ 对负半周信号进行放大，放大后电流从发射极输出至扬声器。此时，$-U_{CC}$ 担负着给 VT$_3$ 供电的任务，回路电流如图7-12（a）中 i_2 所示。

由以上分析可知，OCL 电路与 OTL 电路的工作原理相同，只不过在 OCL 电路中，由于没有输出耦合电容，所以必须增加一个负电源（$-U_{CC}$）给 VT$_3$ 供电。

7.4.3　OCL功率放大器输出电路特征

OCL 功率放大器是一种没有输出耦合电容的放大电路，其特征是：

① 输出端直接与扬声器相连，省去了耦合电容，简化了电路结构，但需采用双电源供电，增加了电路的复杂度。

② 输出端直流电压为0V，为取消输出耦合电容创造了条件，且低频特性好。由于没有输出耦合电容的限制，OCL 电路能够提供更高的音频保真度，保持音频信号的原始质量。

③ 负载可获得的最大功率为 $U_{CC}^2 /(2R_{BL})$，OCL 电路主要用于输出功率较大的场合，如组合音响、扩音机电路中。

7.4.4　集成OCL功率放大器

采用集成功放TDA2040（IC）也可以组成OCL功率放大器，如图7-13所示。采用 ±16V 对称双电源工作，电路电压增益为30dB，扬声器阻抗 $R_{BL}=4\Omega$ 时输出功率为15W，扬声器阻抗 $R_{BL}=8\Omega$ 时输出功率为7.5W。

由于OCL功率放大器采用对称的正、负电源供电，所以输入端不需要偏置电路。电压增益由 R_3、R_2 决定，电压增益 $A_u = 1+\dfrac{R_3}{R_2}$。C_3 和 C_5、C_6 和 C_7 分别为正、负电源的滤波电容。

手把手教你快速
看懂电子电路图

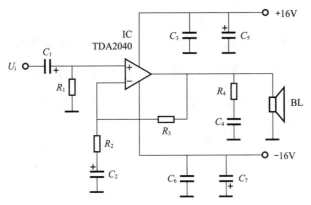

图7-13 集成OCL功率放大器电路

7.5 识读BTL功率放大器

BTL功率放大器即桥式推挽功率放大器,其主要特点是能在电源电压比较低的情况下输出较大的负载功率。在相同的电压和负载条件下,它的实际输出功率为OTL及OCL功率放大器的2~3倍。由于电路输出端与负载间无电容连接,所以它的频率响应好、保真度高,是优质功率放大器的首选电路。

7.5.1 BTL功率放大器工作原理

(1)电路结构

BTL电路由两组对称的OTL或OCL电路组成,扬声器接在两组OTL或OCL电路输出端之间,即扬声器两端都不接地。如图7-14所示电路为由两组OTL电路组成的BTL功放电路,u_i 和 $-u_i$ 为两个大小相等、方向相反的输入信号。VT_1、VT_2 是一组OTL电路输出级,VT_3、VT_4 是另一组OTL电路输出级。由于O、P两输出端的直流电压相等($U_O = U_P = U_{CC} / 2$),所以未设隔直电容。

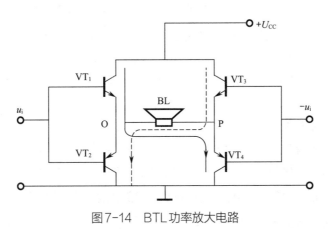

图7-14 BTL功率放大电路

（2）工作原理

当输入信号 u_i 在正半周（$-u_i$ 为负半周）时，VT_2、VT_3 反偏截止，VT_1、VT_4 正偏导通且电流方向相同，输出信号的电流通路如图中带箭头的实线所示；当输入信号 u_i 为负半周（$-u_i$ 为正半周）时，VT_1、VT_4 反偏截止，VT_2、VT_3 正偏导通且电流方向相同，此时输出信号的电流通路如图中虚线所示。

可见，BTL 电路的工作原理与 OCL、OTL 电路有所不同，BTL 电路每半周都有两个管子一推一挽地工作。

7.5.2 集成BTL功率放大器

图 7-15 所示为两片集成功率放大电路 TDA2003（IC1、IC2）组成的 BTL 功率放大电路。TDA2003 是音频功放集成电路，具有体积小、输出功率大、失真小等特点。TDA2003 的 1 脚为同相输入端，2 脚为反相输入端，3 脚为负电源输入端，4 脚为功率输出端，5 脚为正电源输入端。电阻 R_2 和电容器 C_5 组成高频调整响应电路；电阻 R_1 和电容器 C_4 组成高频补偿网络，以补偿扬声器的音圈电感所产生的附加相移；电容器 C_7 为通交流隔直流电容；电容器 C_8 为电源的高频滤波电容；电容器 C_9、C_{10} 为电源滤波电容。

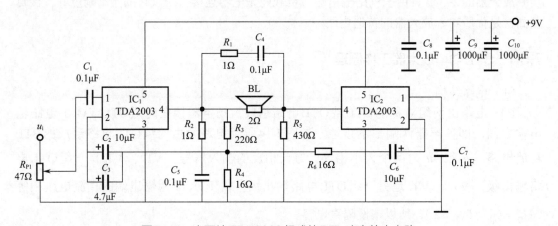

图 7-15   由两片 TDA2003 组成的 BTL 功率放大电路

在图 7-15 中，集成功率放大电路输入音频信号由电位器 R_{P1} 调整其大小后，经电容器 C_1 耦合至 IC_1 的 1 脚（同相输入端），经过放大后从 IC_1 的 4 脚输出端输出。从 IC_1 的 4 脚输出的信号一路供给负载扬声器 BL，另一路通过电阻 R_3 和 R_4 分压后，由电阻 R_6 和电容器 C_6 引至 IC_2 的 2 脚（反相输入端），这个信号经 IC_2 放大后，在 IC_2 的 4 脚输出一个与 IC_1 的 4 脚输出大小相等但相位相反的信号，这两个信号叠加起来，则在扬声器 BL 上获得了正弦波峰值电压为直流电源 2 倍的音频信号电压。这样就实现了低电源电压输出较大功率的目的。在理论上，它可以比单路的输出功率提高 4 倍，实际上为 2~3 倍。

适当调整 $C_2 + C_3$ 与 C_6 的比值，可使 BTL 功率放大器工作于最佳状态。

由各种集成功率放大电路组成的 BTL 功率放大电路基本上都是按照这种模式组成的。

7.5.3 BTL功率放大器输出电路特征

① BTL电路可采用单电源工作，也可采用双电源工作，由两组对称的OTL或OCL组成。

② 扬声器接在两组OTL或OCL电路输出端之间，即扬声器两端都不接地，也不与供电端相连。由于两输出端的直流电压相等，所以不需要隔直电容。

③ 在不提高供电电压的情况下，可以提高输出功率，理论上可以提高到4倍，但实际上受功放以及扬声器本身的限制，输出功率的提高达不到4倍。

④ BTL电路适用于一些低压供电、输出功率较大的场合。

7.6 识读集成功率放大器

从应用角度出发，集成功率放大器应具有足够的输出功率，即足够的电压、电流；在正常工作状态下，应具有尽可能低的输出电压失真；尽可能低的输出噪声；足够的频带宽度；足够的输入阻抗；具有输出过载保护、过热保护以及足够的输出功率。除了过热保护外，集成功率放大器的性能要求与集成运算放大器基本一样。

7.6.1 集成功率放大器的基本性能

集成功率放大器的内部结构基本相同，主要包括差分放大器、差分放大器双端输出变单端输出电路、中间放大级、功率输出级和偏置电路、相位补偿电路、过电流保护、过热保护等。

下面以LM3875为例进行介绍。图7-16所示为LM3875内部简化电路。图中忽略了过热保护电路、输出过电流保护电路，将各恒流源加以简化（用两个圆环表示）。

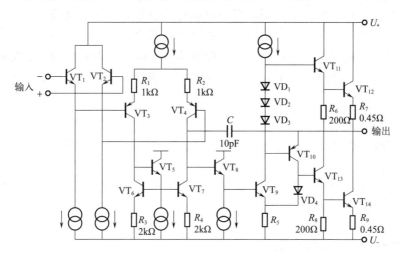

图7-16 LM3875内部简化电路

（1）差分输入的差分放大器

为了方便地实现反馈、静态工作点的稳定和共模抑制比，通常采用差分放大器。VT_1、

VT_2 构成射极跟随器，用以获得高输入阻抗。由于 VT_1、VT_2 的发射极所接的负载是恒流源和 VT_3、VT_4，如果电流放大系数 $\beta > 100$，则对应的输入阻抗将达到 1MΩ 以上；VT_3、VT_4 构成共发射极差分放大器，可以使输入级获得一定的电压增益。

（2）差分放大器的双端输出变单端输出电路

集成功率放大器需要将差分放大器的双端输出转换为单端输出，同时又不能损失增益。这一部分功能电路由 VT_5、VT_6、VT_7 组成，可以将差分放大器的输出无损耗地转换为单端输出。为了尽可能地减小下一级电路的负载效应，在双端输出变换为单端输出时接入射极跟随器，这样既可以保证差分放大器的对称性，又能降低差分放大器的输出阻抗。

（3）中间放大级

欲获得 60dB 的电压增益，集成功率放大器的主要增益在中间放大级实现，中间放大级所连接的是恒流源和"达林顿"连接方式的功率输出级。因此，中间放大级的负载阻值非常高，从而获得了很高的电压增益。

（4）功率输出级和偏置电路

功率输出级的作用是将中间放大级的电压信号进行电流放大，功率输出级和功率级的偏置电路可以将中间放大级的电流放大数百甚至数千倍。功率输出级多采用由NPN晶体管构成的"准互补"的OCL电路。为了使输出级电路的静态工作点不随温度变化，同时还要保证小信号输出时不失真，需要一个可以补偿输出级电路与工作状态随温度变化的补偿与偏置电路。最常见的方法是利用二极管的正向压降与晶体管的发射结温度特性基本相同的特点，通过将3个二极管（图7-16中的 VD_1、VD_2、VD_3）串联实现3个发射结（图7-16中的 VT_{10}、VT_{11}、VT_{12}）温度特性的补偿。

（5）相位补偿电路

对于多级电压放大电路，尽管可以获得很高的电压增益，但由于高增益和多级放大所造成的相移，在实现负反馈的同时很容易满足反馈放大器的自励条件，使放大器出现自励现象。集成功率放大器的相位补偿电路通常在芯片内采用滞后补偿的方式实现。最简单的方法就是在电路的主增益级设置补偿电路，也就是在中间放大级的集电极与基极接一个补偿电容器，即图7-16中10pF的电容器 C。这样在实现功率放大电路时就可以不考虑外界相位补偿电路。

（6）过电流保护

集成功率放大器LM3875通过内部限流电路防止对地短路或电源短路。

（7）过热保护

与集成稳压器相似，集成功率放大器具有良好的过热保护功能，以确保集成功率放大器不至于因过热而损坏。

7.6.2 常用的集成功率放大器

常用的集成功率放大器主要有：耳机放大器、1~2W低功率放大器、12~45V电源电压中等功率放大器和50V以上的高功率放大器。在低电压特别是单电源供电条件下，为了获得比较大的输出功率，大多采用BTL电路形式和比较低的负载电阻（如4Ω、2Ω）。

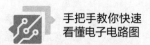

采用OTL电路时，电源为单电源，这样可以简化电源，但是需要附加一个输出隔直电容器。对于大功率输出，带有隔直电容器的电路受到电容器可承受的电流限制将不再适用。对于大功率输出，通常采用OCL电路，这样的电路需要双电源供电，如果输出功率仍不满足要求，可以采用BTL电路增加输出功率。若要进一步增加输出功率，还可采用多路放大器并联的方式实现。

（1）集成功率放大器TPA152

耳机放大器是专为耳机提供音频功率的低功率水平的功率放大器，随着便携式放声设备的普遍应用，耳机放大器的需求量也大大增加。耳机放大器多应用于便携式电子设备，因此封装形式为表面贴装。

耳机放大器的负载是耳机，它的阻抗为 32Ω。输出功率不要求很大，有100mW就足够了。耳机放大器一般为立体声放大器，即双声道放大器。因为耳机需要经常地插拔，很可能出现短路现象，因此耳机放大器应具有过热和短路保护功能。耳机放大器要求在 32Ω 负载的额定功率和1kHz条件下的总谐波失真要低于0.1%，在整个频带内（20~20kHz）要具有不高于0.2%的总谐波失真。

TPA152是TI公司生产的一款75mW立体声音频功率放大器。图7-17所示为TPA152的封装形式和引脚功能。

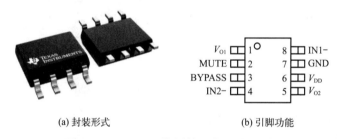

(a) 封装形式　　　　　　　　(b) 引脚功能

图7-17　TPA152的封装形式和引脚功能

TPA152的各引脚功能如表7-1所示。

表7-1　TPA152的引脚功能

引脚号	引脚名称	I/O	功能描述
1	V_{O1}	O	通道1的音频输出端
2	MUTE	I	静音控制端，该脚为逻辑高电平时IC进入静音模式
3	BYPASS		为IC内部的中点电压提供旁路，电容量在0.1~1μF
4	IN2−	I	通道2的反相输入端
5	V_{O2}	O	通道2的音频输出端
6	V_{DD}		电源端
7	GND		接地端
8	IN1−	I	通道1的反相输入端

图7-18所示为TPA152内部简化原理框图。从图中可以看出，TPA152内部的放大器实际上就是运算放大器，只不过输出功率比通用运算放大器高。由于TPA152是单电源供电，所以放大器的同相输入端需要接到电源的中点，因此在芯片内部带有分压电阻，分

压电阻的中点接放大器的同相输入端。另外，为了保证同相输入端的"电源"低阻抗，需要对中点电压并接旁路电容，即引脚3外接电容器。

由于TPA152内部的放大器只是接成运算放大器的形式，整个放大器的闭环增益需要外接电阻实现，即图中的R_F、R_1。

在不需要音量时，可采用静音模式，这样可以避免反复开机。静音模式可以通过静音控制端实现，只要将MUTE端接逻辑高电平，电路即为静音状态。

在开机过程中，OCL功率放大器不可避免地会出现"噗、噗"声，TPA152通过外接R_C、C_C可以消除"噗、噗"声。

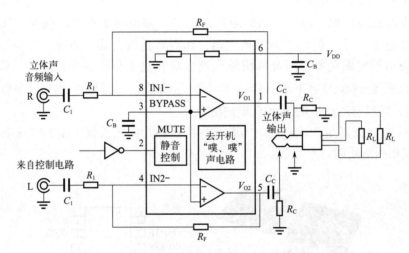

图7-18　TPA152内部简化原理框图

图7-19所示为TPA152典型应用电路。

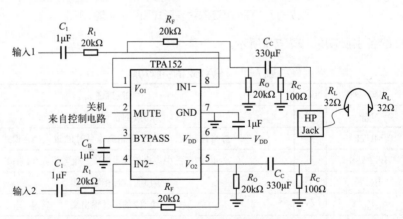

图7-19　TPA152典型应用电路

图7-19中的全部器件均采用贴片器件，电阻、电容可以选用0805封装。由于各电阻上的功率损耗很低，电阻可以采用0603甚至0402封装，尽可能减小电路的体积。

为了抑制开机时的"噗、噗"声，电路中外接了R_O、C_C。

（2）集成功率放大器TPA4861

考虑到功率放大器需要降低电源电压，应选用可以在3.3~5.5V的电压范围内工作，最好是电源电压降低到2.7V时仍可以正常工作的集成功率放大器，可以选用美国德州仪器公司生产的TPA4861单通道1W音频功率放大器，其封装形式和引脚功能如图7-20所示。

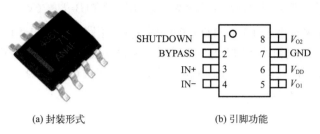

(a) 封装形式　　　　　　　　(b) 引脚功能

图7-20　TPA4861的封装形式和引脚功能

TPA4861的各引脚功能如表7-2所示。

表7-2　TPA4861的引脚功能

引脚号	引脚名称	I/O	功能描述
1	SHUTDOWN	I	输入信号为高电平时为关机模式
2	BYPASS	I	为IC内部的中点电压提供旁路，接0.1~1μF电容
3	IN+	I	同相输入端（在典型应用时与BYPASS相接）
4	IN−	I	反相输入端（典型应用时的信号输入端）
5	V_{O1}	O	BTL模式下的正输出端
6	V_{DD}		电源端
7	GND		接地端
8	V_{O2}	O	BTL模式下的负输出端

TPA4861内部简化原理框图如图7-21所示。

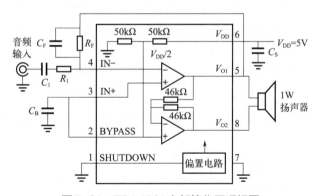

图7-21　TPA4861内部简化原理框图

TPA4861内部由两个功率放大器、中点电压分压电阻和偏置电路组成，其中V_{O2}是V_{O1}经过1:1的反相后由功率放大器输出，自然构成BTL电路结构，不需要外接电路。

TPA4861的特点：工作电源为5V时，在BTL电路模式、8Ω负载电阻条件下可以输出不低于1W的功率；可以工作在3.3~5.5V电源电压下，最低工作电压为2.7V；没有输出隔直电容器的要求；可以实现关机控制，关机状态下的电流仅为0.6μA；表面贴装器件；具有过热保护和输出短路保护功能；高电源纹波抑制比，在1kHz下为56dB。

（3）集成功率放大器TDA2030

TDA2030是常用的一款大功率高保真功率放大器，其工作电压范围为±6~±22V，静态电流小于60μA，输入阻抗可达5MΩ（典型值）。在电源电压为±16V、R_L为4Ω时，输出功率可达18W，谐波失真小于0.5%。TDA2030内部设有短路保护、过热保护等电路，外围电路简单，外接元件少，输出功率较大，可以用它来做低成本电脑有源音箱的功率放大器。

利用TDA2030可以连接成OTL电路，也可以连接成OCL电路。由TDA2030构成的OCL功率放大电路如图7-22所示。

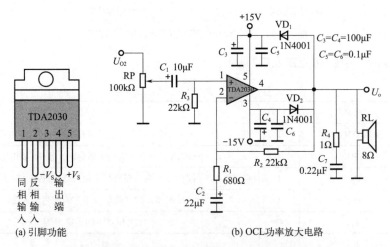

图7-22　由TDA2030构成的OCL功率放大电路

电路中的二极管VD_1、VD_2起保护作用：一是限制输入信号过大；二是防止电源极性接反。电容C_1是输入耦合电容，其大小决定功率放大器的下限频率。电阻R_2、R_1和C_2构成负反馈网络。电容C_3、C_4是低频旁路电容，C_5、C_6是高频旁路电容。电位器R_P是音量调节电位器。R_4、C_7组成输出移相校正网络，使负载接近纯电阻。

该电路的交流电压放大倍数为$A_{uf} = 1 + \dfrac{R_2}{R_1} = 1 + \dfrac{22}{0.68} \approx 33$。

（4）集成功率放大器LM1875

LM1875是NS公司生产的20W单声道高保真功率放大集成电路，可为4Ω负载提供20W的最大功率。

图7-23（a）所示为LM1875的TO-220封装形式。5根引脚分别为：1脚为同相输入端，2脚为反相输入端，4脚为功率输出端，5脚、3脚分别为正、负电源输入端，如图7-23（b）所示。LM1875内部含有过热、过流自动保护装置，工作安全可靠。

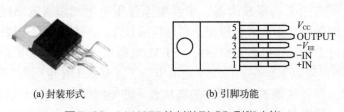

(a) 封装形式　　　　　　　(b) 引脚功能

图7-23　LM1875的封装形式和引脚功能

LM1875既可以采用双电源供电，也可以采用单电源供电。LM1875单电源、双电源供电时的应用电路如图7-24所示。

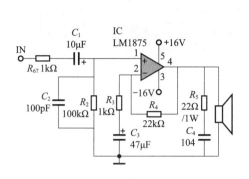

(a) 双电源供电时的应用电路

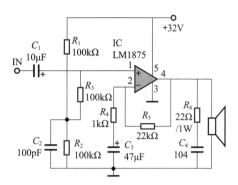

(b) 单电源供电时的应用电路

图7-24　LM1875双电源、单电源供电时的应用电路

在单电源供电的情况下，要想获得与双电源相同的输出功率，供电电压为双电源电压的2倍。需要注意的是，采用单电源时，在其金属散热片和外接散热器之间不需要使用绝缘垫片，但在使用双电源供电时，则必须加绝缘垫片。

（5）集成功率放大器LM1876

LM1876是NS公司生产的一款双声道音频功率放大器芯片，其特点是输出功率大（20W，负载为4Ω时）、失真率低、噪声电平小、输入阻抗高等。同时，LM1876还具有短路保护、过热保护等功能，能够保证系统的安全稳定运行。

LM1876的封装形式和引脚功能如图7-25所示。

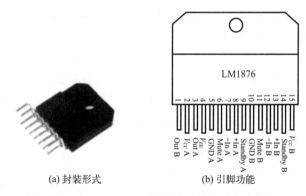

(a) 封装形式　　　　(b) 引脚功能

图7-25　LM1876的封装形式和引脚功能

LM1876的典型应用电路如图7-26所示。图中，IC$_1$及其外围元件组成缓冲放大级，电路增益为 $|A_{uf}| = \dfrac{R_4}{R_1+R_2} = \dfrac{50}{10+0.1} \approx 5$。为了避免在音源停止时，前置放大器输入端悬空，处于高阻抗输入状态，将感应到的50Hz交流电信号送到后级电路放大，从而在扬声器中出现较强的噪声，因此设置了22kΩ电阻R_{23}、R_{24}。这样不但可以将输入阻抗限制在22kΩ，避免前置电路工作在高阻抗状态，同时还可将50Hz感应信号进行有效的抑制，提高整机信噪比。

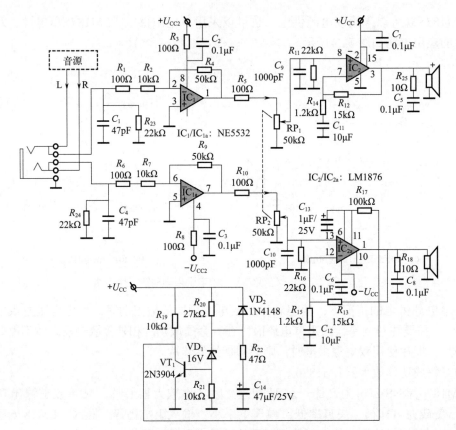

图7-26 LM1876的典型应用电路

LM1876的负载范围很宽，在4~30Ω的范围内均可稳定地工作，供电电压范围为±10~±25V。当供电电压降低时，只是输出功率的大小受到影响，其他指标影响不大。

LM1876的6、11脚为左/右声道静噪控制端。接高电平时（高于1.6V），LM1876内部电路执行静音操作，切断输出端的音频信号。因此可以在6、11脚与正电压之间接一个RC延时网络，使其在开机瞬间为高电平，输出电路无音频信号输出。延时一段时间后，再正常输出，以避免开机瞬间输出端电位失谐对扬声器的冲击。

三极管VT$_1$、R$_{22}$、C$_{14}$、R$_{17}$、C$_{13}$构成开机延时网络，调整它们的取值范围，可以改变时间的长短，以获得满意的开机延时时间。

需要注意的是，R$_{11}$、R$_{16}$的取值范围应在15~51kΩ之间。R$_{11}$、R$_{16}$的取值不可过高，否则会使输出端的中点电位偏高；也不能过低，否则会造成输入阻抗太低，增大前级电路的功耗，使输出增益下降。

R$_{12}$、R$_{14}$与LM1876的3、7脚相连构成负反馈网络。该电路的放大倍数也由它们决定，即放大倍数为$(R_{12} + R_{14}) / R_{14} = (15 + 1.2) / 1.2 = 13.5$。只要改变R$_{12}$、R$_{14}$的阻值，就可以调整电路的放大倍数。但需注意的是，放大倍数应在10倍以上，否则LM1876的工作会不稳定。

R$_{25}$、C$_5$与R$_{18}$、C$_8$分别构成扬声器补偿网络，可吸收扬声器的反电动势，否则电路振荡。C$_6$和C$_7$为电源旁路电容，主要起降低电源高频内阻的作用，防止电路高频自励，

手把手教你快速
看懂电子电路图

使LM1876的工作更稳定。

（6）集成功率放大器LM4766

LM4766是NS公司生产的40W双声道高保真功率放大集成电路，采用15脚TO-220封装，其封装形式和引脚功能如图7-27所示。

LM4766的典型应用电路如图7-28所示。LM4766的6脚、11脚为静噪控制端，当该脚接低电平时，LM4766

(a) 封装形式   (b) 引脚功能

图7-27 LM4766的封装形式和引脚功能

内部电路执行静音操作，切断输出端的音频信号，因此可与负电压之间接一个RC延时网络。RC延时网络由R_{21}、C_{13}构成，使其在开机瞬间为低电平，输出电路无音频信号输出，延时一段时间后，再正常输出，以避免开机瞬间输出端电位失谐对扬声器的冲击。

IC_1及其外围元件组成缓冲放大级，电路增益为$|A_{uf}| = \dfrac{R_4}{R_1+R_2} = \dfrac{100}{10+0.1} \approx 10$。为了避免在音源停止时，前置放大器输入端悬空，处于高阻抗输入状态，将感应到的50Hz交流电信号送到后级电路放大，从而在扬声器中出现较强的噪声，因此设置了22kΩ电阻R_{22}、R_{23}。这样不但可以将输入阻抗限制在22kΩ，避免前置电路工作在高阻抗状态，还可以将50Hz感应信号进行有效的抑制，提高整机信噪比。

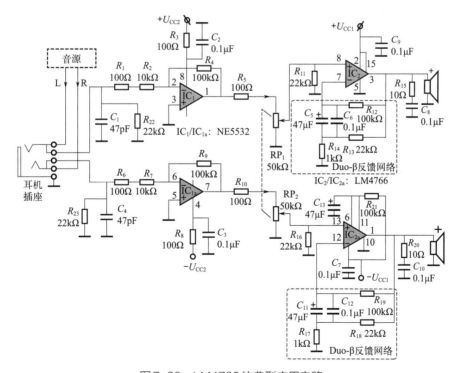

图7-28 LM4766的典型应用电路

LM4766工作在交流放大状态，音频信号通过负反馈网络时要流经电容C_5、C_{11}，同时负反馈网络为阻容网络，由于电容的容抗，放大器最低工作低频下限将受到限制，若 C_5、C_{11} 的频率特性不佳，将会严重影响到放大器的频率响应。虽然在 C_5、C_{11} 的两端并联了一个 $0.1\mu F$ 电容改善它们的高频性能，但为了降低功放电路的低频下限，必然要加大 C_5、C_{11} 的容量，但电容选得越大，其高频性能就越差，且此电容过大也将使放大电路在开机瞬间对电容充电时间过长，反映在输出端将产生一个直流电位，极易损坏扬声器，同时也容易导致放大器产生振荡，严重影响稳定性。

为了克服以上缺点，有些音响生产厂商在设计电路时，在负反馈网络中加入了一个电阻 R_{13}（R_{18}），使电路的反馈方式变成 Duo-β 反馈电路（双回路负反馈电路）。这样就可以在负反馈电容 C_5、C_{11} 容量大小不变的前提下，使功放机的低频下限降低一个数量级，这意味着可使用小容量的有机薄膜电容来改善音质。

需要注意的是，LM4766 应加装散热片才能稳定地工作，而且散热器不能与地线及 LM4766 的引脚相连。

手把手教你快速
看懂电子电路图

第8章

电力电子电路

8.1 认识晶闸管

晶闸管是晶体闸流管的简称，原名可控硅整流器（SCR），简称可控硅。晶闸管的出现，使半导体器件从弱电领域进入强电领域。晶闸管的制造和应用技术发展迅速，主要用于整流、逆变、调压、开关等方面。

晶闸管的分类方法有很多种。晶闸管按电流容量可分为大功率晶闸管、中功率晶闸管和小功率晶闸管三种；按其关断、导通及控制方式可分为单向晶闸管、双向晶闸管、门极关断晶闸管（GTO）等，按其关断速度可分为普通晶闸管和快速晶闸管。

图8-1所示为晶闸管的外形。其中图8-1（a）为直插型晶闸管，主要用于小电流控制的设备中；图8-1（b）为螺栓型晶闸管，主要用于中小型容量的设备中；图8-1（c）为平板型晶闸管，主要用于200A以上大电流的设备中。

(a) 直插型功率管 　　　　　　(b) 螺栓型大功率管 　　　　(c) 平板型大功率管

图8-1　晶闸管的外形

8.1.1 单向晶闸管

（1）内部结构和等效电路

单向晶闸管的外形与三极管相似，但内部结构不一样，它具有三个PN结的四层结构，如图8-2（a）所示，引出的电极分别为阳极A、阴极K和控制极G（或称门极）。单

向晶闸管的结构可等效为两个三极管，如图8-2（b）所示。图8-2（c）所示为单向晶闸管的电路图形符号。

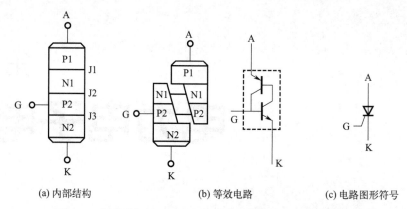

(a) 内部结构　　　　　　　　(b) 等效电路　　　　　(c) 电路图形符号

图8-2　单向晶闸管的内部结构、等效电路及电路图形符号

（2）工作特性

单向晶闸管具有可控的单向导电性。在如图8-3所示的电路中，只有图8-3（b）所示的晶闸管正向导通，灯泡点亮，图8-3（a）、（c）所示的两种接法，晶闸管都不能导通。

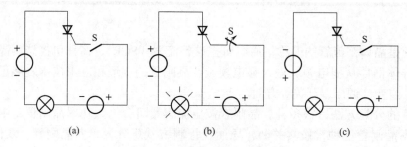

图8-3　晶闸管导通原理电路

图8-3（a）所示电路中，晶闸管阳极接电源的正极，阴极经白炽灯接电源的负极，此时晶闸管承受正向电压。控制极电路中开关S断开（不加电压）。这时灯不亮，说明晶闸管不导通。

图8-3（b）所示电路中，晶闸管的阳极和阴极之间加正向电压，控制极相对于阴极也加正向电压，这时灯亮，说明晶闸管导通。

晶闸管导通后，如果去掉控制极上的电压，即将图8-3（b）中的开关S断开，灯仍然亮。这说明晶闸管一旦导通后，控制极就失去了控制作用。

图8-3（c）所示电路中，晶闸管的阳极和阴极之间加反向电压，无论控制极加不加电压，灯都不亮，晶闸管截止。

如果控制极加反向电压，晶闸管阳极回路无论加正向电压还是反向电压，晶闸管都不导通。

综上所述，晶闸管的导通和阻断（截止）相当于开关的闭合和断开，只是它的导通和阻断是有条件的。晶闸管导通必须同时具备两个条件：

① 晶闸管的阳极和阴极间加正向电压；

② 控制极电路加适当的正向电压。实际应用中，控制极加正触发脉冲信号。

（3）导通、阻断条件

通过前面的分析可知，晶闸管的导通、阻断工作状态是随着阳极电压、阳极电流和控制极电流等条件相互转换的，具体见表8-1。

表8-1 单向晶闸管导通、阻断转换条件

由关断到导通的条件	维持导通的条件	由导通到阻断的条件
①阳极与阴极之间加正向电压 ②控制极与阴极间也加足够的正向电压	①阳极与阴极之间加正向电压 ②阳极电流大于维持电流	①阳极与阴极之间加反向电压 ②阳极电流小于维持电流
以上两个条件须同时具备	以上两个条件须同时具备	以上两个条件具备其中一个

（4）主要参数

为了正确选择和使用晶闸管，还必须了解它的电压、电流等主要参数。晶闸管的主要参数有：

① 额定正向平均电流 I_F　在规定环境温度和散热条件下，允许通过阳极和阴极之间的电流平均值。

② 维持电流 I_H　在规定环境温度和控制极断开的条件下，保持晶闸管处于导通状态所需要的最小正向电流。当晶闸管的正向电流小于这个电流时，晶闸管将自动关断。

③ 门极触发电压 U_{GT}　在规定环境温度及一定正向电压条件下，使晶闸管从阻断到导通，控制极所需的最小电压，一般为1~5V。

④ 控制极触发电流 I_{GT}　在规定环境温度及一定正向电压条件下，使晶闸管从阻断到导通，控制极所需的最小电流，一般为几十到几百毫安。

⑤ 正向重复峰值电压 U_{DRM}　在控制极断路和晶闸管正向阻断的条件下，可以重复加在晶闸管两端的正向峰值电压。

⑥ 反向重复峰值电压 U_{RRM}　在控制极断路时，可以重复加在晶闸管上的反向峰值电压。

8.1.2　双向晶闸管

（1）内部结构和等效电路

双向晶闸管是具有四个PN结的NPNPN五层结构的器件，它相当于两个单向晶闸管反向并联。如图8-4所示是双向晶闸管的内部结构、等效电路和电路图形符号。双向晶闸管有3个电极，分别为主电极 A_1、主电极 A_2 和控制极G。

（2）工作原理

下面以图8-5所示电路为例说明双向晶闸管的工作原理。

① 当 A_2、A_1 极之间加正向电压，即 $U_{A_2} > U_{A_1}$ 时，如图8-5（a）所示。在这种情况下，若控制极G无电压，则 A_2、A_1 极之间不导通；若在G、A_1 极之间加正向电压即 $U_G > U_{A_1}$，则 A_2、A_1 极之间立即导通，电流由 A_2 极流入，从 A_1 极流出。此时若撤去G极电压，A_2、A_1 极之间仍处于导通状态。

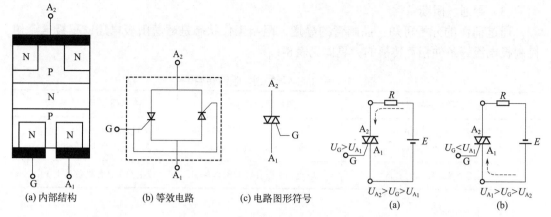

(a) 内部结构	(b) 等效电路	(c) 电路图形符号	(a)	(b)

图 8-4　双向晶闸管的内部结构、等效电路及电路图形符号　　图 8-5　双向晶闸管触发工作原理示意图

也就是说，当满足 $U_{A_2} > U_G > U_{A_1}$ 时，双向晶闸管导通，电流由 A_2 极流向 A_1 极，撤去 G 极电压，A_2、A_1 极之间继续处于导通状态。

② 当 A_2、A_1 极之间加反向电压，即 $U_{A_2} < U_{A_1}$ 时　如图 8-5（b）所示。在这种情况下，若控制极 G 无电压，则 A_2、A_1 极之间也不导通；若在 G、A_1 极之间加反向电压即 $U_G < U_{A_1}$，则 A_2、A_1 极之间立即导通，电流由 A_1 极流入，从 A_2 极流出。此时若撤去 G 极电压，A_2、A_1 极之间仍处于导通状态。

也就是说，当满足 $U_{A_1} > U_G > U_{A_2}$ 时，双向晶闸管导通，电流由 A_1 极流向 A_2 极，撤去 G 极电压，A_2、A_1 极之间继续处于导通状态。

双向晶闸管导通后，撤去 G 极电压，会继续处于导通状态。在这种情况下，要使双向晶闸管由导通进入截止，可采用以下任意一种方法。

a. 使流过两个主电极 A_2、A_1 的电流减小至维持电流以下；

b. 使 A_2、A_1 的极间电压为零或改变两极间电压的极性。

（3）工作特性

单向晶闸管只能单向导通，双向晶闸管可以双向导通，即不论控制极 G 端加正触发电压还是负触发电压，均能触发双向晶闸管在正、反两个方向导通，故双向晶闸管有四种触发状态，如图 8-6 所示。

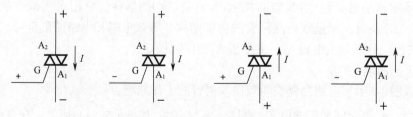

图 8-6　双向晶闸管的四种触发状态

双向晶闸管的主电极 A_1 与主电极 A_2 间，无论所加电压极性是正向还是反向，只要控制极 G 和主电极 A_1 间加有正、负极性不同的触发电压，就可触发双向晶闸管导通呈低阻状态。双向晶闸管一旦导通，即使失去触发电压，也能继续保持导通状态。只有当主电

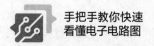

手把手教你快速
看懂电子电路图

极 A_1、主电极 A_2 的电流减小至维持电流以下，或 A_1、A_2 间电压极性改变且没有触发电压时，双向晶闸管才阻断，此时只有重新加触发电压方可导通。

8.1.3 门极可关断晶闸管

普通晶闸管是半控型器件，只能用加在控制极上的正脉冲使之触发导通，而不能用控制极负脉冲使其关断。门极可关断晶闸管（GTO）是晶闸管的一种派生器件，可以通过在门极施加负脉冲使其关断，因而属于全控型器件。

（1）内部结构和等效电路

GTO 的结构是 PNPN 四层半导体结构，是一种多元的功率集成器件，虽然外部同样引出 3 个极，但内部则包含数十个甚至数百个共阳极的小 GTO 元，这些 GTO 元的阴极和门极在器件内部并联在一起。GTO 的阴极细分成许多个，每个阴极都被控制极围住，一个 GTO 由这些小 GTO 单元并联而成。这样，负的控制极电流能达到整个阴极面，最后导致关断。

GTO 的工作原理可以利用晶闸管的双晶体管模型来分析，如图 8-7（a）所示。VT_1、VT_2 的共基极电流增益分别是 α_1、α_2，$\alpha_1 + \alpha_2 = 1$ 是器件临界导通的条件，大于 1 导通，小于 1 则关断。图 8-7（b）所示为门极可关断晶闸管的电路图形符号。

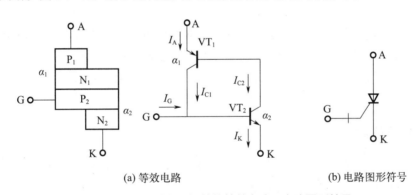

(a) 等效电路　　　　　　　(b) 电路图形符号

图 8-7　门极可关断晶闸管的等效电路及电路图形符号

（2）工作特性

门极可关断晶闸管的工作特性如下：

① 门极可关断晶闸管的开通特性与普通晶闸管相同。

② 门极可关断晶闸管关断时，需要给门极加负脉冲。

③ 给门极加负脉冲，则晶体管 VT_2 的基极电流 I_{B2} 减小，使 I_K 和 I_{C2} 减小，而 I_{C2} 的减小又使 I_A 和 I_{C1} 减小，结果导致 VT_1 的基极电流减小，如此形成强烈正反馈。

④ 当两个晶体管发射极电流 I_A 和 I_K 的减小使 $\alpha_1 + \alpha_2 < 1$ 时，则门极可关断晶闸管关断。

（3）主要参数

尽管 GTO 与普通晶闸管的触发导通原理相同，但二者的关断原理及关断方式截然不同。这是由于普通晶闸管在导通之后即处于深度饱和状态，而 GTO 在导通之后只能达到临界饱和状态，所以 GTO 上加负向触发信号即可关断。因此，GTO 的一个重要参数就是电流关断增益。除此之外，GTO还有一些重要参数。

① 最大可关断阳极电流 I_{ATO}　　用来标称GTO额定电流的参数，这一点与普通晶闸管的额定电流不同。当通过GTO的电流大于 I_{ATO} 时，会导致GTO略大于1的条件被破坏，导致饱和程度过深，即使在控制极施加负脉冲也无法使其关断。

② 电流关断增益 β_{off}　　最大可关断阳极电流 I_{ATO} 与门极负脉冲电流最大值 I_{GM} 之比。β_{off} 通常为几倍或几十倍。β_{off} 愈大，说明门极电流对阳极电流的控制能力愈强。

③ 开通时间 t_{on}　　延迟时间与上升时间之和。延迟时间一般为 $1 \sim 2\mu s$，上升时间则随通态阳极电流值的增大而增大。

④ 关断时间 t_{off}　　一般指储存时间和下降时间之和，而不包括尾部时间。储存时间随阳极电流的增大而增大，下降时间一般小于 $2\mu s$。

8.2 识读晶闸管触发电路

要使单向晶闸管导通，除了必须在A、K极之间加上正向电压外，还应给控制极G提供控制信号，该控制信号又称触发信号，由触发电路产生。具体的触发电路种类较多，简易的有阻容移相触发电路、单结晶体管触发电路等，这里只介绍最常用的单结晶体管触发电路。

8.2.1 单结晶体管

单结晶体管可分为N型基极单结晶体管和P型基极单结晶体管两大类，具有陶瓷封装和金属封装等形式，其外形和普通晶体管相似。

（1）结构、等效电路及电路符号

单结晶体管也称为双基极二极管，因为它有一个发射极E和两个基极 B_1、B_2，是一种具有一个PN结和两个欧姆电极的负阻半导体器件。图8-8所示为单结晶体管的结构、等效电路及电路图形符号。

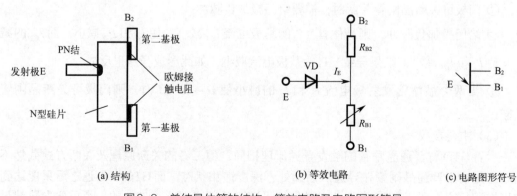

(a) 结构　　　　(b) 等效电路　　　　(c) 电路图形符号

图8-8　单结晶体管的结构、等效电路及电路图形符号

手把手教你快速
看懂电子电路图

图8-8（b）为单结晶体管的等效电路。单结晶体管的 B_1、B_2 极之间为高阻率的 N 型半导体，故两极之间的电阻 R_{BB} 的阻值较大，一般在 $2\sim15\text{k}\Omega$ 之间。以 PN 结为中心，将 N 型半导体分为两部分，PN 结与 B_1 极之间的电阻用 R_{B1} 表示，PN 结与 B_2 极之间的电阻用 R_{B2} 表示，$R_{BB}=R_{B1}+R_{B2}$。E 极与 N 型半导体之间的 PN 结可等效为一个二极管，用 VD 表示。当 B_2、B_1 极之间加有电压 U_{BB} 时，有电流流过 R_{B1} 和 R_{B2}，R_{B1} 上分得的电压为

$$U_{B1} = \frac{R_{B1}}{R_{B1}+R_{B2}} U_{BB} = \eta U_{BB} \qquad (8\text{-}1)$$

式中，$\eta = \dfrac{R_{B1}}{R_{B1}+R_{B2}}$ 称为分压系数。不同单结晶体管的 η 也有所不同，通常在 0.3~0.9 之间。

（2）工作原理

下面以图8-9所示电路来分析单结晶体管的工作原理。

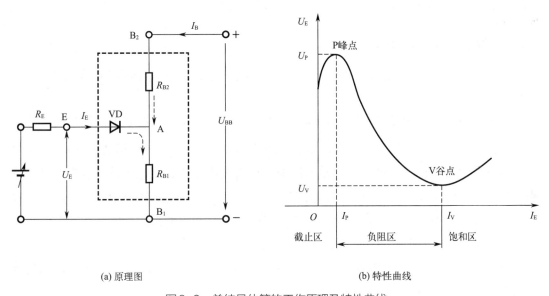

(a) 原理图   (b) 特性曲线

图8-9　单结晶体管的工作原理及特性曲线

① 当 $0 \leqslant U_E < U_{VD} + U_{B1}$ 时，由于发射极电压 U_E 小于 PN 结的死区电压 U_{VD} 与 R_{B1} 上的电压 U_{B1} 之和，因此无法使 PN 结导通。E 与 B_1 之间不能导通，呈现很大电阻，这一段曲线称为截止区，如图8-9（b）所示。

② 当 $U_E = U_{VD} + U_{B1} = U_P$ 时，PN 结导通，发射极电流 I_E 突然增大。这个突变点称为峰点 P，对应峰点电压 U_P 和峰点电流 I_P。当单结晶体管的 PN 结导通之后，I_E 增长得很快，E 与 B_1 之间呈低阻导通状态。这一段特性曲线的动态电阻为负值，因此称为负阻区，如图8-9（b）所示。

③ 当 I_E 增大到某一数值时，电压 U_E 下降到最低点。特性曲线上这一点称为谷点 V。

与此点对应的是谷点电压 U_V 和谷点电流 I_V。

此后，发射极电流 I_E 继续增大时，发射极电压略有上升，但变化不大，谷点右边的这部分特性称为饱和区，如图8-9（b）所示。

综上所述，单结晶体管具有以下特点：

① 当发射极电压 U_E 等于峰点电压 U_P 时，单结晶体管导通；导通之后，当发射极电压 U_E 小于谷点电压 U_V 时，单结晶体管恢复截止。

② 单结晶体管的峰点电压 U_P 与外加电压 U_{BB} 和管子的分压比 η 有关。对于分压比 η 不同的管子，或者外加电压 U_{BB} 的数值不同时，峰点电压 U_P 也就不同。

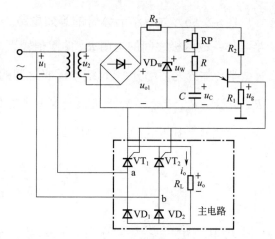

图8-10 由单结晶体管触发的单相半控桥式整流电路

③ 不同单结晶体管的谷点电压 U_V 和谷点电流 I_V 都不一样。谷点电压 U_V 为2~5V。

8.2.2 单结晶体管触发电路

在可控整流电路中，触发脉冲必须与交流电源电压同步。由单结晶体管触发的单相半控桥式整流电路如图8-10所示。

变压器将主电路和触发电路接在同一交流电源上。变压器原边电压 u_1 是主电路的输入电压，变压器副边电压 u_2 经整流、稳压二极管 VD_W 削波转换为梯形波电压 u_W 后作为触发电路的电源。变压器被称为同步变压器。每当主电路的交流电源电压过零值时，单结晶体管上的电压 u_W 也过零值，两者达到同步。图中，稳压二极管 VD_W 与 R_3 组成削波电路，其作用是保证单结晶体管输出脉冲的幅值和每半个周期内产生第一个触发脉冲的时间不受交流电源电压波动的影响，并可增大移相范围。

当梯形波电压 u_W 过零值时，加在单结晶体管两基极间的电压 U_{BB} 为零，则峰点电压 $U_P \approx \eta U_{BB} = 0$。如果这时电容器 C 上的电压 u_C 不为零值，就会通过单结晶体管及电阻 R_1 迅速放完所存电荷，保证电容 C 在电源每次过零值后都从零开始充电。只要充电电阻 R 不变，触发电路在每个正半周内，由零点到产生第一个触发脉冲的时间不变，从而保证了晶闸管每次都能在相同的控制角 α 下触发导通，实现了触发脉冲与主电路的同步，从而使晶闸管的导通角 θ 和输出电压 u_o 的平均值保持不变。

电路中各电压波形如图8-11所示。

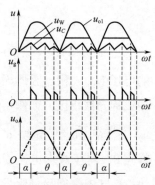

图8-11 单结晶体管触发电路各电压波形图

8.3　识读单相可控整流电路

第6章介绍的半波整流电路、全波整流电路和桥式整流电路，是以不可控二极管或桥式整流桥堆作为整流器件实现将交流电转换为直流电的，其输出电压不可调节。而可控整流电路的整流器件为晶闸管，利用晶闸管的可控导电性使输出的直流电压大小可以调节。

由于晶闸管构成的整流电路具有可控性，故称为可控整流电路。本节介绍常见的单相可控整流电路。

8.3.1　单相半波可控整流电路

（1）电路结构

将半波整流电路中的整流二极管换成晶闸管，并在控制极和阴极间接上触发电路，就构成了单相半波可控整流电路，如图8-12（a）所示。

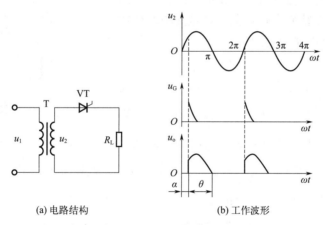

(a) 电路结构　　　　　　(b) 工作波形

图8-12　单相半波可控整流电路

（2）工作原理

① 在变压器二次侧电压 u_2 为正半周时，晶闸管VT承受正向电压，若此时没有触发电压，则负载电压 $u_o = 0$。

② 在 $\omega t = \alpha$ 时给控制极加上触发电压 u_G，晶闸管具备导通条件而导通，由于晶闸管的正向压降很小，可以忽略不计，因此 $u_o = u_2$。

③ 在 $\alpha < \omega t < \pi$ 期间，晶闸管保持导通，负载电压 u_o 与二次侧电压基本相等，故导通角 $\theta = \pi - \alpha$。

④ 当 u_2 过零时，晶闸管自行关断。

接电阻性负载时，单相半波可控整流的工作波形如图8-12（b）所示。图中，α 为控制角，指从晶闸管开始承受正向电压起到加上触发脉冲的电角度。θ 为导通角，它是指晶闸管导通的电角度。

（3）主要参数

① 整流输出电压的平均值　从输出波形来看，很显然，导通角 θ 愈大，输出电压愈高。

输出电压的平均值可以用控制角 α 来表示：

$$U_{\mathrm{o}} = \frac{1}{2\pi}\int_{\alpha}^{\pi}\sqrt{2}U_2\sin\omega t\mathrm{d}(\omega t) = 0.45U_2\frac{1+\cos\alpha}{2}$$

② 电阻性负载中整流电流的平均值：

$$I_{\mathrm{o}} = \frac{U_{\mathrm{o}}}{R_{\mathrm{L}}} = 0.45\frac{U_2}{R_{\mathrm{L}}}\times\frac{1+\cos\alpha}{2}$$

8.3.2　单相桥式全控整流电路

（1）电路结构

图8-13所示为单相桥式全控整流电路，该电路与单相桥式不可控整流电路相似，只是其中两个桥臂中的二极管被晶闸管所取代。

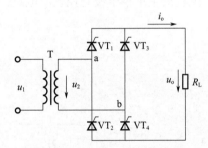

图8-13　单相桥式全控整流电路

（2）工作原理

① 当变压器二次侧电压 u_2 为正半周时（即a端为正，b端为负），在控制角为 $\omega t+\alpha$ 处给 VT_1 和 VT_4 以触发脉冲，VT_1 和 VT_4 即导通，这时电流的路径为电源a端→ VT_1 → R_{L} → VT_4 →电源b端。在此期间，晶闸管 VT_2 和 VT_3 均承受反向电压而截止。当电源电压过零时，电流也降到零，VT_1 和 VT_4 关断。

② 在电源电压的负半周，仍在控制角为 α 处给 VT_2 和 VT_3 加触发脉冲，则 VT_2 和 VT_3 导通。这时电流的路径为电源b端→ VT_3 → R_{L} → VT_2 →电源a端。到一周期结束时电压过零，电流也降至零。很显然，上述两组触发脉冲在相位上应相差180°，以后又是 VT_1 和 VT_4 导通，如此循环工作下去。

由于负载在两个半波中都有电流流过，故属全波整流，如图8-14所示。一个周期内整流电压脉动二次，脉动程度比半波整流电路要小。

（3）主要参数

① 整流输出电压的平均值为

$$U_{\mathrm{o}} = 0.9U_2\frac{1+\cos\alpha}{2}$$

它是半波整流的两倍。当 $\alpha=0$ 时，相当于不可控桥式整流，此时输出电压最大，即 $U_{\mathrm{o}}=0.9U_2$。当 $\alpha=180°$ 时，输出电压为零，故晶闸管可控移相范围为180°。

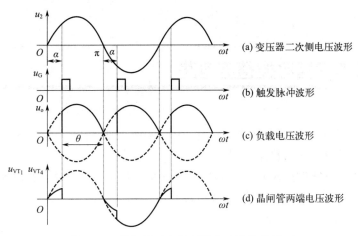

(a) 变压器二次侧电压波形

(b) 触发脉冲波形

(c) 负载电压波形

(d) 晶闸管两端电压波形

图8-14　单相桥式全控整流电路的信号波形

② 电阻性负载中整流电流的平均值为

$$I_{o} = \frac{U_{o}}{R_{L}} = 0.9\frac{U_{2}}{R_{L}} \times \frac{1+\cos\alpha}{2}$$

8.3.3　单相桥式半控整流电路

（1）电路结构

在单相桥式全控整流电路中，采用两个晶闸管同时导通来规定电流流通的路径。如果仅是用于整流工作状态，实际上每个支路只需一个晶闸管就能控制导通的时刻，另一个可采用硅整流管来限定电流的路径，线路更简单。把图8-13中的 V_{T2} 和 V_{T4} 换成硅整流管 VD_{2} 和 VD_{4}，便可组成如图8-15所示的单相桥式半控整流电路。

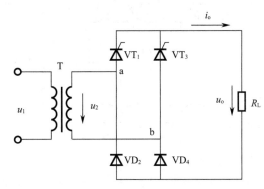

图8-15　单相桥式半控整流电路

（2）工作原理

读者可参照单相桥式全控整流电路自行分析，其输出波形可参照图8-14。

（3）参数计算

单相桥式半控整流电路在电阻性负载时的工作情况与单相桥式全控整流电路时完全相同，其参数计算也相同。

8.4 识读三相可控整流电路

当整流负载容量较大，或要求直流电压的脉动小、易滤波，或要求快速控制时，应采用对电网来说平衡的三相整流装置。

三相可控整流电路的类型很多，包括三相半波（零式）、三相全控桥式、三相半控桥式等。这些电路中最基本的是三相半波可控整流电路，其余类型都可看作是三相半波电路以不同方式串联或并联组成的。

8.4.1 三相半波可控整流电路

（1）电路结构

三相半波可控整流电路如图8-16（a）所示。为了得到零线，整流变压器的二次绕组必须接成星形，而一次绕组多接成三角形，使其3次谐波能够通过，减少高次谐波的影响。三个晶闸管的阳极分别接入a、b、c三相电源，它们的阴极接在一起，称共阴极接法。图8-16（b）～（f）所示为接电阻性负载，$\alpha = 0$时的工作波形。

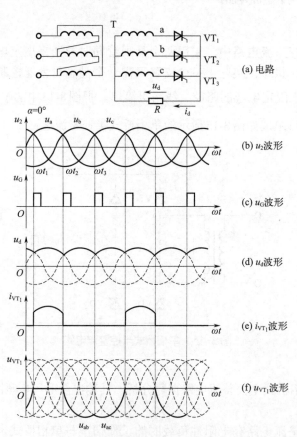

图8-16 电阻性负载，当$\alpha = 0$时三相半波共阴极接法可控整流电路及工作波形

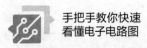

（2）工作原理

在 $0 \sim \omega t_1$ 期间，无触发脉冲送到晶闸管 VT_1、VT_2、VT_3 的 G 极，3 个晶闸管均不能导通。

在 ωt_1 时刻，触发脉冲送到 3 个晶闸管的 G 极，此时 a、c 相电压相等，极性都是左负右正（即为正电压），b 相电压的极性是左正右负（负电压），VT_1、VT_3 均导通，VT_2 截止。

在 $\omega t_1 \sim \omega t_2$ 期间，a 相电压高于 b、c 相电压，VT_1 仍处于导通状态。由于 VT_1 导通后其 K 极电压与 A 极电压接近，并且大于 VT_3 的 A 极电压，VT_3 的 A、K 之间为反向电压，VT_3 截止，VT_2 则继续处于截止状态。由于 $\omega t_1 \sim \omega t_2$ 期间仅 VT_1 导通，故负载 R 上得到与 u_a 相同的电压。

在 ωt_2 时刻，触发脉冲送到 3 个晶闸管的 G 极，此刻 a、b 相正电压相等，VT_1、VT_2 导通，c 相为负电压，VT_3 截止。

在 $\omega t_2 \sim \omega t_3$ 时刻，b 相电压高于 a、c 相电压，VT_2 继续导通。由于 VT_2 导通后其 K 极电压与 A 极电压接近，并且大于 VT_1 的 A 极电压，VT_1 的 A、K 之间为反向电压，VT_1 截止，VT_3 则继续处于截止状态。由于 $\omega t_2 \sim \omega t_3$ 期间仅 VT_2 导通，故负载 R 上得到与 u_b 相同的电压。

在 ωt_3 时刻，触发脉冲送到 3 个晶闸管的 G 极，此刻 b、c 相正电压相等，VT_2、VT_3 导通，a 相为负电压，VT_1 截止。

在 $\omega t_3 \sim \omega t_4$ 期间，c 相电压高于 a、b 相电压，VT_3 继续导通。由于 VT_3 导通后其 K 极电压与 A 极电压接近，并且大于 VT_2 的 A 极电压，VT_2 的 A、K 之间为反向电压，VT_2 截止，VT_1 则继续处于截止状态。由于 $\omega t_3 \sim \omega t_4$ 期间仅 VT_3 导通，从而在负载 R 上得到与 u_c 相同的电压。

ωt_4 时刻之后，电路重复 $\omega t_1 \sim \omega t_4$ 期间的过程，从而在负载 R 上得到如图 8-16（d）所示的脉动电压 u_d。

由以上分析可以看出，对于三相半控整流电路，每一个触发脉冲到来后，始终只有一个晶闸管维持导通，另两个晶闸管处于截止状态。随着触发脉冲的不断到来，3 个晶闸管轮流导通。

图 8-17 所示分别为三相半波可控整流电路 $\alpha = 30°$ 和 $\alpha = 60°$ 的工作波形。从 $\alpha = 30°$ 时的输出电压、输出电流可以看出，这时负载处于连续和断续的临界状态，各相仍导通 120°。

若 $\alpha > 30°$，则当相电压过零变负时，该相晶闸管关断。而此时下一相晶闸管虽承受正向电压，但因无触发脉冲而不导通，负载电压和电流均为零，直到其触发脉冲出现为止，这会导致负载电流断续，晶闸管导通角小于 120°。

如果 α 角继续增大，那么整流输出电压将愈来愈小。当 $\alpha = 150°$ 时，整流输出电压

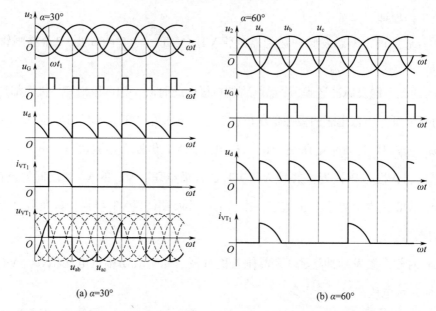

(a) α=30°   (b) α=60°

图8-17　电阻性负载，三相半波可控整流电路 α = 30° 和 α = 60° 时的工作波形

为零。故电阻性负载时要求的移相范围为150°。

当 $\alpha = 0$ 时，整流输出电压的平均值 U_d 最大，$U_d = 1.17 U_2$。

8.4.2　三相桥式全控整流电路

（1）电路结构

工业上应用广泛的三相桥式整流电路就是从三相半波发展而来的，图8-18（b）所示的三相桥式全控整流电路，实际上是三相半波共阴极组与共阳极组的串联，如图8-18（a）所示。如果两组电路负载对称，触发角 α 相同，则它们输出电流的平均值 I_{d1} 和 I_{d2} 相等，在变压器绕组中一个周期内流过的正、反电流的平均值相等，直流磁势相互抵消，无直流磁化现象，且能提高变压器的利用率。由于此时零线流过的电流为零，即去掉零线也不影响电路工作。

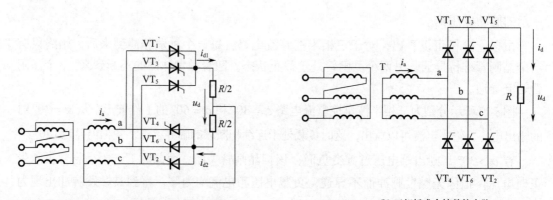

(a) 两个单相半波可控整流电路串联的等效电路   (b) 三相桥式全控整流电路

图8-18　三相桥式全控整流电路

习惯上，希望三相全控桥的6个晶闸管触发的顺序是$VT_1 \rightarrow VT_2 \rightarrow VT_3 \rightarrow VT_4 \rightarrow VT_5 \rightarrow VT_6$，因此晶闸管是这样编号的：$VT_1$和$VT_4$接a相，$VT_3$和$VT_6$接b相，$VT_5$和$VT_2$接c相。$VT_1$、$VT_3$、$VT_5$组成共阴极组，$VT_4$、$VT_6$、$VT_2$组成共阳极组。

（2）工作原理

① 三相桥式全控整流电路在任何时刻都必须有两个晶闸管导通才能形成导电回路，其中一个晶闸管是共阴极组的，另一个晶闸管是共阳极组的。

② 共阴极组的VT_1、VT_3和VT_5之间的相位互差120°，共阳极组的VT_4、VT_6和VT_2之间的相位也互差120°。接在同一相的两管，如VT_1与VT_4、VT_3与VT_6、VT_5和VT_2之间的相位互差180°。

③ 为了保证整流桥中共阴极组和共阳极组各有一个晶闸管导电，或者由于电流断续后能再次导通，必须对两组中应导通的一对晶闸管同时给触发脉冲。为此，

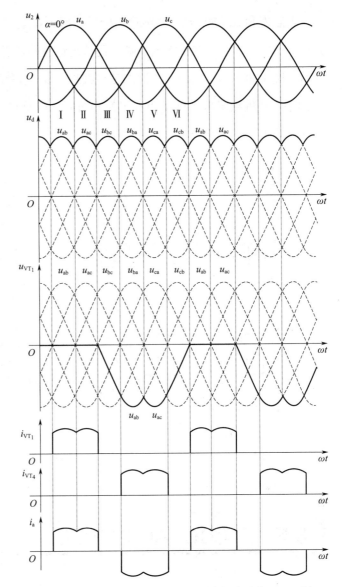

图8-19　三相桥式全控整流电路输出波形（$\alpha = 0$时）

可采用两种方法：一种是使每个触发脉冲的宽度大于60°，称宽脉冲触发；另一种是在触发某一个晶闸管的同时给前一个晶闸管补发一个脉冲，相当于两个窄脉冲等效代替大于60°的宽脉冲，称双脉冲触发。

为了搞清楚α变化时各晶闸管的导通规律，下面以$\alpha = 0$为例进行分析。为分析方便，把一个周期等分6段，如图8-19所示的Ⅰ～Ⅵ段。

参照前述三相半波可控整流电路的分析方法，按照划分的6段逐段进行分析，可知在三相桥式全控整流电路中，6个晶闸管的导通顺序是：

$VT_6 \longrightarrow VT_1 \longrightarrow VT_1 \longrightarrow VT_2 \longrightarrow VT_2 \longrightarrow VT_3 \longrightarrow VT_3 \longrightarrow VT_4 \longrightarrow VT_4 \longrightarrow VT_5 \longrightarrow VT_5 \longrightarrow VT_6$

当触发角 $\alpha = 30°$ 时，晶闸管起始导通时刻推迟了 $30°$，组成 u_d 的每一段线电压因此推迟了 $30°$，导致 u_d 的平均值下降，且晶闸管开始承受正向电压，工作波形如图 8-20（a）所示。图 8-20（b）为 $\alpha = 60°$ 时的工作波形，u_d 波形中的每段线电压的波形继续向后移，u_d 的平均值继续降低，且 u_d 出现了为零的值，这说明 $\alpha = 60°$ 是三相桥式全控整流电路电阻性负载电压 u_d 波形连续与断续的临界点。

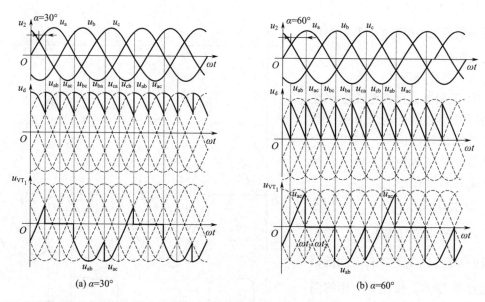

图 8-20　电阻性负载，三相全波可控整流电路 $\alpha = 30°$ 和 $\alpha = 60°$ 时的工作波形

8.5　识读 DC-AC 变换电路

在生产实践中除了前面讨论的整流电路外，还有相反的要求，利用晶闸管电路把直流电转换成交流电，这种对应于整流的逆向过程称为逆变。把完成逆变功能的电路称为逆变电路，能实现逆变的装置称为逆变设备或逆变器（DC-AC 变换电路）。

逆变器主要应用于各类交流电机调速及交流伺服系统，光伏、风电等新能源发电系统及储能系统，电力系统无功补偿，不间断电源 UPS 及应急电源 EPS，各类中频、高频或高频链电源，以及各类气体放电灯的电子镇流器等。

8.5.1　DC-AC 逆变器的分类

现代逆变技术是研究逆变电路理论和应用的一门科学技术。它是建立在工业电子技术、半导体器件技术、现代控制技术、现代电力电子技术、半导体变流技术、脉宽调制（PWM）技术等学科基础之上的一门实用技术。它主要包括半导体功率集成器件及其应用、逆变电路和逆变控制技术三大部分。

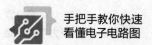
手把手教你快速
看懂电子电路图

逆变器的种类很多，可按照不同的方法进行分类。

① 按逆变器输出交流电能的频率，可分为工频逆变器、中频逆变器和高频逆变器。工频逆变器的频率为50~60Hz，中频逆变器的频率一般为400Hz到十几千赫，高频逆变器的频率一般为十几千赫到兆赫。

② 按逆变器输出的相数，可分为单相逆变器、三相逆变器和多相逆变器。

③ 按逆变器输出电能的去向，可分为有源逆变器和无源逆变器。

④ 按逆变器主电路的形式，可分为单端式逆变器、推挽式逆变器、半桥式逆变器和全桥式逆变器。

⑤ 按逆变器主开关器件的类型，可分为晶闸管逆变器、晶体管逆变器、场效应管逆变器和绝缘栅双极晶体管（IGBT）逆变器等。

⑥ 按直流电源特性，可分为电压型逆变器和电流型逆变器。

⑦ 按逆变器输出电压或电流的波形，可分为正弦波输出逆变器和非正弦波输出逆变器。

⑧ 按逆变器控制方式，可分为调频式（PFM）逆变器和调脉宽式（PWM）逆变器。

⑨ 按逆变器开关电路的工作方式，可分为谐振式逆变器、定频硬开关式逆变器和定频软开关式逆变器。

⑩ 按逆变器换流方式，可分为负载换流式逆变器和自换流式逆变器。

8.5.2 电压型逆变器

（1）电路结构

直流电源为电压源的逆变电路称为电压型逆变电路。图8-21（a）所示为电压型单相半桥逆变电路。它有两个桥臂，每个桥臂包含一个全控型器件（这里选用电力晶体管）和一个反并联二极管。在直流侧接有两个相互串联的大电容，两个电容的连接点为直流电源的中点。负载接在直流电源的中点和两个桥臂连接点之间。

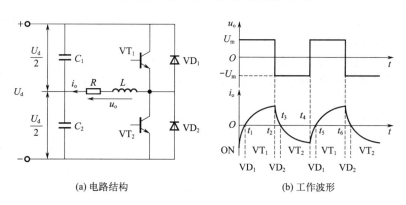

(a) 电路结构　　　　　　　　　(b) 工作波形

图8-21　电压型单相半桥逆变电路

（2）工作原理

VT_1 和 VT_2 的基极信号在一个周期内各有半周正偏，半周反偏，且二者互补。当负载为感性负载时，其输出波形如图8-21（b）所示。输出电压 u_o 为矩形波，其幅值 $U_m = U_d / 2$，输出电流 i_o 波形随负载阻抗角而异。

设 t_2 时刻以前 VT_1 导通。t_2 时刻给 VT_1 关断信号，给 VT_2 导通信号，则 VT_1 关断，但感性负载中的电流 i_o 不能立即改变方向，于是 VD_2 导通续流。当 t_3 时刻 i_o 降至零时，VD_2 截止，VT_2 导通，i_o 开始反向。同样，在 t_4 时刻给 VT_2 关断信号，给 VT_1 导通信号，VT_2 关断，VD_1 先导通续流，t_5 时刻 VT_1 才导通。

当 VT_1 或 VT_2 导通时，负载电流和电压同方向，直流侧向负载提供能量；而当 VD_1 或 VD_2 导通时，负载电流与电压反方向，负载中电感的能量向直流侧反馈，即负载将其吸收的无功能量反馈回直流侧。反馈回来的能量暂时存储在直流侧电容器中，直流侧电容器起缓冲无功能量的作用。因为二极管 VD_1、VD_2 是负载向直流侧反馈能量的通道，故称反馈二极管；同时 VD_1 和 VD_2 也起着使负载电流连续的作用，因此又称续流二极管。

当可控元件是不具有自关断能力的晶闸管时，需要附加电容换相电路才能正常工作。

半桥逆变电路结构简单、使用器件少，但输出交流电压的幅值仅有 $U_d / 2$，且需要分压电容。较为复杂的全桥逆变电路、三相桥式逆变电路都可看成由若干个半桥逆变电路组合而成，工作原理很相似。图8-22 所示为电压型单相全桥逆变电路，读者可自行进行分析。

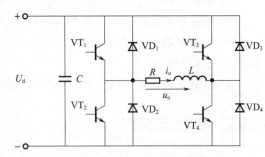

图8-22　电压型单相全桥逆变电路

（3）主要特点

① 电压型逆变电路的直流侧接有大电容，相当于电压源，直流电压基本无脉动，直流回路呈现低阻抗。

② 由于直流电压的钳位作用，交流侧电压波形为矩形波，与负载阻抗角无关，而交流侧电流波形和相位因负载阻抗角的不同而异，其波形或接近三角波，或接近正弦波。

③ 当交流侧为感性负载时需要提供无功功率，直流侧电容起缓冲无功能量的作用。

④ 为了给交流侧向直流侧反馈的无功能量提供通道，逆变桥各桥臂都并联反馈二极管。

8.5.3　电流型逆变电路

直流电源为电流源的逆变电路称为电流型逆变电路。按拓扑结构的不同可分为电流型单相全桥逆变器和电流型三相全桥逆变器两类，按电流型逆变器所采用的功率器件的不同可分为半控型和全控型两类。

（1）全控型单相全桥电流型方波逆变器

全控型单相全桥电流型方波逆变器的电路结构如图8-23（a）所示。为了使全控型功率器件具有足够的反向阻断能力，通常在每个开关管上正向串联一个二极管；另外，由于电流型逆变器的输出电流是基于功率器件通断直流侧电流的方波电流，因此，为了防止输出过电压，电流型逆变器的输出需要接滤波电容。当开关管 VT_1、VT_4 导通时，电流型逆变器的输出电流为正向方波电流；当开关管 VT_2、VT_3 导通时，电流型逆变器的输出

手把手教你快速
看懂电子电路图

电流为负向方波电流。图8-23（b）所示为各桥臂的电流波形。

单相全桥电流型方波逆变器也可采用脉冲幅值调制（PAM）和单脉冲控制（SPM）两种控制方式。

当采用PAM时，输出方波电流的频率由开关管导通周期控制，输出方波电流的幅值则通过其直流电流幅值控制来实现，而直流电流的幅值可通过调节其直流输入电压的电流闭环进行控制。输出电流波形如图8-23（c）所示。

当采用SPM时，其直流侧电流的幅值恒定，输出方波电流的频率可由输出周期的改变来控制，而通过改变电流方波宽度便可以控制输出方波电流的幅值。

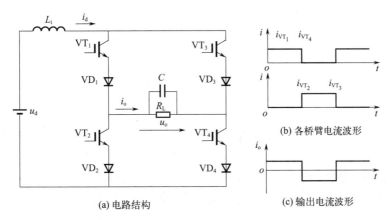

(a) 电路结构　　　　　　　　　　　(b) 各桥臂电流波形

(c) 输出电流波形

图8-23　全控型单相全桥电流型方波逆变器的电路结构及相关电流波形

（2）半控型单相全桥电流型方波逆变器

电流型逆变电路中，采用半控型器件的电路应用较多。半控型单相全桥电流型方波逆变器的功率器件为晶闸管，而基于晶闸管的半控型逆变器的换流方式有负载换流和强迫换流两种。当晶闸管逆变器采用强迫换流方式时，一般需增加强迫换流电路，电路结构较复杂。而晶闸管逆变器采用负载换流方式时，晶闸管的换流电压需要由负载提供，且负载电流相位超前负载电压相位，即负载为容性负载。

采用负载换流的晶闸管单相全桥电流型方波逆变器的电路结构如图8-24（a）所示。由于采用了负载换流，此时，无须增加强迫换流电路，因此电路结构较为简单。图中，LC并联支路为电磁感应线圈及容性补偿电容的等效电路。为了使输出电压波形接近正弦波，将逆变器输出电路设计成并联谐振电路。

另外，为了实现晶闸管逆变器的负载换流，要求负载为容性负载，因此其输出电路中的补偿电容设计应使负载电路工作在容性小失谐状态。图8-24（b）所示为负载换流的晶闸管单相全桥电流型方波逆变器的换流波形。设t_1时刻前晶闸管VT_1、VT_4导通，VT_2、VT_3关断，此时逆变器的输出电压u_o、输出电流i_o均为正，故此时的VT_2、VT_3承受正向电压（u_o）。若在t_1时刻触发晶闸管VT_2、VT_3并使其导通，则负载电压u_o通过VT_2、VT_3使VT_1、VT_4关断，从而使电流从VT_1、VT_4转移到VT_2、VT_3。需要注意的是，为了使VT_1、VT_4彻底关断，并使其顺利换流，触发VT_2、VT_3的时刻t_1必须在u_o过零前，并留有足够的时间裕量。

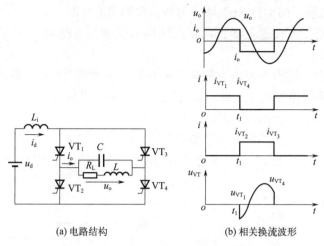

(a) 电路结构　　　　　　(b) 相关换流波形

图8-24　半控型单相全桥电流型方波逆变器的电路结构及相关换流波形

（3）主要特点

① 电流型逆变电路的直流侧接有大电感，相当于电流源，电流基本无脉动，直流回路呈现高阻抗。

② 交流输出电流为矩形波，与负载阻抗角无关，输出电压波形和相位因负载不同而不同。

③ 直流侧电感起缓冲无功能量的作用，因电流不能反向，故可控器件不必接反并联二极管。

④ 逆变器从直流侧向交流侧传送的功率是脉动的，因电流无脉动，故传送功率的脉动是由直流电压的脉动来体现的。

8.6　识读DC-DC变换电路

DC-DC变换器是将一个不受控制的输入直流电压（或电流）变换成另一个受控的输出直流电压（或电流）的电力电子装置，主要用于直流电压变换（升压、降压、升-降压等）、开关稳压电源、直流电机驱动等场合。

按其变换功能可将DC-DC变换器分为以下4种基本类型：

① 降压型DC-DC变换器，简称Buck变换器；

② 升压型DC-DC变换器，简称Boost变换器；

③ 升-降压型DC-DC变换器，简称Boost-Buck变换器；

④ 降-升压型DC-DC变换器，简称Buck-Boost变换器。

然而，工程上依据DC-DC变换器其输入输出间是否有电气隔离，又将其分为有变压器的隔离型DC-DC变换器和无变压器的不隔离型DC-DC变换器。

8.6.1　不隔离型DC-DC变换器

不隔离型DC-DC变换器主要有降压型（Buck变换器）、升压型（Boost变换器）和

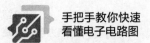
手把手教你快速
看懂电子电路图

升-降压型（Boost-Buck变换器）三种基本电路，分别如图8-25（a）~（c）所示。为简单起见，分析电路的工作原理时，均假定开关为理想开关，电路中各元件的内阻忽略不计。另外，输入电压为U_i，输出电压为U_o，电感电容的值足够大，流经电感的电流与电容两端电压的纹波非常小。

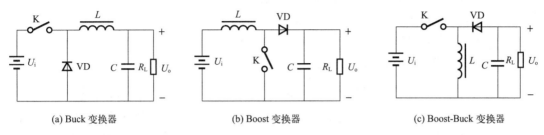

(a) Buck 变换器　　　　　　(b) Boost 变换器　　　　　　(c) Boost-Buck 变换器

图8-25　不隔离型DC-DC变换器

（1）Buck 变换器

Buck 变换器如图8-25（a）所示。开关导通时，加在电感L两端的电压为$U_i - U_o$，这期间电感L由电压$U_i - U_o$励磁，磁通增加量为$\Delta\Phi_{on} = (U_i - U_o)t_{on}$；开关断开时，由于电感电流连续，二极管为导通状态，输出电压U_o与开关导通时方向相反加到电感L上，这期间，电感L消磁，磁通减少量为$\Delta\Phi_{off} = U_o t_{off}$；稳定状态时，电感$L$中磁通的增加量与减少量相等，则降压型DC-DC变换器的电压变比$M = D$，D为占空比。由于D小于1，因此，输出电压总低于输入电压，即为降压型DC-DC变换器。

（2）Boost 变换器

Boost 变换器如图8-25（b）所示。开关导通时，输入电压U_i加在电感L上，电感L由输入电压U_i励磁，导通期间，磁通增加量为$\Delta\Phi_{on} = U_i t_{on}$；开关断开时，由于电感电流连续，二极管变为导通状态，电压$U_i - U_o$与开关导通时方向相反加到电感L上，电感L消磁，开关断开期间磁通减少量为$\Delta\Phi_{off} = (U_o - U_i)t_{off}$；稳定状态时，电感$L$的磁通增加量与减少量相等，则变换器的电压变比为$M = 1/(1-D)$，$D$为占空比。由于$(1-D) < 1$，因此输出电压总高于输入电压，即为升压型DC-DC变换器。

（3）Boost-Buck 变换器

Boost-Buck 变换器如图8-25（c）所示。开关导通时，输入电压U_i加在电感L上，电感L励磁，导通期间，电感的磁通增加量为$\Delta\Phi_{on} = U_i t_{on}$；开关断开时，由于电感电流连续，二极管变为导通状态，输出电压U_o与开关导通时方向相反加到电感L上，电感L消磁，磁通减少量为$\Delta\Phi_{off} = U_o t_{off}$；稳定状态时，电感$L$的磁通增加量与减少量相等，则升-降压型DC-DC变换器的电压变比为$M = D/(1-D)$。这种变换器的输出电压可以高于或低于输入电压，而且M可以任意设定，所以称为升-降压型DC-DC变换器。

8.6.2 隔离型DC-DC变换器

在实际应用中，还有许多场合需要输出电压和输入电压隔离，或需要多路输出，这就需要高频变压器来完成这些功能。变压器在电路中起电气隔离、变换电压或电流大小的作用。

隔离型DC-DC变换器主要有正励式、反励式、半桥式、全桥式、推挽式等。这里主要介绍正励式、反励式和全桥式DC-DC变换器。

（1）隔离型Buck变换器——单端正励式变换器

基本的隔离型Buck变换器如图8-26（a）所示。当开关管VT以图8-26（b）所示 u_G 信号驱动时，A-O点之间的电压为方波电压信号，如图8-26（b）中 u_{AO} 所示。这一方波电压接到变压器T的原边绕组，则副边绕组也将输出相同形状的方波。变压器副边绕组输出接整流滤波电路，就得到了隔离型Buck变换器，这种变换器的变压器原边、副边绕组同时工作，且变压器原边绕组施加单方向的脉冲电压，故称为单端正励式变换器，如图8-27（a）所示。

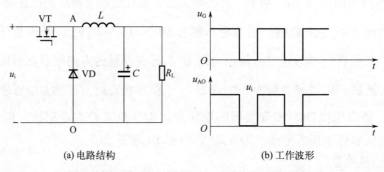

(a) 电路结构　　　　　　　　　　(b) 工作波形

图8-26　基本的隔离型Buck变换器及工作波形

对于图8-27（a）所示电路，由于加在变压器原边绕组的是单方向的脉冲电压，从而使变压器单向激励。当VT导通时，原边绕组加正向电压并通过正向电流，磁芯中的磁感应强度达到某一值，由于磁芯具有磁滞效应，当VT关断时，线圈电压或电流回到零，而磁芯中的磁通并不回到零，这就是剩磁通。剩磁通的累积可能导致磁芯饱和，因此需要磁复位。一般情况下，隔离型Buck变换器大多采用将剩磁能量馈送到输入端的再生式磁芯复位方法进行磁复位。将图8-27（a）所示的隔离型Buck变换器加上磁复位电路就构成了如图8-27（b）所示的带有磁复位的隔离型Buck变换器。

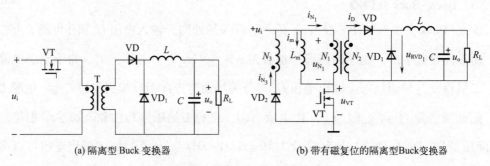

(a) 隔离型 Buck 变换器　　　　　　　(b) 带有磁复位的隔离型Buck变换器

图8-27　隔离型Buck变换器

手把手教你快速
看懂电子电路图

（2）隔离型Buck-Boost变换器——单端反励式变换器

若将图8-28（a）所示的Buck-Boost DC-DC变换器中的电感L改为隔离变压器，即可得到隔离型Buck-Boost变换器，这种变换器的副边绕组是在开关管关断期间工作的，且变压器原边绕组施加单方向的脉冲电压，如图8-28（b）所示。将副边绕组重新排列、整理后，得到的电路如图8-28（c）所示。

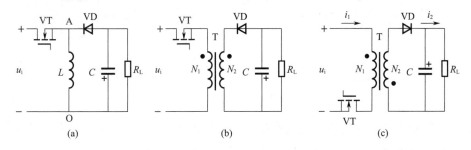

图8-28　隔离型Buck-Boost变换器的演变

隔离型Buck-Boost变换器电路拓扑如图8-28（c）所示，当VT导通时，输入电压u_i便加到变压器T的原边绕组N_1上，其电流路径和N_2绕组上的感应电压极性如图8-29（a）所示，这时二极管VD截止，副边绕组N_2中没有电流流过，这一阶段为电感储能阶段。

当VT截止时，由于变压器中的磁链不能突变，这时N_2绕组上的感应电压使二极管VD导通，电流路径与N_2绕组上的感应电压极性如图8-29（b）所示，这一阶段为电感释放能量阶段。

当电感中的能量全部释放完毕后，负载将全部由输出滤波电容供电，如图8-29（c）所示。

综上分析可知：在隔离型Buck-Boost变换器中，在开关管导通期间，二极管截止，这时电源输入的能量以磁能的形式储存于反励变压器（电感）中；在开关管截止期间，二极管导通，反励变压器（电感）中储存的能量通过另一个绕组传输给负载。

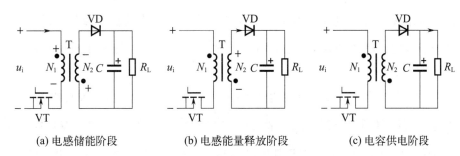

(a) 电感储能阶段　　　(b) 电感能量释放阶段　　　(c) 电容供电阶段

图8-29　隔离型Buck-Boost变换器各阶段电流路径

（3）全桥变换器

图8-30（a）所示为全桥变换器的电路拓扑，开关管VT_1、VT_4的驱动信号相位相同，开关管VT_2、VT_3的驱动信号相位也相同，两组驱动信号相位相差180°，其工作波形如图8-30（b）所示。

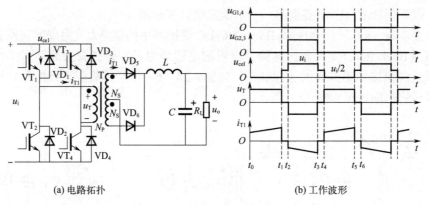

(a) 电路拓扑   (b) 工作波形

图8-30　全桥变换器的电路拓扑及工作波形

假设变压器为理想变压器，变换器在一个开关周期内分为4个工作阶段。假定在开关管 VT_1、VT_4 导通之前，负载电流经二极管 VD_5、VD_6 及变压器副边续流，上半周期两阶段电流路径如图8-31所示。

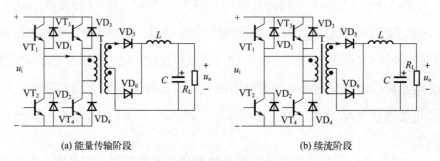

(a) 能量传输阶段   (b) 续流阶段

图8-31　全桥变换器半周期工作过程

工作过程分析如下：

① $t_0 \sim t_1$ 阶段：能量传输阶段，电流路径如图8-31（a）所示。t_0 时刻，给 VT_1、VT_4 加驱动信号，VT_1、VT_4 饱和导通，集电极电流流过原边绕组 N_P，随着 VT_1、VT_4 的导通，原边绕组 N_P 上的电流 I_P 以额定速率逐渐上升，这个电流由负载电流折算值和磁化电流所组成。同时，副边的整流二极管 VD_5 导通，VD_6 关断，电流上升速率由滤波电感 L 确定。

② $t_1 \sim t_2$ 阶段：续流阶段，电流路径如图8-31（b）所示。$VT_1 \sim VT_4$ 均关断，电感 L 中的电流通过变压器副边绕组和二极管 VD_5、VD_6 续流。这时，$VT_1 \sim VT_4$ 均承受 $u_i / 2$ 电压。t_2 时刻，给开关管 VT_2、VT_3 加驱动信号，VT_2、VT_3 饱和导通，电路进入下半周期，下半周期的工作过程与前半周期相同。

如果忽略损耗，输出电压 u_o 为

$$u_o = \frac{u_i \times 2D}{n} = \frac{2u_i t_{on}}{N_P T_s} N_S$$

手把手教你快速
看懂电子电路图

式中，u_i为原边绕组电压；N_P为原边绕组的匝数；N_S为副边绕组的匝数；D为其中一开关管导通的占空比；T_S为工作周期。

8.7 识读AC-AC变换电路

AC-AC变换器是指能把一种形式的交流电变换成另一种形式交流电的电力电子变换装置，它可以改变交流电的电压、频率、相位等。

AC-AC变换技术可分为交流调压和交流变频两个类别。

① 交流调压。交流调压主要是在保持频率不变的前提条件下对输出交流电压的幅度进行控制，进而实现交流电压幅度的调节。

② 交流变频。交流变频即是以输入交流电的频率为控制对象，实现负载所需的不同频率或效率可调的交流电能。

8.7.1 单相相控式交流调压电路

相控式交流调压电路的工作情况和负载性质有很大关系，下面对单相相控式交流调压电路带电阻性负载和电感性负载分别进行分析。

（1）电阻性负载

① 电路结构　图8-32（a）所示电路为电阻性负载时单相相控式交流调压电路。把两个晶闸管反并联（或一个双向晶闸管）串联在交流电路中，通过改变晶闸管的相位来调节输出电压，故这种调压电路称为相控式交流调压电路。

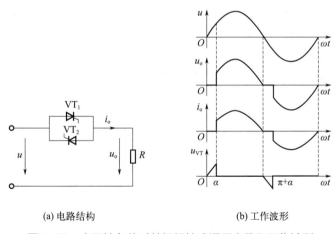

(a) 电路结构　　　　　　(b) 工作波形

图8-32　电阻性负载时单相相控式调压电路和工作波形

② 工作原理　在交流电源的正半周和负半周，分别对VT_1和VT_2的控制角α进行控制，就可以调节输出电压。在正半周时，在$\omega t = \alpha$时刻对VT_1施加触发脉冲，VT_1导通，而VT_2截止，负载电压波形与电源电压波形相同；在负半周时，在$\omega t = \pi + \alpha$时刻对VT_2

施加触发脉冲，VT_2 导通，而 VT_1 截止，负载电压波形与电源电压波形相同。图8-32（b）所示为电阻性负载时单相相控式交流调压电路的工作波形。

③ 参数计算

a. 负载电压的有效值

设电源电压有效值为 U，当晶闸管的控制角为 α 时，负载两端的电压有效值 U_o 为

$$U_o = \sqrt{\frac{1}{\pi} \int_\alpha^\pi (\sqrt{2}U \sin \omega t)^2 \, \mathrm{d}(\omega t)} = U \sqrt{\frac{\sin 2\alpha}{2\pi} + \frac{\pi - \alpha}{\pi}}$$

b. 负载电流的有效值

$$I_o = \frac{U}{R} \sqrt{\frac{\sin 2\alpha}{2\pi} + \frac{\pi - \alpha}{\pi}}$$

c. 流过晶闸管电流的有效值

$$I_{VT} = \sqrt{\frac{1}{2\pi} \int_\alpha^\pi (\frac{\sqrt{2}U \sin \omega t}{R})^2 \, \mathrm{d}(\omega t)} = \frac{U}{R} \sqrt{\frac{1}{2}(1 - \frac{\alpha}{\pi} + \frac{\sin 2\alpha}{2\pi})}$$

d. 功率因数

$$\lambda = \frac{P}{S} = \frac{U_o I_o}{U I_o} = \frac{U_o}{U} = \sqrt{\frac{1}{2\pi} \sin 2\alpha + \frac{\pi - \alpha}{\pi}}$$

α 的移相范围为 $0 \leqslant \alpha \leqslant \pi$，随着 α 的增大，输出电压 U_o 逐渐降低，功率因数 λ 也逐渐降低。

（2）阻感性负载

图8-33（a）所示为阻感性负载电路。由于电感的作用，负载电流滞后于负载电压，也就是说负载电压下降到零，负载电流并未下降到零，晶闸管在电压过零后不关断，直到电感中的能量全部释放完毕，电感（负载）中的电流下降到零，晶闸管才关断。

阻感性负载时的工作波形如图8-33（b）所示。

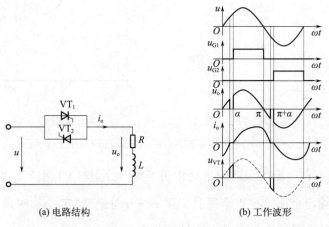

(a) 电路结构　　　(b) 工作波形

图8-33　阻感性负载时单相相控式交流调压电路和工作波形

手把手教你快速
看懂电子电路图

8.7.2 三相相控式交流调压电路

当交流功率调节容量较大时，通常采用三相交流调压电路。三相晶闸管交流调压器主电路有带中线星形、无中线星形、三相二线可控、三相半控等多种联结。其中，三相相控式星形联结的调压器谐波较小，应用广泛，下面以其为例进行分析。

（1）电路结构

星形联结电路可分为三相三线制和三相四线制两种情况。图8-34（a）所示为三相三线制（无中线）的三相交流调压电路。由于没有中线，若要负载通过电流，至少要有两相构成通路，即在三相电路中，至少有一相正向晶闸管与另一相的反向晶闸管同时导通。为了保证在电路工作时能使两个晶闸管同时导通，要求采用大于60°的宽脉冲或双脉冲的触发电路；为保证输出电压对称并有一定的调节范围，除了要求晶闸管的触发信号必须与相应的交流电源相序一致外，各触发信号之间还必须严格地保持一定的相位关系。对图8-34（a）所示的主电路，要求A、B、C三相电路中正向晶闸管 VT_1、VT_3、VT_5 的触发信号相位互差120°，反向晶闸管 VT_4、VT_6、VT_2 的触发信号相位也互差120°，而同一相中反并联的两个正、反向晶闸管的触发脉冲相位应互差180°，即各晶闸管触发脉冲的序列应按 VT_1、VT_2、…、VT_6 的次序，相邻两个晶闸管的触发信号相位互差60°。

（2）工作原理

为使负载上得到全电压，晶闸管应能全导通，因此，应选用电源相应波形的起始点作为控制角 α 的触发时刻。图8-34（b）～（d）所示为交流电源的三相电压 u_2、$\alpha = 0°$ 时各晶闸管的触发信号 u_G 以及各个区段晶闸管导通的情况。例如 $0 \sim \pi/3$ 期间，原来 VT_5、VT_6 已处于导通状态，在 $\omega t = 0$ 时刻给 VT_1 施加触发信号 u_G，则这期间 VT_5、VT_6 和 VT_1 都将导通。当 α 为其他角度时，有时三相均有晶闸管导通，有时只有两相有晶闸管导通。对于前种情况，三相负载星形连接的中点N与三相电源的中点等电位；对于后种情况，导通的两相负载上的电压为其线电压的一半，不导通的负载电压为零。

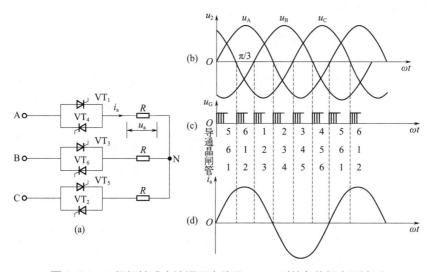

图8-34　三相相控式交流调压电路及 $\alpha = 0°$ 时的负载相电压波形

图8-35所示为三相相控式交流调压电路 $\alpha=30°$ 和 $\alpha=60°$ 时的波形。

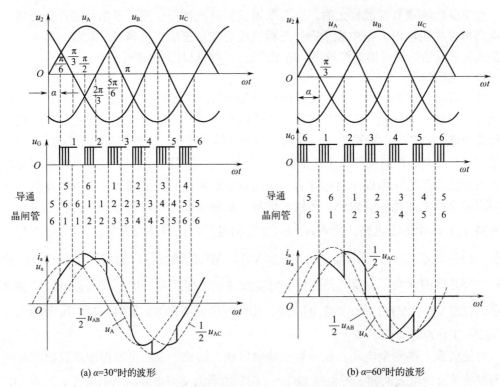

(a) $\alpha=30°$时的波形　　　　　　　　　　(b) $\alpha=60°$时的波形

图8-35　三相相控式交流调压电路不同 α 角时负载相电压波形

由以上分析可以看出，交流调压所得的负载电压与电流波形都不是正弦波，且随着 α 的增大，负载电压相应变小，负载电流开始出现断续。

当负载为感性负载时，交流调压输出的波形及谐波既与 α 有关，也与负载的阻抗角有关，这时负载电流和电压波形也不再同相。

8.7.3　交-交变频电路

交-交变频电路是把电网频率的交流电直接变换成可调频率交流电的变流电路，因为没有中间直流环节，因此属于直接变频电路。交-交变频电路广泛应用于大功率三相交流电动机调速传动系统，实用的主要是三相输出交-交变频电路。交-交变频电路主要有相控式交-交变频电路和矩阵式PWM交-交变频电路，这里主要介绍相控式交-交变频电路。

（1）单相相控式交-交变频电路

图8-36所示为单相相控式交-交变频电路原理图，由两组反并联的晶闸管相控整流器构成。正组（P组）工作时，负载电流 i_o 为正；负组（N组）工作时，i_o 为负。两组整流器按一定的频率交替工作，负载就得到该频率的交流电。改变两组整流器的切换频率，就可以改变输出频率。改变整流器工作时的控制角 α，就可以改变交流输出电压的幅值。

如果在一个周期内控制触发角 α 固定不变，则输出波形近似为矩形波。这种控制方式简单，但输出波形低次谐波分量较大，用于电动机调速时会增加电动机的损耗，降低运行效率，特别是会增大转矩脉动，对电动机的工作很不利。

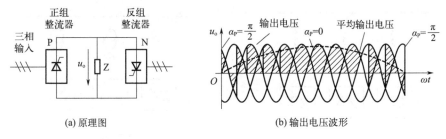

(a) 原理图　　　　　　　　　(b) 输出电压波形

图8-36　单相相控式交-交变频电路原理图及输出电压波形

为了使输出波形近似为正弦波，可以按正弦规律对控制角 α 进行调制。在正组工作的半个周期使 α 按正弦规律从90°逐渐减小到0°，再逐渐增大到90°。那么，正组整流电路的输出电压平均值就按正弦规律变化，即正组整流器在每个控制间隔内的平均输出电压就按正弦规律从零增至最大，再逐渐减小到零，如图8-36（b）中虚线所示。在另外半个周期内，可对负组整流器（N）进行同样的控制，就可以得到接近正弦波的输出电压。

从图8-36（b）的波形图中可以看出，交-交变频电路的输出电压并不是平滑的正弦波，而是由若干段电源电压拼接而成的。在输出电压的一个周期内，所包含的电源电压段数越多，输出电压就越接近正弦波。交-交变频电路中的整流器通常采用三相桥式整流电路，这样，在电源电压的一个周期内，输出电压将由6段电源线电压组成。

交-交变频电路的负载通常为交流电动机，电路中以电阻、电感和交流电动势串联等效交流电动机的单相支路，如图8-37（a）所示。因负载为感性，负载电流滞后电压，所以两组变流装置在一个工作周期内的工作状态会在整流工作状态与逆变状态之间交替变化。如图8-37（b）所示，在第Ⅰ阶段，u_o、i_o 均为正，P组工作在整流状态；第Ⅱ阶段，u_o 为负、i_o 为正，P组工作在逆变状态；第Ⅲ阶段，u_o、i_o 均为负，N组工作在整流状态；第Ⅳ阶段，u_o 为正、i_o 为负，N组工作在逆变状态。

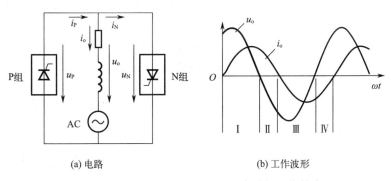

(a) 电路　　　　　　　　　(b) 工作波形

图8-37　单相相控式交-交变频电路的工作状态

（2）三相相控式交-交变频电路

相控式交-交变频电路比较实用的是三相相控式交-交变频电路。三相输出的交-交变频电路是由三组输出电压相位互差120°的单相交-交变频电路组成的，因此单相交-交变频电路的许多分析和结论对三相交-交变频电路也是适用的。

三相交-交变频电路主要有两种接线方式，即公共交流母线进线方式和输出星形联结方式，如图8-38所示。

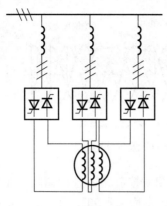

(a) 公共交流母线进线方式

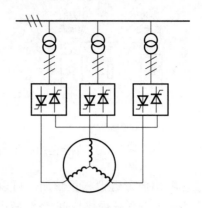

(b) 输出星形联结方式

图8-38　三相交－交变频电路接线方式

① 公共交流母线进线方式　在图8-38（a）所示的公共交流母线进线方式中，电路由三组彼此独立的、输出电压相位互差120°的单相交－交变频电路组成，它们的电源进线通过进线电抗器接在公共的交流母线上。因为电源进线公用，所以三组单相变频电路的输出端必须隔离。为此，交流电动机的三个绕组必须拆开，共引出六根线。这种电路主要适用于中等容量的交流调速系统。

② 输出星形联结方式　在图8-38（b）所示的输出星形联结方式中，三组单相交－交变频电路的输出端星形联结，电动机的三个绕组也是星形联结，电动机中点不和变频器中点接在一起，电动机只引出三根线即可。因为三组单相变频器串接在一起，其电源进线就必须隔离，所以三组单相变频器分别用三个变压器供电。

由于变频器输出端中点不和负载中点相连接，所以在构成三相变频器的六组桥式电路中，至少要有不同相的两组桥中的四个晶闸管同时导通才能构成回路，形成电流。同一组桥内的两个晶闸管靠双脉冲保证同时导通。两组桥之间靠足够的脉冲宽度来保证同时有触发脉冲。每组桥内各晶闸管触发脉冲的间隔约为60°，如果每个脉冲的宽度大于30°，那么无脉冲的间隙时间一定小于30°。这样，如图8-39所示，尽管两组桥脉冲之间的相对位置是任意变化的，但是在每个脉冲持续的时间里，总会在其前部或后部与另一组桥的脉冲重合，使四个晶闸管同时有脉冲，形成导通回路。

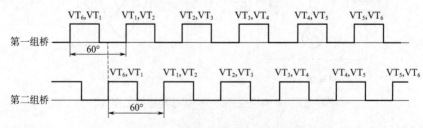

图8-39　两组桥触发脉冲相对位置

手把手教你快速
看懂电子电路图

第 9 章

门电路与组合逻辑电路

数字电路是实现对二进制信号进行各种逻辑运算功能的电路。模拟电路中的工作信号为连续信号，而数字电路中的工作信号是不连续的脉冲信号。

数字电路所关注的是输出与输入之间的逻辑关系。在数字电路中，信号通常采用电位（电平）高低来表示，一般采用正逻辑，即高电平用"1"表示，低电平用"0"表示。

数字电路中最基本的逻辑单元是门电路。门电路可以使输出信号与输入信号之间产生一定的逻辑关系。所谓"门"，就是开关，在一定条件下它能允许信号通过；条件不满足，信号就不通过。因此，门电路是用以实现基本逻辑运算和复合运算的单元电路，又称逻辑门电路。

组合逻辑电路由门电路和由其构成的组合逻辑部件构成，具有某种逻辑功能，是数字电路的重要组成部分。

9.1 认识门电路

最基本的逻辑运算有与逻辑、或逻辑和非逻辑三种。复合逻辑有与非逻辑、或非逻辑、与或非逻辑、异或逻辑等。

常用的逻辑门电路有与门、或门、非门、与非门、或非门、异或门等几种。

9.1.1 与门电路

（1）与逻辑

当所有的输入均为高电平"1"时，输出为高电平"1"；当其中任意一个输入端为低电平"0"时，输出就为低电平"0"。

一个系统如果使用"1"代表逻辑真,"0"代表逻辑假,则称这种逻辑为正逻辑。相反,用"0"代表逻辑真,"1"代表逻辑假,就称为负逻辑。

（2）常见的集成与门电路

74LS系列（低功耗肖特基系列）数字集成电路中,常用的74LS08是2输入四与门,每个门有两个输入端和一个输出端,其封装形式和引脚功能如图9-1所示。

（a）封装形式　　　　　　　　　　（b）引脚功能

图9-1　集成与门74LS08

（3）逻辑符号

根据标准的不同,与门的逻辑符号也不同,最常用的是IEEE推荐的国际标准符号和我国部颁的标准图形符号。图9-2（a）所示为IEEE推荐的与门国际标准符号,图9-2（b）所示为我国部颁的与门标准图形符号。

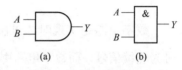

图9-2　与门的逻辑符号

（4）与门的逻辑关系式

与门是实现逻辑乘的电路,其逻辑关系为 $Y = A \cdot B$,"·"表示逻辑乘,常省去。

（5）与门的真值表

将输入变量可能的取值组合及其对应的输出状态列成的表格,称为逻辑状态表或真值表。2输入与门的输入有四种组合:00,01,10,11。但只有当输入端A、B同时输入为"1"时,输出端Y才为"1"。

表9-1所示为2输入与门的真值表。

表9-1　2输入与门真值表

A	B	Y
0	0	0
0	1	0
1	0	0
1	1	1

9.1.2　或门电路

（1）或逻辑

或逻辑是指决定事物的几个条件中,只要有一个或几个条件具备时,结果就会发生。

（2）常见的集成或门电路

常用的74LS32为2输入四或门,其封装形式和引脚功能如图9-3所示。74LS32内部有4个或门,每个或门有2个输入端和1个输出端。

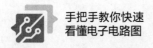

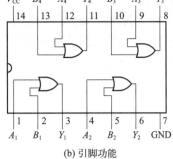

(a) 封装形式 　　　　　　　(b) 引脚功能

图9-3　集成或门74LS32

（3）逻辑符号

图9-4（a）所示为IEEE推荐的或门国际标准符号，图9-4（b）所示为我国部颁的或门标准图形符号。

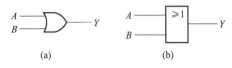

(a) 　　　　　(b)

图9-4　或门的逻辑符号

（4）或门的逻辑关系式

或门的逻辑关系为 $Y = A + B$，"$+$"表示逻辑或。

（5）或门的真值表

或门是实现逻辑或的电路，只要有一个或几个输入端为"1"，输出端就为"1"。而只有当所有输入端为"0"时，输出端才为"0"。2输入或门的输入有四种组合：00，01，10，11。只要输入端 A、B 中至少有一个输入为"1"时，输出端 Y 就为"1"。

表9-2所示为2输入或门的真值表。

表9-2　2输入或门真值表

A	B	Y
0	0	0
0	1	1
1	0	1
1	1	1

9.1.3　非门电路

（1）非逻辑

条件具备时，结果不发生；而条件不具备时，结果却发生了。非门是实现逻辑非功能的电路，即输出始终与输入保持相反。当输入端为低电平"0"时，输出端为高电平"1"；当输入端为高电平"1"时，输出端则为低电平"0"。

（2）常见的集成非门电路

非门又称反相器，常用的非门如74LS05，是集电极开路的六反相器，其封装形式和引脚功能如图9-5所示。

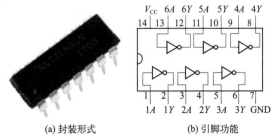

(a) 封装形式 　　　　　　　(b) 引脚功能

图9-5　集成非门74LS05

（3）逻辑符号

图9-6（a）所示为IEEE推荐的非门国际标准符号，图9-6（b）所示为我国部颁的非门标准图形符号。

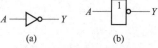

图9-6 非门的逻辑符号

（4）非门的逻辑关系式

非门只有一个输入端，而且输出总是与输入状态相反。非门的逻辑关系为 $Y = \overline{A}$，"$-$"表示逻辑非。

（5）非门的真值表

表9-3所示为非门的真值表。

表9-3 非门真值表

A	Y
0	1
1	0

9.1.4 与非门电路

（1）与非逻辑

逻辑与非函数输出仅在其所有输入均为真时为假，否则输出始终为真。逻辑与非功能是与逻辑功能和非逻辑功能的串联组合。

（2）常见的集成与非门电路

常见的集成与非门电路有74LS00，为2输入四与非门，其封装形式和引脚功能如图9-7所示。74LS00内部有4个与非门，每个与非门有2个输入端和1个输出端。此外，常用的还有3输入三与非门74LS10和4输入双与非门74LS20等。

（3）逻辑符号

图9-8（a）所示为IEEE推荐的与非门国际标准符号，图9-8（b）所示为我国部颁的与非门标准图形符号。

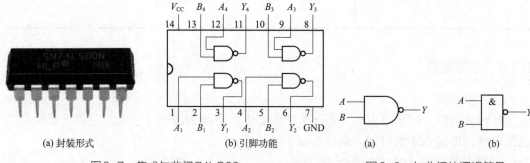

图9-7 集成与非门74LS00

图9-8 与非门的逻辑符号

（4）与非门的逻辑表达式

与非门的逻辑关系为 $Y = \overline{AB}$，其逻辑运算先后关系为：先进行逻辑与运算，再进行逻辑非运算。

（5）与非门的真值表

2输入与非门的真值表与2输入与门相反，如表9-4所示。

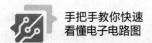

手把手教你快速
看懂电子电路图

表9-4　2输入与非门真值表

A	B	Y
0	0	1
0	1	1
1	0	1
1	1	0

9.1.5　或非门电路

（1）或非逻辑

或非函数输出在其所有输入端中有一个为真时就为假，否则输出为真。逻辑或非功能是或逻辑功能和非逻辑功能的串联组合。

（2）常见的集成或非门电路

常见的集成或非门电路有74LS02，为2输入四或非门，其封装形式和引脚功能如图9-9所示。74LS02内部有4个或非门，每个或非门有2个输入端和1个输出端。

（3）逻辑符号

图9-10（a）所示为IEEE推荐的或非门国际标准符号，图9-10（b）所示为我国部颁的或非门标准图形符号。

 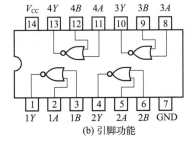 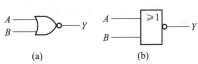

(a) 封装形式　　(b) 引脚功能

图9-9　集成或非门74LS02　　　图9-10　或非门的逻辑符号

（4）或非门的逻辑表达式

或非门的逻辑关系为 $Y = \overline{A+B}$，其逻辑运算先后关系为：先进行逻辑或运算，再进行逻辑非运算。

（5）或非门的真值表

2输入或非门的真值表与2输入的或门相反，如表9-5所示。

表9-5　2输入或非门真值表

A	B	Y
0	0	1
0	1	0
1	0	0
1	1	0

9.1.6　异或门电路

（1）异或逻辑关系

当两个逻辑自变量取值相异时，输出为1；当自变量取值相同时，输出为0。

（2）常见的集成异或门电路

常见的集成异或门电路有74LS136，为2输入四异或门（正逻辑），其封装形式和引脚功能如图9-11所示。

（3）逻辑符号

图9-12（a）所示为IEEE推荐的异或门国际标准符号，图9-12（b）所示为我国部颁的异或门标准图形符号。

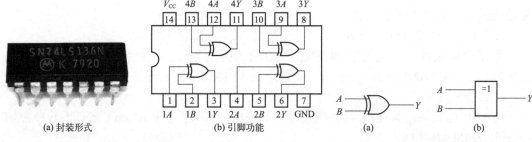

(a) 封装形式　　(b) 引脚功能

图9-11　集成异或门74LS136　　　　图9-12　异或门的逻辑符号

（4）异或门的逻辑表达式

异或门的逻辑表达式为 $Y = A\overline{B} + \overline{A}B = A \oplus B$，"$\oplus$"表示$A$、$B$之间的"异或"运算。

（5）异或门的真值表

表9-6所示为异或门的真值表。

表9-6　2输入异或门真值表

A	B	Y
0	0	0
0	1	1
1	0	1
1	1	0

9.2　识读组合逻辑部件

在数字系统，尤其是计算机的数字系统中，常用的组合逻辑部件有编码器、译码器、加法器、数据分配器、数据选择器、数值比较器等。

9.2.1　编码器

将具有特定意义的信息编成相应二进制代码的过程称为编码。能实现编码功能的电

手把手教你快速
看懂电子电路图

路称为编码器。1位二进制代码有0和1两种，可以表示两个信号。对于一般编码器，n位二进制代码有 2^n 种组合，可以表示 2^n 个信号。如编码器有8个输入端、3个输出端，称为8线-3线编码器；如有10个输入端4个输出端，称为10线-4线编码器。其余依次类推。

下面以常用的优先编码器为例进行介绍。在优先编码器中，电路只对其中一个优先级别最高的信号进行编码。

（1）集成8线-3线优先编码器74LS148

集成8线-3线优先编码器74LS148的封装形式和逻辑符号如图9-13所示。优先编码器74LS148的 $\overline{I_0} \sim \overline{I_7}$ 为编码信号输入端，低电平有效；$\overline{Y_2} \sim \overline{Y_0}$ 为输出端，输出为3位二进制代码的反码；$\overline{EI}$ 为使能输入端，低电平有效；$\overline{GS}$ 为扩展输出端，低电平有效；$\overline{EO}$ 为输出选通端。

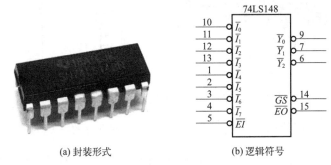

(a) 封装形式　　　(b) 逻辑符号

图9-13　74LS148的封装形式和逻辑符号

74LS148的逻辑功能表如表9-7所示。从表中可以看出：

① $\overline{EI}$ 为低电平时，芯片才能工作；

② $\overline{I_7}$ 优先级最高，$\overline{I_0}$ 的优先级最低，且低电平为有效输入；

③ 输出 $\overline{Y_2} \sim \overline{Y_0}$ 为二进制代码的反码，遵循8421BCD码的规律；

④ 输入端 $\overline{I_0} \sim \overline{I_7}$ 至少有一个为低电平，$\overline{GS}$ 输出就为低电平。

表9-7　74LS148的逻辑功能表

输入									输出				
$\overline{EI}$	$\overline{I_0}$	$\overline{I_1}$	$\overline{I_2}$	$\overline{I_3}$	$\overline{I_4}$	$\overline{I_5}$	$\overline{I_6}$	$\overline{I_7}$	$\overline{Y_2}$	$\overline{Y_1}$	$\overline{Y_0}$	$\overline{GS}$	$\overline{EO}$
1	×	×	×	×	×	×	×	×	1	1	1	1	1
0	1	1	1	1	1	1	1	1	1	1	1	1	0
0	×	×	×	×	×	×	×	0	0	0	0	0	1
0	×	×	×	×	×	×	0	1	0	0	1	0	1
0	×	×	×	×	×	0	1	1	0	1	0	0	1
0	×	×	×	×	0	1	1	1	0	1	1	0	1
0	×	×	×	0	1	1	1	1	1	0	0	0	1
0	×	×	0	1	1	1	1	1	1	0	1	0	1

输入									输出				
$\overline{EI}$	$\overline{I_0}$	$\overline{I_1}$	$\overline{I_2}$	$\overline{I_3}$	$\overline{I_4}$	$\overline{I_5}$	$\overline{I_6}$	$\overline{I_7}$	$\overline{Y_2}$	$\overline{Y_1}$	$\overline{Y_0}$	$\overline{GS}$	$\overline{EO}$
0	×	0	1	1	1	1	1	1	1	1	0	0	1
0	0	1	1	1	1	1	1	1	1	1	1	0	1

（2）集成10线-4线优先编码器74LS147

10线-4线优先编码器又称为二-十进制优先编码器，其封装形式和逻辑符号如图9-14所示。

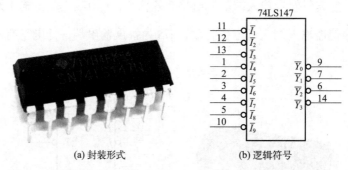

(a) 封装形式　　　　(b) 逻辑符号

图9-14　74LS147的封装形式和逻辑符号

74LS147有9个编码信号输入端$\overline{I_1}$～$\overline{I_9}$，输入低电平0有效，这时表示有编码请求。在$\overline{I_1}$～$\overline{I_9}$中，$\overline{I_9}$的优先权最高，$\overline{I_8}$次之，$\overline{I_1}$的级别最低。4个输出端$\overline{Y_3}$～$\overline{Y_0}$，输出为8421BCD码的反码，对应于0~9十个十进制数码。74LS147的逻辑功能表如表9-8所示。

表9-8　74LS147的逻辑功能表

输入									输出			
$\overline{I_9}$	$\overline{I_8}$	$\overline{I_7}$	$\overline{I_6}$	$\overline{I_5}$	$\overline{I_4}$	$\overline{I_3}$	$\overline{I_2}$	$\overline{I_1}$	$\overline{Y_3}$	$\overline{Y_2}$	$\overline{Y_1}$	$\overline{Y_0}$
1	1	1	1	1	1	1	1	1	1	1	1	1
0	×	×	×	×	×	×	×	×	0	1	1	0
1	0	×	×	×	×	×	×	×	0	1	1	1
1	1	0	×	×	×	×	×	×	1	0	0	0
1	1	1	0	×	×	×	×	×	1	0	0	1
1	1	1	1	0	×	×	×	×	1	0	1	0
1	1	1	1	1	0	×	×	×	1	0	1	1
1	1	1	1	1	1	0	×	×	1	1	0	0
1	1	1	1	1	1	1	0	×	1	1	0	1
1	1	1	1	1	1	1	1	0	1	1	1	0

表9-8中没有$\overline{I_0}$，这是因为当$\overline{I_1}$～$\overline{I_9}$都为高电平1时，输出$\overline{Y_3}\,\overline{Y_2}\,\overline{Y_1}\,\overline{Y_0}$ =1111，其反码为0000，相当于输入$\overline{I_0}$。因此，在其逻辑符号和功能表中没有输入端$\overline{I_0}$。

9.2.2　译码器

译码是编码的逆过程。将具有特定意义的二进制代码转换成相应信号输出的过程称为译

 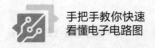

码。实现译码功能的电路称为译码器。译码器的输入为二进制代码，输出为对应输入二进制代码的特定信号。常用的译码器主要有二进制译码器、二-十进制译码器和显示译码器。

（1）二进制译码器

将输入二进制代码的各种组合按其原意转换成对应信号输出的逻辑电路称为二进制译码器。典型的二进制译码器有2线-4线译码器和3线-8线译码器。常用的集成3线-8线译码器有CMOS系列（如74HC138）和TTL系列（如74LS138），两者在逻辑功能上没有区别，只是电性能参数不同。

图9-15（a）所示为3线-8线译码器74HC138内部的逻辑图，图9-15（b）所示为74HC138的逻辑符号。该译码器有3位二进制输入A_2、A_1、A_0，它们共有8种组合状态，即可译出8个输出信号$\overline{Y_0} \sim \overline{Y_7}$，输出为低电平有效。此外，还设置了3个使能输入端$E_3$、$\overline{E_2}$和$\overline{E_1}$，并且$E = E_3\overline{\overline{E_2}\,\overline{E_1}}$，为扩展电路的功能提供方便。

当$E_3 = 1$，且$\overline{E_2} = \overline{E_1} = 0$时，$E = 1$，译码器工作，输出$\overline{Y_0} \sim \overline{Y_7}$的低电平由$A_2$、$A_1$、$A_0$输入的信号控制。由图9-15（a）所示的逻辑图可写出

$$\left.\begin{aligned}
\overline{Y_0} &= \overline{\overline{A_2}\,\overline{A_1}\,\overline{A_0}} = \overline{m}_0 \\
\overline{Y_1} &= \overline{\overline{A_2}\,\overline{A_1}A_0} = \overline{m}_1 \\
\overline{Y_2} &= \overline{\overline{A_2}A_1\overline{A_0}} = \overline{m}_2 \\
\overline{Y_3} &= \overline{\overline{A_2}A_1A_0} = \overline{m}_3 \\
\overline{Y_4} &= \overline{A_2\overline{A_1}\,\overline{A_0}} = \overline{m}_4 \\
\overline{Y_5} &= \overline{A_2\overline{A_1}A_0} = \overline{m}_5 \\
\overline{Y_6} &= \overline{A_2A_1\overline{A_0}} = \overline{m}_6 \\
\overline{Y_7} &= \overline{A_2A_1A_0} = \overline{m}_7
\end{aligned}\right\} \tag{9-1}$$

译码器的输出为8个最小项的反函数，为8个与非表达式。

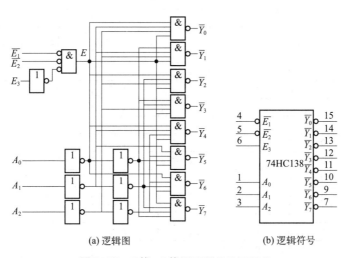

(a) 逻辑图　　　(b) 逻辑符号

图9-15　3线-8线译码器74HC138

根据式（9-1），可列出3线-8线译码器74HC138的逻辑功能表，如表9-9所示。

表9-9　3线-8线译码器74HC138逻辑功能表

输入						输出							
E_3	$\overline{E_2}$	$\overline{E_1}$	A_2	A_1	A_0	$\overline{Y_0}$	$\overline{Y_1}$	$\overline{Y_2}$	$\overline{Y_3}$	$\overline{Y_4}$	$\overline{Y_5}$	$\overline{Y_6}$	$\overline{Y_7}$
×	1	×	×	×	×	1	1	1	1	1	1	1	1
×	×	1	×	×	×	1	1	1	1	1	1	1	1
0	×	×	×	×	×	1	1	1	1	1	1	1	1
1	0	0	0	0	0	0	1	1	1	1	1	1	1
1	0	0	0	0	1	1	0	1	1	1	1	1	1
1	0	0	0	1	0	1	1	0	1	1	1	1	1
1	0	0	0	1	1	1	1	1	0	1	1	1	1
1	0	0	1	0	0	1	1	1	1	0	1	1	1
1	0	0	1	0	1	1	1	1	1	1	0	1	1
1	0	0	1	1	0	1	1	1	1	1	1	0	1
1	0	0	1	1	1	1	1	1	1	1	1	1	0

（2）二 - 十进制译码器

将输入8421BCD码的10个代码翻译成0~9十个高低电平信号的逻辑电路称为二 - 十进制译码器。

图9-16所示为4线-10线译码器CT74LS42的逻辑符号。图中，$A_3 \sim A_0$为输入端，$\overline{Y_0} \sim \overline{Y_9}$为输出端，输出低电平有效。

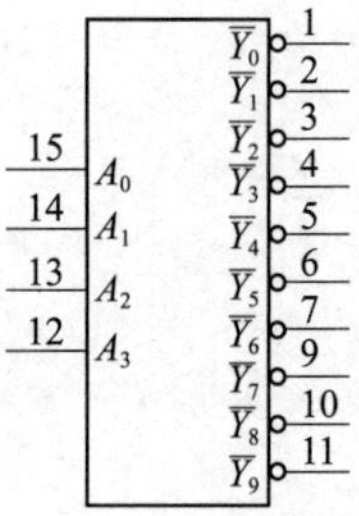

CT74LS42的逻辑功能表如表9-10所示。

图9-16　CT74LS42的逻辑符号

表9-10　4线-10线译码器CT74LS42的逻辑功能表

序号		输入				输出									
		A_3	A_2	A_1	A_0	$\overline{Y_0}$	$\overline{Y_1}$	$\overline{Y_2}$	$\overline{Y_3}$	$\overline{Y_4}$	$\overline{Y_5}$	$\overline{Y_6}$	$\overline{Y_7}$	$\overline{Y_8}$	$\overline{Y_9}$
0		0	0	0	0	0	1	1	1	1	1	1	1	1	1
1		0	0	0	1	1	0	1	1	1	1	1	1	1	1
2		0	0	1	0	1	1	0	1	1	1	1	1	1	1
3		0	0	1	1	1	1	1	0	1	1	1	1	1	1
4		0	1	0	0	1	1	1	1	0	1	1	1	1	1
5		0	1	0	1	1	1	1	1	1	0	1	1	1	1
6		0	1	1	0	1	1	1	1	1	1	0	1	1	1
7		0	1	1	1	1	1	1	1	1	1	1	0	1	1
8		1	0	0	0	1	1	1	1	1	1	1	1	0	1
9		1	0	0	1	1	1	1	1	1	1	1	1	1	0
伪码	10	1	0	1	0	1	1	1	1	1	1	1	1	1	1
	11	1	0	1	1	1	1	1	1	1	1	1	1	1	1
	12	1	1	0	0	1	1	1	1	1	1	1	1	1	1
	13	1	1	0	1	1	1	1	1	1	1	1	1	1	1
	14	1	1	1	0	1	1	1	1	1	1	1	1	1	1
	15	1	1	1	1	1	1	1	1	1	1	1	1	1	1

手把手教你快速
看懂电子电路图

由表9-10可知，$A_3A_2A_1A_0$输入的为8421BCD码，只用到二进制代码的前十种组合0000~1001表示0~9十个十进制数，而后六种组合1010~1111没有用，为伪码。当输入伪码时，输出均为高电平1，$\overline{Y_0} \sim \overline{Y_9}$不会出现低电平0。因此，译码器不会出现误译码。

根据表9-10可写出CT74LS42的输出逻辑函数的表达式

$$\left.\begin{aligned}
\overline{Y_0} &= \overline{\overline{A_3}\,\overline{A_2}\,\overline{A_1}\,\overline{A_0}} = \overline{m}_0 \\
\overline{Y_1} &= \overline{\overline{A_3}\,\overline{A_2}\,\overline{A_1}\,A_0} = \overline{m}_1 \\
\overline{Y_2} &= \overline{\overline{A_3}\,\overline{A_2}\,A_1\,\overline{A_0}} = \overline{m}_2 \\
\overline{Y_3} &= \overline{\overline{A_3}\,\overline{A_2}\,A_1\,A_0} = \overline{m}_3 \\
\overline{Y_4} &= \overline{\overline{A_3}\,A_2\,\overline{A_1}\,\overline{A_0}} = \overline{m}_4 \\
\overline{Y_5} &= \overline{\overline{A_3}\,A_2\,\overline{A_1}\,A_0} = \overline{m}_5 \\
\overline{Y_6} &= \overline{\overline{A_3}\,A_2\,A_1\,\overline{A_0}} = \overline{m}_6 \\
\overline{Y_7} &= \overline{\overline{A_3}\,A_2\,A_1\,A_0} = \overline{m}_7 \\
\overline{Y_8} &= \overline{A_3\,\overline{A_2}\,\overline{A_1}\,\overline{A_0}} = \overline{m}_8 \\
\overline{Y_9} &= \overline{A_3\,\overline{A_2}\,\overline{A_1}\,A_0} = \overline{m}_9
\end{aligned}\right\} \tag{9-2}$$

为提高电路的工作可靠性，式（9-2）没有进行化简，而采用了全译码。因此，每个译码输出与非门有4个输入端。当译码器输入$A_3A_2A_1A_0$出现1010~1111任一组伪码时，$\overline{Y_0} \sim \overline{Y_9}$都输出1，而不会出现0。

如CT74LS42的输出$\overline{Y_8}$和$\overline{Y_9}$不用，并将A_3作使能端，则CT74LS42可作3线-8线译码器使用。

（3）显示译码器

在数字测量仪表或其他数字设备中，常常将测量或运算结果用数字、文字或符号显示出来。因此，显示译码器和显示器是数字设备不可缺少的组成部分。显示器的显示方法主要有分段式、点阵式和字形重叠式三种。显示译码器主要由译码器和驱动器两部分组成，通常将两者集成在一块芯片上，显示译码器输入的一般为二-十进制代码，输出的信号用以驱动显示器。

① 七段半导体数码显示器　半导体数码显示器的基本单元是发光二极管（LED），它将十进制数码分成七个字段，每段为一发光二极管。选择不同字段发光，可显示出0~9阿拉伯数字，有些数码显示器增加了一段，p为小数点，如图9-17所示。

半导体数码显示器中发光二极管有共阴极和共阳极两种接法，如图9-18所示。前者，某一字段接高电平时发光；后者，接低电平时发光。使用时每个管要串接限流电阻。

(a) 数码显示器

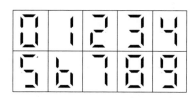

(b) 段组合数字

图9-17　七段半导体数码显示器和显示的数字

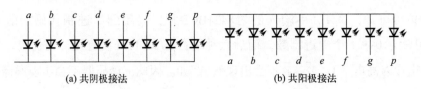

(a) 共阴极接法　　　　　　　　(b) 共阳极接法

图9-18　半导体数码显示器的内部接法

② 七段显示译码器　七段显示译码器的功能是把二-十进制BCD码译成对应于数码管的七个字段信号，驱动数码管，显示出相应的十进制数码。常用的七段显示译码器有两类：一类是输出高电平有效信号，用来驱动共阴极数码管；另一类输出低电平有效信号，用来驱动共阳极数码管。如74LS247型译码器输出低电平有效信号，以驱动共阳极数码管，74LS248型译码器输出高电平有效信号，以驱动共阴极数码管。两者的输出状态相反。

图9-19所示是74LS247型显示译码器的引脚排列图，它有四个输入端A_3、A_2、A_1、A_0，七个输出端$\bar{a}\sim\bar{g}$（低电平有效），后接数码管七段。此外，还有三个输入控制端，其功能如下。

a.试灯测试端$\overline{LT}$。用来检验数码管的七段能否正常工作。当$\overline{BI}=1$、$\overline{LT}=0$时，无论输入A_3、A_2、A_1、A_0为何状态，输出$\bar{a}\sim\bar{g}$均为0，数码管七段全亮，显示数字"8"。

b.灭灯输入端$\overline{BI}$。当$\overline{BI}=0$时，无论其他输入信号为何状态，输出$\bar{a}\sim\bar{g}$均为1，数码管七段全灭，无显示。

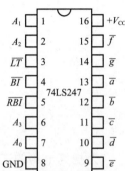

图9-19　74LS247型显示译码器的引脚排列

c.灭0输入端$\overline{RBI}$。当$\overline{LT}=1$、$\overline{BI}=1$、$\overline{RBI}=0$时，只有当$A_3A_2A_1A_0=0000$时，输出$\bar{a}\sim\bar{g}$均为1，不显示"0"；这时，如果$\overline{RBI}=1$，则译码器正常输出，显示"0"。当$A_3A_2A_1A_0$为其他组合时，不论$\overline{RBI}$为0或1，译码器均可正常输出。此输入控制信号用来消除无效0。

上述三个输入控制端均为低电平有效，在正常工作时均接高电平。

74LS247型七段显示译码器的逻辑功能表如表9-11所示。

表9-11　74LS247型七段显示译码器的逻辑功能表

功能和十进制数	输入							输出							显示
	$\overline{LT}$	$\overline{RBI}$	$\overline{BI}$	A_3	A_2	A_1	A_0	$\bar{a}$	$\bar{b}$	$\bar{c}$	$\bar{d}$	$\bar{e}$	$\bar{f}$	$\bar{g}$	
试灯	0	×	1	×	×	×	×	0	0	0	0	0	0	0	8
灭灯	×	×	0	×	×	×	×	1	1	1	1	1	1	1	全灭
灭0	1	0	1	0	0	0	0	1	1	1	1	1	1	1	灭0
0	1	1	1	0	0	0	0	0	0	0	0	0	0	1	0
1	1	×	1	0	0	0	1	1	0	0	1	1	1	1	1
2	1	×	1	0	0	1	0	0	0	1	0	0	1	0	2
3	1	×	1	0	0	1	1	0	0	0	0	1	1	0	3

功能和十进制数	输入							输出							显示
	$\overline{LT}$	$\overline{RBI}$	$\overline{BI}$	A_3	A_2	A_1	A_0	$\overline{a}$	$\overline{b}$	$\overline{c}$	$\overline{d}$	$\overline{e}$	$\overline{f}$	$\overline{g}$	
4	1	×	1	0	1	0	0	1	0	0	1	1	0	0	4
5	1	×	1	0	1	0	1	0	1	0	0	1	0	0	5
6	1	×	1	0	1	1	0	0	1	0	0	0	0	0	6
7	1	×	1	0	1	1	1	0	0	0	1	1	1	1	7
8	1	×	1	1	0	0	0	0	0	0	0	0	0	0	8
9	1	×	1	1	0	0	1	0	0	0	0	1	0	0	9

图9-20所示为74LS247型译码器和共阳极半导体数码管的连接图。要求译码器的每个输出端有较强的带灌电流负载的能力。

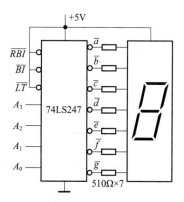

图9-20　七段译码器与共阳极数码管的连接图

9.2.3　加法器

算术运算是数字系统的基本功能，更是计算机中不可缺少的组成单元。二进制数的加、减、乘、除往往是转换为加法进行的。

半加器和全加器是算术运算电路中的基本单元，它们是完成1位二进制数相加的逻辑电路。

（1）半加器

如果只考虑两个加数本身，而不考虑低位进位的加法运算称为半加。实现半加运算的逻辑电路称为半加器。

图9-21（a）所示为半加器的逻辑图，由一个异或门和一个与门组成，是一种组合逻辑电路，图9-21（b）所示为半加器的逻辑符号。

图9-21中，A 和 B 是相加的两个数，S 是半加和，$S = A\overline{B} + \overline{A}B = A \oplus B$；$C$ 是进位数，$C = AB$。

半加器的逻辑状态表如表9-12所示。

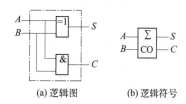

（a）逻辑图　　（b）逻辑符号

图9-21　半加器的逻辑图和逻辑符号

表9-12　半加器的逻辑状态表

输 入		输 出	
A	B	S	C
0	0	0	0
0	1	1	0
1	0	1	0
1	1	0	1

（2）全加器

全加器能进行被加数、加数和来自低位的进位信号相加，并根据求和结果给出该位的进位信号。

图9-22所示为全加器的逻辑图和逻辑符号。A_i和B_i分别是同位相加的被加数及加数；C_{i-1}是低位进位数；S是本位和数，称为全加和；C_i是进位数。

由图9-22（a）所示的逻辑图可得到：

$$\left.\begin{array}{l} S = A_i \oplus B_i \oplus C_{i-1} \\ C_i = A_i B_i + (A_i \oplus B_i)\ C_{i-1} \end{array}\right\} \quad (9-3)$$

由式（9-3）可看出，利用两个半加器和一个或门也可以实现全加器，如图9-23所示。

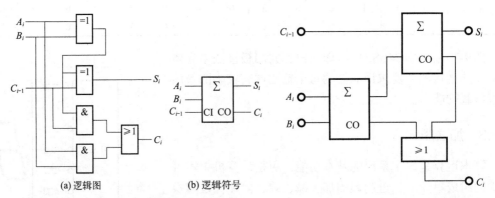

| (a) 逻辑图 | (b) 逻辑符号 |

图9-22 全加器的逻辑图和逻辑符号   图9-23 利用半加器实现全加器

表9-13所示为全加器的逻辑状态表。

表9-13 全加器的逻辑状态表

输 入			输 出	
A_i	B_i	C_{i-1}	S	C_i
0	0	0	0	0
0	0	1	1	0
0	1	0	1	0
0	1	1	0	1
1	0	0	1	0
1	0	1	0	1
1	1	0	0	1
1	1	1	1	1

9.2.4 数据分配器

数据分配是将公共数据线上的数据根据需要送到不同的通道上，可实现数据分配功能的逻辑电路称为数据分配器，又称多路分配器，它的作用相当于多个输出的单刀多掷开关，其示意图如图9-24所示。

数据分配器可以用带有使能端的二进制译码器实现。如用3线-8线译码器可以把1个数据信号分配到8个不同的通道上去。图9-25所示为由3线-8线译码器

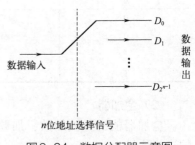

图9-24 数据分配器示意图

手把手教你快速
看懂电子电路图

74HC138构成的1路-8路数据分配器。将$\overline{E}_2$接低电平，E_3作为使能端，A_2、A_1和A_0作为选择通道地址输入，$\overline{E}_1$作为数据输入。例如，当$E_3=1$，$A_2A_1A_0=010$时，由功能表9-9可得$\overline{Y}_2$的逻辑表达式

$$\overline{Y}_2 = \overline{(E_3\overline{\overline{E}_2}\,\overline{\overline{E}_1})\overline{A}_2 A_1 \overline{A}_0} = \overline{E}_1$$

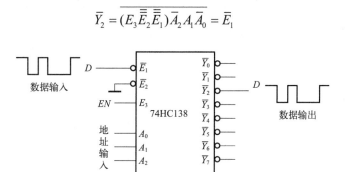

图9-25 3线-8线译码器用作数据分配器

而其余输出端均为高电平。因此，当地址$A_2A_1A_0=010$时，只有输出端$\overline{Y}_2$得到与输入相同的数据波形。改变$A_2A_1A_0$的取值可以将数据送到不同的输出端。

数据分配器的用途比较多，比如用它将一台PC与多台外部设备连接，将计算机的数据分送到外部设备中。它还可以与计数器结合组成脉冲分配器，用它与数据选择器连接组成分时数据传送系统。

9.2.5 数据选择器

数据选择器的功能和数据分配器正好相反，它是把数据中的某一路数据传送到公共数据线上，实现数据选择的逻辑功能电路，其作用相当于多个输入的单刀多掷开关，其示意图如图9-26所示。

在数据选择器中，通常用地址信号来完成数据输出的任务。如一个4选1的数据选择器须有2位地址信号输入端，它共有$2^2=4$种不同组合，每一种组合可选择对应的一路数据输出。再如8选1的数据选择器应有3位地址信号输入端。其余以此类推。

图9-27所示为8选1数据选择器CC74HCT151的逻辑符号。图中，$D_0 \sim D_7$为数据输

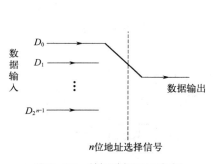

图9-26 数据选择器示意图

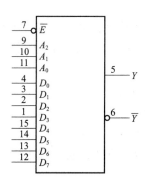

图9-27 8选1数据选择器CC74HCT151的逻辑符号

入端，A_2、A_1、A_0为共用地址信号输入端，Y和$\overline{Y}$为互补输出端，$\overline{E}$为使能端，低电平有效，其逻辑功能表见表9-14。

表9-14　8选1数据选择器CC74HCT151的逻辑功能表

输入				输出	
$\overline{E}$	A_2	A_1	A_0	Y	$\overline{Y}$
1	×	×	×	0	1
0	0	0	0	D_0	$\overline{D_0}$
0	0	0	1	D_1	$\overline{D_1}$
0	0	1	0	D_2	$\overline{D_2}$
0	0	1	1	D_3	$\overline{D_3}$
0	1	0	0	D_4	$\overline{D_4}$
0	1	0	1	D_5	$\overline{D_5}$
0	1	1	0	D_6	$\overline{D_6}$
0	1	1	1	D_7	$\overline{D_7}$

根据表9-14，写出输出 Y 的逻辑函数式为：

$$Y = (\overline{A_2}\,\overline{A_1}\,\overline{A_0}D_0 + \overline{A_2}\,\overline{A_1}A_0D_1 + \overline{A_2}A_1\overline{A_0}D_2 + \overline{A_2}A_1A_0D_3 + A_2\overline{A_1}\,\overline{A_0}D_4 + A_2\overline{A_1}A_0D_5 +$$
$$A_2A_1\overline{A_0}D_6 + A_2A_1A_0D_7)\overline{\overline{E}}$$

当 $\overline{E}=1$ 时，输出 $Y=0$，数据选择器不工作，输入的数据和地址信号均不起作用；

当 $\overline{E}=0$ 时，数据选择器工作，输出 Y 的逻辑函数式为：

$$Y = \overline{A_2}\,\overline{A_1}\,\overline{A_0}D_0 + \overline{A_2}\,\overline{A_1}A_0D_1 + \overline{A_2}A_1\overline{A_0}D_2 + \overline{A_2}A_1A_0D_3 + A_2\overline{A_1}\,\overline{A_0}D_4 + A_2\overline{A_1}A_0D_5 +$$
$$A_2A_1\overline{A_0}D_6 + A_2A_1A_0D_7$$

9.2.6　数值比较器

在数字系统中，特别是在计算机系统中常需要对两个数的大小进行比较。数值比较器是用来对两个二进制数 A、B 进行比较的逻辑电路，比较结果有 $A>B$、$A<B$ 和 $A=B$ 三种情况。

（1）1位数值比较器

1位数值比较器是组成多位数值比较器的基础，其逻辑图如图9-28所示。

由图9-28可得到1位数值比较器的逻辑功能表，如表9-15所示。

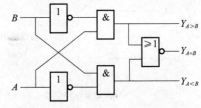

图9-28　1位数值比较器逻辑图

**手把手教你快速
看懂电子电路图**

表9-15　1位数值比较器的逻辑功能表

输入		输出		
A	B	$Y_{(A>B)}$	$Y_{(A<B)}$	$Y_{(A=B)}$
0	0	0	0	1
0	1	0	1	0
1	0	1	0	0
1	1	0	0	1

根据表9-15可写出输出逻辑表达式：

$$Y_{A>B} = A\overline{B}$$
$$Y_{A<B} = \overline{A}B$$
$$Y_{A=B} = \overline{AB} + AB$$

（2）2位数值比较器

2位数值比较器可以比较两位二进制数 A_1A_0 和 B_1B_0，用 $Y_{A>B}$、$Y_{A<B}$ 和 $Y_{A=B}$ 表示比较结果，其逻辑图如图9-29所示。当高位（A_1、B_1）不相等时，无须比较低位（A_0、B_0），高位比较结果就是两个数的比较结果；当高位相等时，两数的比较结果由低位比较的结果决定。

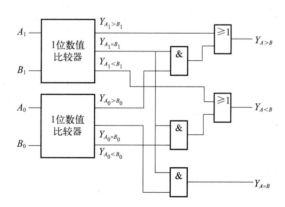

图9-29　2位数值比较器逻辑图

利用1位数值的比较结果，可列出简化的逻辑功能表，如表9-16所示。

表9-16　2位数值比较器的逻辑功能表

输入		输出		
A_1　B_1	A_0　B_0	$Y_{A>B}$	$Y_{A<B}$	$Y_{A=B}$
$A_1>B_1$	$\times$	1	0	0
$A_1<B_1$	$\times$	0	1	0
$A_1=B_1$	$A_0>B_0$	1	0	0
$A_1=B_1$	$A_0<B_0$	0	1	0
$A_1=B_1$	$A_0=B_0$	0	0	1

由表9-16可写出2位数值比较器的逻辑表达式：

$$Y_{A>B} = Y_{A_1>B_1} + Y_{A_1=B_1} \cdot Y_{A_0>B_0} = A_1\overline{B}_1 + (\overline{A}_1\overline{B}_1 + A_1B_1)A_0\overline{B}_0$$

$$Y_{A<B} = Y_{A_1<B_1} + Y_{A_1=B_1} \cdot Y_{A_0<B_0} = \overline{A}_1B_1 + (\overline{A}_1\overline{B}_1 + A_1B_1)\overline{A}_0B_0$$

$$Y_{A=B} = Y_{A_1=B_1} \cdot Y_{A_0=B_0}$$

（3）多位数值比较器

常用的多位数值比较器有4位数值比较器、8位数值比较器等。

4位数值比较器是对两个4位二进制数 $A_3A_2A_1A_0$ 与 $B_3B_2B_1B_0$ 进行比较，比较原理与2位数值比较器的相同。图9-30所示为集成4位数值比较器CT74LS85的逻辑符号。图中，A_3、A_2、A_1、A_0 和 B_3、B_2、B_1、B_0 为两组相比较的4位二进制数的输入端；$I_{A>B}$、$I_{A=B}$ 和 $I_{A<B}$ 为级联输入端；$Y_{A>B}$、$Y_{A=B}$ 和 $Y_{A<B}$ 为比较结果输出端。

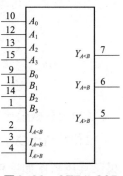

图9-30 CT74LS85
的逻辑符号

CT74LS85的逻辑功能表如表9-17所示。

表9-17 4位数值比较器CT74LS85的逻辑功能表

比较输入				级联输入			输出		
A_3B_3	A_2B_2	A_1B_1	A_0B_0	$I_{A>B}$	$I_{A<B}$	$I_{A=B}$	$Y_{A>B}$	$Y_{A<B}$	$Y_{A=B}$
$A_3>B_3$	×	×	×	×	×	×	1	0	0
$A_3<B_3$	×	×	×	×	×	×	0	1	0
$A_3=B_3$	$A_2>B_2$	×	×	×	×	×	1	0	0
$A_3=B_3$	$A_2<B_2$	×	×	×	×	×	0	1	0
$A_3=B_3$	$A_2=B_2$	$A_1>B_1$	×	×	×	×	1	0	0
$A_3=B_3$	$A_2=B_2$	$A_1<B_1$	×	×	×	×	0	1	0
$A_3=B_3$	$A_2=B_2$	$A_1=B_1$	$A_0>B_0$	×	×	×	1	0	0
$A_3=B_3$	$A_2=B_2$	$A_1=B_1$	$A_0<B_0$	×	×	×	0	1	0
$A_3=B_3$	$A_2=B_2$	$A_1=B_1$	$A_0=B_0$	1	0	0	1	0	0
$A_3=B_3$	$A_2=B_2$	$A_1=B_1$	$A_0=B_0$	0	1	0	0	1	0
$A_3=B_3$	$A_2=B_2$	$A_1=B_1$	$A_0=B_0$	0	0	1	0	0	1

由功能表可以看出，如只对两个4位二进制数进行比较时，由于没有来自低位的比较信号输入，故取 $I_{A>B} = I_{A<B} = 0$、$I_{A=B} = 1$。

利用数值比较器的级联输入端可方便地构成位数更多的数值比较器。数值比较器的扩展有串联和并联两种方式。图9-31所示为利用2个4位数值比较器串联构成的8位数值比较器。

手把手教你快速
看懂电子电路图

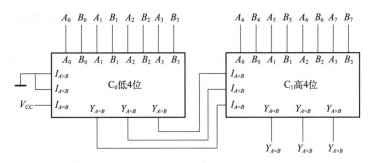

图9-31　串联方式扩展数值比较器的位数

对于两个8位二进制数，若高4位相同，它们的大小则由低4位的比较结果确定。因此，低4位的比较结果应作为高4位的条件，即低4位比较器的输出端应分别与高4位比较器的 $I_{A>B}$、$I_{A<B}$ 和 $I_{A=B}$ 端连接。

9.3　识读组合逻辑典型应用电路

9.3.1　两地控制一灯电路

图9-32所示是在 A、B 两地控制一个照明灯的电路。

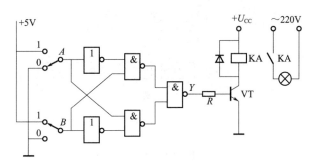

图9-32　两地控制一灯电路

由图9-32可得到输出逻辑式：

$$Y = \overline{\overline{\overline{AB}} \cdot \overline{\overline{AB}}}$$

由逻辑式可列出其逻辑状态表，如表9-18所示。

表9-18　两地控制一灯电路的逻辑状态表

开关		输出	照明灯
A	B	Y	
0	0	0	灭
0	1	1	亮
1	0	1	亮
1	1	0	灭

当输出 Y=1 时，晶体管 VT 导通，接触器 KA 主线圈通电，其辅助触点闭合，灯亮，反之则灭。

两地控制一灯电路可利用一片 74LS20 型 4 输入双与非门和一片 74LS00 型 2 输入四与非门实现，如图 9-33 所示。

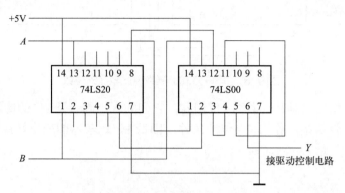

图 9-33　两地控制一灯实现电路

9.3.2　由 3 线 -8 线译码器 74LS138 实现的交通信号灯状态监测电路

交通信号灯有红灯、黄灯、绿灯三种，正常工作时只能有其中一个灯亮，其余状态均为故障，如图 9-34 所示。

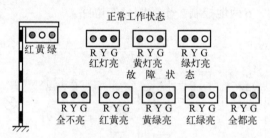

图 9-34　交通信号灯正常工作状态和故障状态

设红灯、黄灯、绿灯分别用 R、Y 和 G 表示，灯亮时为 1，不亮为 0。设故障信号为输出变量，用 F 表示，并规定正常工作时为 0，发生故障时为 1。根据交通信号灯状态监测电路的功能列出逻辑状态表，如表 9-19 所示。

表 9-19　交通信号灯状态监测电路的逻辑状态表

输入			输出
R	Y	G	F
0	0	0	1
0	0	1	0
0	1	0	0
0	1	1	1
1	0	0	0
1	0	1	1
1	1	0	1
1	1	1	1

手把手教你快速
看懂电子电路图

这里写 $\overline{F}$ 的表达式，由表9-19写出输出 $\overline{F}$ 的最小项表达式：

$$\overline{F} = \overline{R}\,\overline{Y}G + \overline{R}\,Y\overline{G} + R\,\overline{Y}\,\overline{G}$$

则：

$$F = \overline{\overline{F}} = \overline{\overline{R}\,\overline{Y}G + \overline{R}\,Y\overline{G} + R\,\overline{Y}\,\overline{G}} = \overline{\overline{R}\,\overline{Y}G} \cdot \overline{\overline{R}\,Y\overline{G}} \cdot \overline{R\,\overline{Y}\,\overline{G}} = \overline{Y}_1 \cdot \overline{Y}_2 \cdot \overline{Y}_4$$

采用一片3线-8线译码器74LS138和一片74LS11（3输入三与门）实现，如图9-35（a）所示。将 R、Y 和 G 分别接于3线-8线译码器74HC138的 A_2、A_1 和 A_0，输出 $\overline{Y}_1$、$\overline{Y}_2$、$\overline{Y}_4$ 分别接在74LS11的3、4、5脚，6脚即为输出端 F。图9-35（b）所示为74LS11的引脚功能。

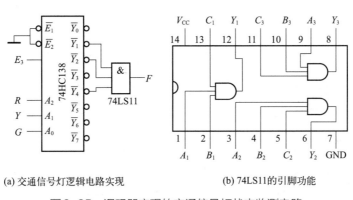

(a) 交通信号灯逻辑电路实现　　　　　(b) 74LS11的引脚功能

图9-35　译码器实现的交通信号灯状态监测电路

9.3.3　采用非门CD4069构成的触摸延时夜灯电路

CD4069是六反相器电路，由六个反相器组成，每一个反相器就是一个非门电路，其引脚排列如图9-36所示。

本电路中只用到其中3个反相器，分别用 $U_{1\text{-}1}$、$U_{1\text{-}2}$、$U_{1\text{-}3}$ 表示。图9-37是采用非门电路CD4069控制的触摸延时夜灯电路。K为控制电路工作电源开关。当触摸电极片S没有被触摸时，反相器 $U_{1\text{-}1}$ 输入端的1脚为高电平，其输出端2脚经反相后为低电平，二极管VD截止。因电容器 C_1 被充电到上正下负的电压，所以反相器 $U_{1\text{-}2}$ 的输入端3脚也为低电平，其4脚输出高电平，反相器 $U_{1\text{-}3}$ 的6脚为低电平，三极管VT截止，LED熄灭。

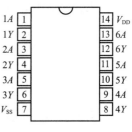

图9-36　CD4069引脚排列

当有人手触摸电极片S时，因人体电阻远小于 R_1 的阻值，反相器 $U_{1\text{-}1}$ 的1脚为低电平，2脚输出高电平，二极管VD导通，电容器 C_1 开始放电，并经VD反向充电，逐渐使 C_1 下端电压上升，反相器 $U_{1\text{-}2}$ 的3脚电压也逐渐上升且变为高电平，使反相器 $U_{1\text{-}2}$ 的4脚为低电平，反相器 $U_{1\text{-}3}$ 的6脚为高电平，三极管VT导通，LED点亮。如果人手离开触摸片S，则反相器 $U_{1\text{-}1}$ 的1脚变为高电平，2脚变为低电平，二极管VD截止，但电容器 C_1 下端原来已充为高电平。在人手离开触摸片S后，2脚为低电平，电源经 R_2 已开始对电容 C_1

充电，要经过一段时间才能使3脚高电平下降至低电平，然后4脚变为高电平，6脚变为低电平，VT截止，LED熄灭。

电路的延长时间主要由时间常数 $\tau = R_2 C_1$ 决定。

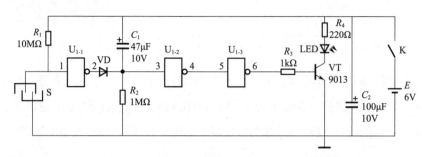

图9-37　采用非门CD4069构成的触摸延时夜灯电路

9.3.4　由2线-4线译码器74LS139组成的三路防盗报警电路

图9-38所示电路为74LS139型译码器构成的三路防盗报警电路，该电路主要由2线-4线译码器74LS139、蜂鸣器、发光二极管等组成。

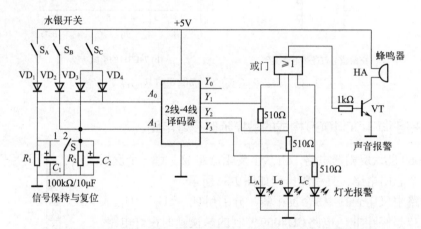

图9-38　由2线-4线译码器74LS139组成的三路防盗报警电路

某户有三箱贵重物品，分放三处，每只箱内隐藏水银开关，平时开关断开，当箱被挪动时，水银开关因倾斜而闭合，立即发出声光报警，并显示何处被盗。图中，S_A、S_B、S_C分别为放在不同处的A、B、C三箱贵重物品箱内隐藏的水银开关。当A箱被盗挪动时，S_A闭合，此时S_B、S_C断开，2线-4线译码器输入端$A_1 A_0 = 01$，译码器$Y_1 = 1$，发光二极管L_A点亮，或门输出为高电平，晶体管VT导通，蜂鸣器鸣响报警。同理，当B或C被盗挪动时，S_B或S_C闭合，则$A_1 A_0 = 10$ 或 $A_1 A_0 = 11$，译码器$Y_2 = 1$ 或 $Y_3 = 1$，L_B或L_C点亮，蜂鸣器鸣响报警。

单刀双掷开关S扳到1或2时，可将对应输出端报警状态复位，使报警系统重新处于待命状态。

9.3.5　由74LS139型译码器组成的脉冲分配器

74LS139为双2线-4线译码器，其引脚排列如图9-39所示，逻辑功能表如表9-20所示。

 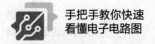

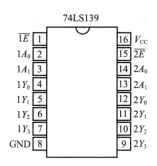

图9-39　74LS139引脚排列

表9-20　74LS139的逻辑功能表

输　入			输　出			
$\overline{E}$	A_1	A_0	$\overline{Y_3}$	$\overline{Y_2}$	$\overline{Y_1}$	$\overline{Y_0}$
1	×	×	1	1	1	1
0	0	0	1	1	1	0
0	0	1	1	1	0	1
0	1	0	1	0	1	1
0	1	1	0	1	1	1

　　图9-40所示电路为由74LS139型译码器、若干与非及非门组成的脉冲分配器。脉冲由 D 端输入，受 A_1、A_0、$\overline{E}$ 的控制，从 $F_0 \sim F_7$ 八个输出端的某一路输出。

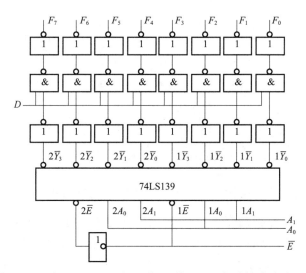

图9-40　由74LS139型双2线-4线译码器组成的脉冲分配器

　　通过 A_1、A_0、$\overline{E}$ 的8组不同取值可使74LS139产生8组译码输出，每组在 $1\overline{Y_0} \sim 1\overline{Y_3}$、$2\overline{Y_0} \sim 2\overline{Y_3}$ 的8个输出端分别只有一个为低电平，再经一级非门取反后，8个非门输出端分别只有一个为高电平，故由 D 端输入的脉冲可送至该高电平对应的输出端进行输出，从而实现脉冲分配的功能。

表9-21 所示为脉冲分配器的输入与输出信号的对应关系表。

表9-21 脉冲分配器的输入与输出信号的对应关系表

输入			74LS139输出								分配器输出							
$\overline{E}$	A_1	A_0	$2\overline{Y_3}$	$2\overline{Y_2}$	$2\overline{Y_1}$	$2\overline{Y_0}$	$1\overline{Y_3}$	$1\overline{Y_2}$	$1\overline{Y_1}$	$1\overline{Y_0}$	F_7	F_6	F_5	F_4	F_3	F_2	F_1	F_0
0	0	0	1	1	1	1	1	1	1	0	0	0	0	0	0	0	0	D
0	0	1	1	1	1	1	1	1	0	1	0	0	0	0	0	0	D	0
0	1	0	1	1	1	1	1	0	1	1	0	0	0	0	0	D	0	0
0	1	1	1	1	1	1	0	1	1	1	0	0	0	0	D	0	0	0
1	0	0	1	1	1	0	1	1	1	1	0	0	0	D	0	0	0	0
1	0	1	1	1	0	1	1	1	1	1	0	0	D	0	0	0	0	0
1	1	0	1	0	1	1	1	1	1	1	0	D	0	0	0	0	0	0
1	1	1	0	1	1	1	1	1	1	1	D	0	0	0	0	0	0	0

9.3.6　由CMOS与非门74HC00组成的水位检测电路

图9-41所示是由CMOS与非门74HC00组成的水位检测电路。当水箱无水时，检测杆上的铜箍$A \sim D$与M端（接电源正极）之间断开，与非门$U_{1-1} \sim U_{1-4}$的输入端均为低电平，输出端均为高电平。调整$3.3k\Omega$的阻值，使发光二极管$LED_1 \sim LED_4$处于微导通状态，微亮度适中。

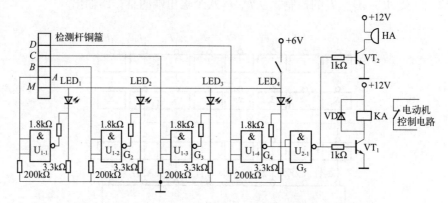

图9-41 由CMOS与非门74HC00组成的水位检测电路

当水箱注水时，先注到高度A，M与A之间通过水接通，这时U_{1-1}的输入为高电平，输出为低电平，将LED_1点亮。随着水位的升高，发光二极管$LED_2 \sim LED_4$依次点亮。当LED_4点亮时，说明水已注满。这时U_{1-4}输出为低电平，而使U_{2-1}输出为高电平，晶体管VT_1和VT_2导通。VT_1导通，断开电动机的控制电路，电动机停止注水；VT_2导通，使蜂鸣器HA发出报警声响。

图9-41中，$U_{1-1} \sim U_{1-4}$、U_{2-1}可选用2片74HC00来实现，74HC00为2输入四与非门，其引脚排列如图9-42所示。

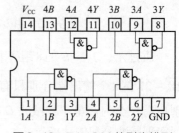

图9-42 74HC00的引脚排列

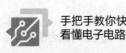

9.3.7 由两片3线-8线译码器CT74LS138构成的4线-16线译码器

图9-43所示为用两片3线-8线译码器CT74LS138构成的4线-16线译码器，CT74LS138（1）为低位片，CT74LS138（2）为高位片。$A_3 \sim A_0$ 为二进制代码输入端，$\overline{Y_0} \sim \overline{Y_{15}}$ 为输出端。

当输入 $A_3 = 0$ 时，低位片CT74LS138（1）工作，当输入 $A_3 A_2 A_1 A_0$ 在0000~0111这8组二进制代码间变化时，$\overline{Y_0} \sim \overline{Y_7}$ 相应输出端输出低电平0，而高位片CT74LS138（2）因 $E_3 = A_3 = 0$，被禁止译码，输出 $\overline{Y_8} \sim \overline{Y_{15}}$ 都为高电平1。

当输入 $A_3 = 1$ 时，低位片CT74LS138（1）的 $\overline{E_1} = \overline{E_2} = A_3 = 1$，被禁止译码，输出 $\overline{Y_0} \sim \overline{Y_7}$ 都为高电平1。高位片CT74LS138（2）工作，当输入在1000~1111这8组二进制代码间变化时，$\overline{Y_8} \sim \overline{Y_{15}}$ 相应输出端输出低电平0。

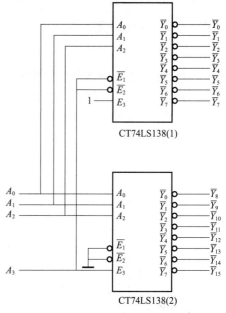

图9-43　两片CT74LS138构成的4线-16线译码器

9.3.8 由4个全加器组成的4位串行进位加法器

加法器按照相加方式的不同可分为串行进位加法器和超前进位加法器。

全加器只能进行两个1位二进制数相加。因此，当进行多位二进制数相加时，就必须使用多个全加器才能完成。图9-44所示为4个全加器组成的4位串行进位加法器，低位全加器的进位输出端 CO 和相邻高位全加器的进位输入端 CI 相连，最低位的进位输入端 CI 接地。显然，每位全加器相加的结果必须等到低位产生的进位信号输入后才能产生。因此，串行进位加法器的运算速度比较慢，但其电路结构比较简单，常常用于运算速度不高的场合。当要求运算速度较高时，可采用超前进位加法器。

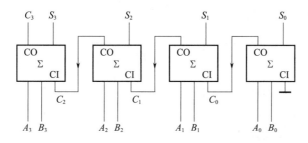

图9-44　4个全加器组成的4位串行进位加法器

9.3.9 4位超前进位加法器CT74LS283

为了提高加法的运算速度，人们又设计了多位数超前进位加法器，使每位的进位只由被加数和加数决定，而与低位的进位无关。图9-45所示为4位超前进位加法器CT74LS283的逻辑符号。图中，"$\sum$"为加法运算的总限定符号，$A_3 \sim A_0$和$B_3 \sim B_0$为两组4位二进制数的输入端，$S_3 \sim S_0$为加法器和数输出端，CI为相邻低位进位输入端，CO为进位输出端。

图9-46所示为由两片CT74LS283构成的8位二进制加法器。低位片CT74LS283（1）没有进位输入信号，故CI端接地，其进位输出端CO和高位片CT74LS283（2）的进位输入端CI直接相连即可。

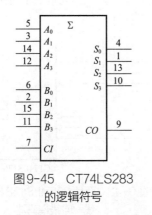

图9-45　CT74LS283
的逻辑符号

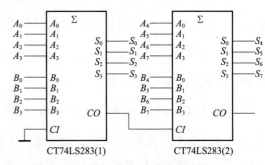

图9-46　由两片CT74LS283构成的8位二进
制加法器

9.3.10　由两片4位数值比较器CT74LS85构成的8位数值比较器

图9-47所示电路为8位数值比较器，它由两片4位数值比较器CT74LS85构成。根据多位二进制数的比较规则，在高位数值相等时，则比较结果取决于低位数。因此，将两个8位二进制数的高4位接到高位片上，低4位数接到低位片上。两个8位二进制数的高4位数$A_7A_6A_5A_4$和$B_7B_6B_5B_4$接到高位片CT74LS85（2）的数据输入端上，而低4位数$A_3A_2A_1A_0$和$B_3B_2B_1B_0$接到低位片CT74LS85（1）的数据输入端上，并将低位片的比较输出端$Y_{A>B}$、$Y_{A=B}$和$Y_{A<B}$和高位片的级联输入端$I_{A>B}$、$I_{A=B}$和$I_{A<B}$对应连接。

低位数值比较器的级联输入端应取$I_{A>B}=I_{A<B}=0$、$I_{A=B}=1$，这样，当两个8位二进制数相等时，比较器的总输出片$I_{A=B}=1$。

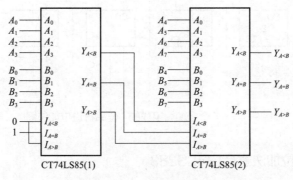

图9-47　由两片CT74LS85构成的8位数值比较器

手把手教你快速
看懂电子电路图

第 10 章

触发器与时序逻辑电路

触发器是由各种基本门电路单元组成的，广泛应用于数字电路和计算机系统中。触发器是构成多种时序逻辑电路的基本单元。时序逻辑电路在任一时刻的输出信号不仅与该时刻的输入信号有关，而且与电路原来的状态有关。也就是说，时序逻辑电路中除具有逻辑运算功能的组合逻辑电路外，还必须有能够记忆电路状态的存储单元，这些存储单元主要是触发器。

本章主要介绍常用的集成触发器、中规模移位寄存器、计数器等。

10.1 认识触发器

触发器的分类方式有很多，表10-1给出的是触发器的分类方法。

表10-1 触发器的分类方法

分类方法	触发器
按稳定工作状态的不同	双稳态触发器、单稳态触发器、无稳态触发器
按逻辑功能的不同	RS触发器、D触发器、JK触发器、T触发器T'触发器等
按触发方式的不同	电平触发、边沿触发和脉冲触发
按电路结构的不同	维持阻塞触发器、主从触发器等

触发器是具有记忆功能的单元电路，能够存储1位二进制信息，其原理框图如图10-1所示。它有一个或多个输入端和两个互补输出端Q和$\overline{Q}$。

双稳态触发器具有以下特点：

① 具有两个能自保持的稳定状态。通常用输出端 Q 的状态来表示触发器的状态。如 $Q=0$、$\overline{Q}=1$ 时，表示"0"状态，记 $Q=0$，和二进制数0对应；$Q=1$、$\overline{Q}=0$ 时，表示"1"状态，记 $Q=1$，和二进制数1对应。

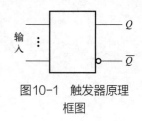

图10-1　触发器原理框图

② 在输入信号作用下，可从一个稳定状态转换到另一个稳定状态，根据不同的输入信号可以置成1或0状态。

10.1.1　基本 RS 触发器

基本 RS 触发器是构成其他各种功能触发器的基本组成部分。

（1）电路组成

图10-2（a）所示为由两个与非门输入和输出交叉耦合组成的基本 RS 触发器，图10-2（b）所示为其逻辑符号。$\overline{R}$、$\overline{S}$ 为信号输入端，它们上面的非号表示低电平有效，在逻辑符号中用小圆圈表示。Q 和 $\overline{Q}$ 为输出端，在触发器处于稳定状态时，它们的输出状态相反。

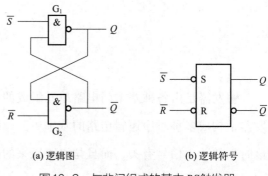

(a) 逻辑图　　　　　　(b) 逻辑符号

图10-2　与非门组成的基本 RS 触发器

（2）逻辑功能

为了便于区别，通常将触发器接收输入信号之前的状态称为触发器的现态，用 Q^n 表示；将触发器接收输入信号之后的状态称为触发器的次态，用 Q^{n+1} 表示。触发器的次态 Q^{n+1} 与输入信号和电路原有状态（现态 Q^n）之间关系的真值表称为特性表。基本 RS 触发器的功能可用表10-2所示的特性表来表示。

表10-2　基本 RS 触发器的特性表

输入		输出		功能说明
$\overline{R}$	$\overline{S}$	Q^n	Q^{n+1}	
0	0	0	×	触发器状态不定，不允许
		1	×	
0	1	0	0	置0
		1	0	
1	0	0	1	置1
		1	1	
1	1	0	0	保持原状态不变
		1	1	

（3）特性方程

触发器次态 Q^{n+1} 与输入 $\overline{R}$、$\overline{S}$ 及现态 Q^n 之间的逻辑表达式称为特性方程。根据表

手把手教你快速
看懂电子电路图

10-2可求得基本RS触发器的特性方程为

$$Q^{n+1} = S + \overline{R}Q^n$$
$$\overline{R} + \overline{S} = 1 \quad (约束条件)$$

为保证触发器正常工作，要求$\overline{R} + \overline{S} = 1$。

（4）典型的基本RS触发器集成电路

图10-3所示为CT74LS279的逻辑电路和逻辑符号，它由4个独立的基本RS触发器组成。芯片中集成了两个图10-3（a）所示的电路和两个图10-3（b）所示的电路。图10-3（c）所示为CT74LS279的逻辑符号。两个置位输入端$\overline{S}_A$和$\overline{S}_B$之间具有与逻辑关系$S = \overline{S}_A \cdot \overline{S}_B$。

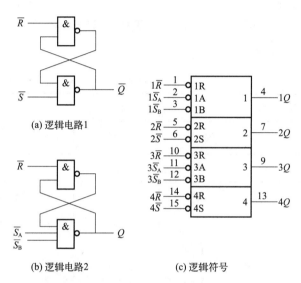

(a) 逻辑电路1

(b) 逻辑电路2

(c) 逻辑符号

图10-3　CT74LS279的逻辑电路和逻辑符号

CT74LS279的逻辑功能表如表10-3所示。

表10-3　CT74LS279的逻辑功能表

输入		输出	说明
$\overline{R}$	$\overline{S}$	Q^{n+1}	
0	0	×	输出状态不定，不允许
0	1	0	置0
1	0	1	置1
1	1	Q^n	保持

从表10-3中可以看出，图10-3（a）所示电路和图10-2的逻辑功能完全相同，这里不再赘述。

图10-4（a）所示为CMOS与非门组成的四RS触发器CC4044的逻辑图，图10-4（b）所示为其逻辑符号。它由4个具有三态输出的触发器组成，这4个触发器由同一个使能信号EN触发。

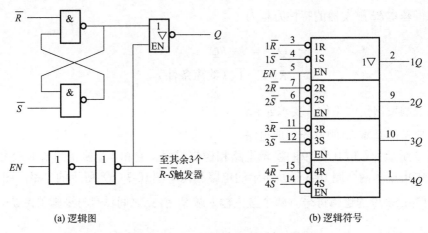

(a) 逻辑图　　　　　　　　　　　(b) 逻辑符号

图10-4　CC4044的逻辑图和逻辑符号

CC4044的逻辑功能如表10-4所示。

表10-4　CC4044的逻辑功能表

输入			输出	功能说明
$\overline{R}$	$\overline{S}$	EN	Q^{n+1}	
×	×	0	Z	高阻态
0	0	1	×	输出状态不定，不允许
0	1	1	0	置0
1	0	1	1	置1
1	1	1	Q^n	保持

从表10-4中可以看出，在图10-4（a）所示电路中，当$EN=0$时，触发器三态输出门输出Q为高阻态（Z）；当$EN=1$时，三态输出门工作，这时，输出Q的状态由输入端$\overline{R}$、$\overline{S}$的信号决定。其工作原理和由与非门构成的基本RS触发器基本相同。

10.1.2　同步RS触发器

前面讨论的基本RS触发器是各种双稳态触发器的共同部分。除此之外，一般触发器还有控制电路部分，通过它把输入信号引导到基本触发器。

图10-5所示的电路就是在基本RS触发器的基础上，增加了两个由时钟脉冲CP控制的一对逻辑门G_3、G_4。触发器在时钟脉冲CP的作用下根据输入信号确定输出状态，而在没有时钟脉冲CP输入时，触发器保持原来状态不变。这种触发器称为同步RS触发器。通过控制CP端电平，可以实现多个触发器同步的数据锁存。

（1）电路组成

图10-5所示电路是同步RS触发器的逻辑图和逻辑符号。其中与非门G_3和G_4组成导引电路。CP为时钟脉冲输入端，通常采用正脉冲来控制触发器的翻转。

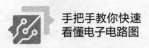
手把手教你快速
看懂电子电路图

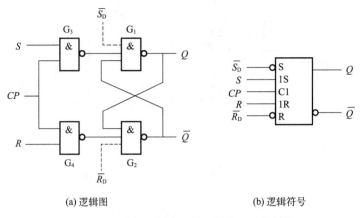

(a) 逻辑图　　　　　　　　　　　　(b) 逻辑符号

图10-5　同步RS触发器的逻辑图和逻辑符号

（2）逻辑功能

从图10-5（a）中可以看出，在$CP=0$时，G_3、G_4被封锁，不论R端和S端的电平如何变化，触发器的状态保持不变，即$Q^{n+1}=Q^n$；在$CP=1$时，G_3、G_4解除封锁，R端和S端的输入信号可通过导引电路决定其输出状态。

同步RS触发器的逻辑功能见其特性表，如表10-5所示。

表10-5　同步RS触发器的特性表

输入			输出	说明
R	S	Q^n	Q^{n+1}	
0	0	0	0	保持
0	0	1	1	
0	1	0	1	置1
0	1	1	1	
1	0	0	0	置0
1	0	1	0	
1	1	0	×	输出状态不定，不允许
1	1	1	×	

（3）特性方程

根据表10-5可得到同步RS触发器的特性方程为

$$Q^{n+1}=S+\overline{R}Q^n \quad （CP=1期间有效）$$

$$RS=0 \quad （约束条件）$$

10.1.3　同步D触发器

（1）电路组成

为了避免同步RS触发器同时出现R和S都为1的情况，可在R和S之间接入与非门G_5，如图10-6（a）所示，这种单输入的触发器称为D触发器。D为信号输入端。图10-6（b）所示为其逻辑符号。

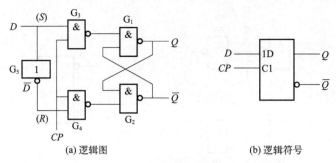

(a) 逻辑图　　　　　　　　　　　　(b) 逻辑符号

图10-6　同步D触发器的逻辑图和逻辑符号

（2）逻辑功能

在$CP=0$时，G_3、G_4被封锁，都输出1，触发器保持原状态不变，不受D端输入信号的控制。

在$CP=1$时，G_3、G_4解除封锁，可接收D端输入的信号。如$D=1$时，$\overline{D}=0$，触发器翻到1状态，即$Q^{n+1}=1$；如$D=0$时，$\overline{D}=1$，触发器翻到0状态，即$Q^{n+1}=0$。

由上述分析可列出同步D触发器的特性表，如表10-6所示。

表10-6　同步D触发器的特性表

D	Q^n	Q^{n+1}	说明
0	0	0	
0	1	0	
1	0	1	输出状态与D相同
1	1	1	

由表10-6可得到同步D触发器的逻辑功能如下：当CP由0变为1后，触发器的状态翻到和D的状态相同；当CP由1变为0后，触发器保持原状态不变。

（3）特性方程

同步D触发器的特性方程为

$$Q^{n+1} = D \quad （CP=1\text{期间有效}）$$

（4）典型的D触发器集成电路

图10-7所示为中规模集成的CMOS八D触发器74HC373的引脚排列图。它共有20根引脚。D0~D7为8根数据输入引脚。$Q0$~$Q7$为8根数据输出引脚。$\overline{OE}$为输出使能引脚。当$\overline{OE}$为低电平时，其内部的三态门有效，输出锁存的信号；当$\overline{OE}$为高电平时，输出处于高阻状态。LE为控制引脚。当LE为高电平时，允许D触发器的输出跟随相应输入信号的变化；LE为低电平时则保持状态不变。

74HC373通常用于数据暂存和分配。它可以在处理器、存储器、I/O界面等多种数字电路设计中发挥作用。另外，它还可以解决输入和输出映射的问题，以使CPU和输入/输出设备之

图10-7　74HC373的引脚排列图

间的数据传输更加快速和高效。

10.1.4 同步 *JK* 触发器

（1）电路组成

克服同步 *RS* 触发器在输入 *R=S*=1 时出现不定状态的另一种方法是将输出状态反馈到输入端，这样，G_3 和 G_4 的输出不会同时出现 0，从而避免了不定状态的出现。同步 *JK* 触发器就具有此功能，其逻辑图和逻辑符号如图 10-8 所示。

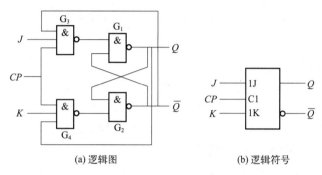

(a) 逻辑图　　　　　　　(b) 逻辑符号

图 10-8　同步 *JK* 触发器的逻辑图和逻辑符号

（2）逻辑功能

当 *CP*=0 时，G_3、G_4 被封锁，输出均为 1，触发器保持原来状态不变。

当 *CP*=1 时，G_3、G_4 解除封锁，输入 *J*、*K* 端的信号可控制触发器的状态。

表 10-7 所示为同步 *JK* 触发器的特性表。

表 10-7　同步 *JK* 触发器的特性表

输入		输出		功能说明
J	*K*	Q^n	Q^{n+1}	
0	0	0 1	0 1	保持
0	1	0 1	0 0	置0
1	0	0 1	1 1	置1
1	1	0 1	1 0	计数

从表 10-7 中可以看出，同步 *JK* 触发器具有保持、置 0、置 1 和计数逻辑功能。

（3）特性方程

由表 10-8 可得出同步 *JK* 触发器的特性方程为

$$Q^{n+1} = J\overline{Q^n} + \overline{K}Q^n \quad （CP\text{=1 期间有效}）$$

10.1.5 TTL 边沿触发器

同步触发器在 *CP*=1 期间接收输入信号，如输入信号在此期间发生多次变化，其输出状态也会随之发生翻转，这种现象称为触发器的空翻。这对触发器的应用带来不少限制，因此只能用于数据锁存，而不能用作移位寄存器和计数器等。

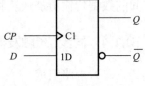

图10-9　维持阻塞D触发器的逻辑符号

为了克服同步触发器的空翻现象，可采用可靠性高的边沿触发器。边沿触发器只在时钟脉冲CP的上升沿或下降沿到达时刻接收输入信号，电路状态才发生翻转，而在CP的其他时间内，电路状态不会发生变化，从而提高了触发器工作的可靠性和抗干扰能力。

TTL边沿触发器主要有维持阻塞D触发器、边沿JK触发器和CMOS触发器等。

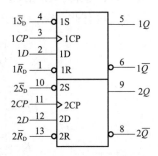

图10-10　CT74LS74的逻辑符号

（1）维持阻塞D触发器

图10-9所示为维持阻塞D触发器的逻辑符号，图中框内"▷"表示上升沿触发输入。其功能与前面讨论的同步D触发器相同，它们的特性表和特性方程也都相同，但维持阻塞D触发器只有在CP的上升沿到达时刻才有效。

维持阻塞D触发器的特性方程为

$$Q^{n+1} = D（CP上升沿到达时刻有效）$$

CT74LS74芯片是由两个独立的上升沿触发的维持阻塞D触发器组成的，其逻辑符号如图10-10所示。CT74LS74具有异步置0、异步置1、置0、置1和保持功能，其功能表见表10-8。

表10-8　CT74LS74的功能表

输　入				输　出		功能说明
$\bar{R}_D$	$\bar{S}_D$	D	CP	Q^{n+1}	$\bar{Q}^{n+1}$	
0	1	×	×	0	1	异步置0
1	0	×	×	1	0	异步置1
1	1	0	↑	0	1	置0
1	1	1	↑	1	0	置1
1	1	×	0	Q^n	$\bar{Q}^n$	保持
0	0	×	×	1	1	不允许

需要注意的是，CT74LS74工作时，不允许$\bar{R}_D$和$\bar{S}_D$同时为0，应取$\bar{R}_D = \bar{S}_D = 1$。

（2）TTL边沿JK触发器

TTL边沿JK触发器的逻辑符号如图10-11所示，图中框内"▷"表示下降沿触发输入，左边又加了一个小圆圈"○"，表示下降沿触发输入。

边沿JK触发器是利用时钟脉冲CP的下降沿触发的，它的逻辑功能和前面讨论的同步JK触发器的功能相同，因此，它们的特性表和特性方程也都相同。但在边沿触发器中，特性方程

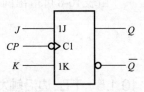

图10-11　TTL边沿JK触发器的逻辑符号

只有在CP下降沿到达时刻才有效，即

$$Q^{n+1} = J\bar{Q}^n + \bar{K}Q^n \quad （CP下降沿到达时刻有效）$$

CT74LS112芯片是由两个独立的下降沿触发的边沿JK触发器组成的，其逻辑符号如图10-12所示。

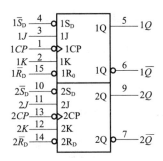

图10-12　CT74LS112的逻辑符号

CT74LS112具有异步置0、异步置1、置0、置1、保持和计数功能，其逻辑功能表见表10-9。

表10-9　CT74LS112的逻辑功能表

输 入					输 出		功能说明
$\bar{R}_D$	$\bar{S}_D$	J	K	CP	Q^{n+1}	$\bar{Q}^{n+1}$	
0	1	×	×	×	0	1	异步置0
1	0	×	×	×	1	0	异步置1
1	1	0	0	↓	Q^n	$\bar{Q}^n$	保持
1	1	0	1	↓	0	1	置0
1	1	1	0	↓	1	0	置1
1	1	1	1	↓	$\bar{Q}^n$	Q^n	计数
1	1	×	×	1	Q^n	$\bar{Q}^n$	保持
0	0	×	×	×	1	1	不允许

从表10-9中可以看出，$\bar{R}_D$、$\bar{S}_D$的置0、置1信号对触发器的控制作用优先于CP和J、K的信号。

需要注意的是，如取$\bar{R}_D = \bar{S}_D = 0$时，$Q^{n+1} = \bar{Q}^{n+1} = 1$，这既不是0状态，也不是1状态。因此，在使用CT74LS112时，这种情况是不允许的。触发器工作时，应取$\bar{R}_D = \bar{S}_D = 1$。

（3）T触发器和T'触发器

结合实际需要，可将某种逻辑功能的触发器经过改接或附加一些门电路转换为另一种触发器。

① JK触发器构成的T触发器和T'触发器　将JK触发器的J和K相连作为T输入端便可构成T触发器，如图10-13（a）所示。

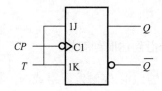

(a) JK触发器构成的T触发器

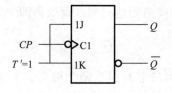

(b) JK触发器构成的T'触发器

图10-13　JK触发器构成的T触发器和T'触发器

将T代入JK触发器特性方程中的J和K，可得到T触发器的特性方程

$$Q^{n+1} = T\bar{Q}^n + \bar{T}Q^n$$

T触发器具有保持和计数功能，常用来组成计数器，其特性表如表10-10所示。

表10-10　T触发器的特性表

输入	输出		功能说明
T	Q^n	Q^{n+1}	
0	0	0	保持
	1	1	
1	0	1	计数
	1	0	

当T触发器的输入端T接高电平时，便构成了T'触发器，如图10-13（b）所示。T'触发器仅具有计数功能，其特性方程为

$$Q^{n+1} = \bar{Q}^n$$

② D触发器构成的T触发器和T'触发器　对比T触发器的特性方程$Q^{n+1} = T\bar{Q}^n + \bar{T}Q^n$和D触发器的特性方程$Q^{n+1} = D$，使两者相等，便得到

$$Q^{n+1} = D = T\bar{Q}^n + \bar{T}Q^n = T \oplus Q^n$$

由此可得出由D触发器构成的T触发器，如图10-14（a）所示。

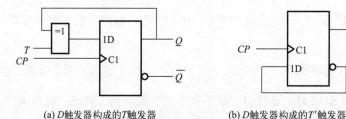

(a) D触发器构成的T触发器　　　　　(b) D触发器构成的T'触发器

图10-14　D触发器构成的T触发器和T'触发器

当图10-14（a）所示电路中$T=1$时，便得到由D触发器构成的T'触发器，如图10-14（b）所示。

D触发器构成的T'触发器仅具有计数功能。

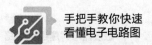
手把手教你快速
看懂电子电路图

10.2 识读寄存器

寄存器分为数码寄存器和移位寄存器，其区别在于有无移位功能。触发器是组成数码寄存器和移位寄存器的基本单元电路。一个触发器能存放1位二进制数。要存多位数时，就需用多个触发器。

寄存器存放数码有串行和并行两种。串行方式是数码从一个输入端逐位输入寄存器中，而并行方式是数码各位从各对应位输入端同时输入寄存器中。从寄存器取出数码的方式也有串行和并行两种。在串行方式中，被取出的数码在一个输出端逐位出现，而在并行方式中，被取出的数码各位在对应于各位的输出端上同时出现。

10.2.1 数码寄存器

在数字系统中，经常需要暂时存放数据，这就需要用到数码寄存器。数码寄存器只有寄存数码和清除原有数码的功能。

图10-15所示为4个边沿D触发器构成的4位数码寄存器。输入端是4个与门，如果要输入4位二进制数$d_3 \sim d_0$，可使与门的输入控制信号$IE=1$，把与门打开，$d_3 \sim d_0$便输入。当时钟脉冲$CP=1$时，$d_3 \sim d_0$以反量形式寄存在4个触发器$FF_3 \sim FF_0$的$\overline{Q}$端。输出端是4个三态非门，如果需要读取数据，可使三态门的控制信号$OE=1$，$d_3 \sim d_0$便可从三态门的$Q_3 \sim Q_0$端输出。注意，电路工作前需利用$\overline{R}_D$端进行清零。

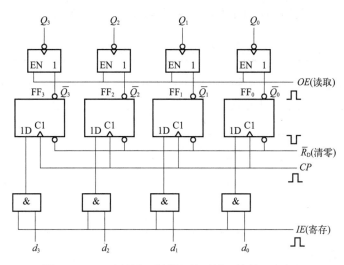

图10-15　4个边沿D触发器构成的4位数码寄存器

10.2.2 移位寄存器

具有存放数码和移位功能的电路称为移位寄存器。移位寄存器分为单向移位寄存器和双向移位寄存器两种。在单向移位寄存器中，每输入一个移位脉冲，寄存器中的数码便可向左或向右移一位。而双向移位寄存器在控制信号的作用下，既可进行左移又可进行右移操作。下面分别介绍单向移位寄存器和双向移位寄存器。

（1）单向移位寄存器

图10-16所示为4个边沿JK触发器组成的4位移位寄存器。这4个JK触发器的时钟端接在一起接时钟脉冲信号，称为同步时序逻辑电路。触发器 FF_0 接成D触发器，数码由D端输入。设串行输入数码为1011，按移位脉冲（时钟脉冲）的工作节拍从高位到低位依次串行送到D端。工作之初先清零。首先$D=1$，第1个移位脉冲下降沿到来时刻使触发器 FF_0 翻转，$Q_0=1$，其他仍保持0态。接着$D=0$，第2个移位脉冲下降沿到来时刻使 FF_0 和 FF_1 同时翻转，由于 FF_1 的输入端 $J_1=1$，FF_0 的输入端 $J_0=0$，所以 $Q_1=1$，$Q_0=0$，Q_2 和 Q_3 仍为0。此后的过程见表10-11，每移位一次，存入一个新数码，直到第4个脉冲的下降沿到来时刻，存数结束。移位寄存器中的数码可由 $Q_3\sim Q_0$ 并行输出，也可从 Q_3 串行输出，但这时需要继续输入4个移位脉冲才能从寄存器 Q_3 端取出存放的4位数码1011。

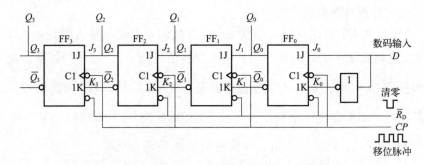

图10-16　4个边沿JK触发器组成的4位移位寄存器

表10-11　移位寄存器的状态表

移位脉冲数	寄存器中的数码				移位过程
	Q_3	Q_2	Q_1	Q_0	
0	0	0	0	0	清零
1	0	0	0	1	左移1位
2	0	0	1	0	左移2位
3	0	1	0	1	左移3位
4	1	0	1	1	左移4位

（2）双向移位寄存器

由上面分析的单向移位寄存器原理可知，右移寄存器和左移寄存器的电路结构是基本相同的，若适当加入一些控制电路和控制信号，将两者结合在一起就可构成双向移位寄存器。

图10-17所示为双向移位寄存器74LS194的引脚排列和逻辑符号。图中，$\overline{R}_D$ 为清零

手把手教你快速
看懂电子电路图

端，$D_3 \sim D_0$ 为并行数据输入端，$Q_3 \sim Q_0$ 为数据输出端，D_{SL} 为左移串行数据输入端，D_{SR} 为右移串行数据输入端，S_1 和 S_0 为工作方式控制端，CP 为移位脉冲输入端（上升沿有效）。

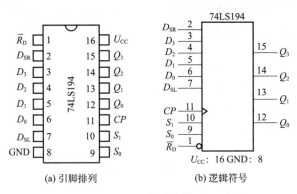

(a) 引脚排列　　(b) 逻辑符号

图10-17　74LS194的引脚排列和逻辑符号

表10-12所示是74LS194型移位寄存器的功能表。

表10-12　74LS194型移位寄存器的功能表

输入										输出				功能说明
$\overline{R}_D$	CP	S_1	S_0	D_{SL}	D_{SR}	D_0	D_1	D_2	D_3	Q_0^{n+1}	Q_1^{n+1}	Q_2^{n+1}	Q_3^{n+1}	
0	×	×	×	×	×	×	×	×	×	0	0	0	0	异步清零
1	0	×	×	×	×	×	×	×	×	Q_0^n	Q_1^n	Q_2^n	Q_3^n	保持
1	↑	1	1	×	×	d_0	d_1	d_2	d_3	d_0	d_1	d_2	d_3	并行置数
1	↑	0	1	×	d	×	×	×	×	d	Q_0^n	Q_1^n	Q_2^n	右移输入
1	↑	1	0	d	×	×	×	×	×	Q_1^n	Q_2^n	Q_3^n	d	左移输入
1	×	0	0	×	×	×	×	×	×	Q_0^n	Q_1^n	Q_2^n	Q_3^n	保持

从表10-12中可以看出，74LS194型移位寄存器具有清零、并行输入、串行输入、数据右移和左移等功能。

10.3　识读计数器

计数器是数字系统中常用的时序逻辑电路，主要由触发器和门电路组成。计数器主要用于对脉冲的个数进行计数，还可以用于分频、定时控制和数字运算等。

计数器的种类很多，按计数进制不同可分为二进制计数器、十进制计数器和任意进制计数器；按计数脉冲引入方式的不同可分为异步计数器和同步计数器，按计数增减可分为加法计数器、减法计数器和加/减计数器（可逆计数器）。

10.3.1 二进制计数器

（1）异步二进制计数器

图10-18所示是由边沿JK触发器构成的3位异步二进制加法计数器。从图中可以看出，FF_2、FF_1、FF_0三个触发器不是由统一的时钟脉冲控制的，因此各触发器状态变化不是发生在同一时刻，这称为"异步计数器"。

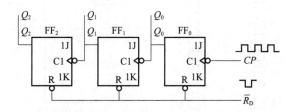

图10-18　3位异步二进制加法计数器

图10-18中，3个JK触发器的J、K端都悬空，相当于$J=1$、$K=1$。FF_0由时钟脉冲下降沿触发，FF_0触发器每来一个时钟脉冲就翻转一次，而FF_2、FF_1触发器分别由相邻低位的输出Q_1、Q_0来触发，即只有前一级触发器的Q端输出负跃变时，后一级触发器的状态才会翻转。

计数器工作前应进行复位清零，即各触发器的$\overline{R}_D$端加负脉冲，使电路处于$Q_2Q_1Q_0=000$状态。当计数器工作时，连续输入计数脉冲CP时，其状态表如表10-13所示。

表10-13　3位异步二进制加法计数器的状态表

计数脉冲数	计数器状态		
	Q_2	Q_1	Q_0
0	0	0	0
1	0	0	1
2	0	1	0
3	0	1	1
4	1	0	0
5	1	0	1
6	1	1	0
7	1	1	1
8	0	0	0

由此可见，随着脉冲的不断到来，计数器的计数值不断递增，这种计数器称为加法计数器。当输入第8个时钟脉冲CP时，电路返回到初始的$Q_2Q_1Q_0=000$状态。

异步二进制计数器除了具有计数功能外，还具有分频作用。3位异步二进制加法计数器的计数脉冲CP和各触发器的输出波形如图10-19所示。从图中可以看出，Q_0、Q_1、Q_2端输出脉冲的频率分别为计数脉冲CP频率的1/2、1/4、1/8，故该计数器可作2、4、8分频器使用。

如果将图10-18所示电路进行改接,将二进制加法计数器中各触发器的输出由 Q 端改为 $\bar{Q}$ 端后,则二进制计数器便可构成减法计数器,如图10-20所示。

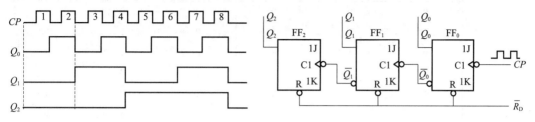

图10-19　3位异步二进制加法计数器的工作波形　　图10-20　3位异步二进制减法计数器

（2）同步二进制计数器

图10-21所示是3位同步二进制加法计数器,由3个 JK 触发器和一个与门组成。与异步计数器不同的是,它将计数脉冲同时送到每个触发器的 CP 端,计数脉冲到来时,各个触发器同时工作,所以称为"同步计数器"。

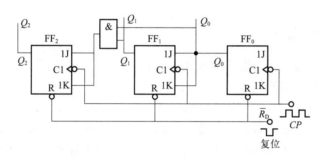

图10-21　3位同步二进制加法计数器

由图10-21可以写出各触发器的驱动方程:

$$\left.\begin{array}{l} J_0 = K_0 = 1 \\ J_1 = K_1 = Q_0^n \\ J_2 = K_2 = Q_1^n Q_0^n \end{array}\right\} \tag{10-1}$$

将式（10-1）代入 JK 触发器的特性方程 $Q^{n+1} = J\bar{Q}^n + \bar{K}Q^n$,便可得到计数器的状态方程

$$\left.\begin{array}{l} Q_0^{n+1} = J_0\bar{Q}_0^n + \bar{K}_0 Q_0^n = \bar{Q}_0^n \\ Q_1^{n+1} = J_1\bar{Q}_1^n + \bar{K}_1 Q_1^n = Q_0^n\bar{Q}_1^n + \bar{Q}_0^n Q_1^n \\ Q_2^{n+1} = J_2\bar{Q}_2^n + \bar{K}_2 Q_2^n = Q_1^n Q_0^n\bar{Q}_2^n + \overline{Q_1^n Q_0^n} Q_2^n \end{array}\right\} \tag{10-2}$$

计数器工作前应进行复位清零,即计数器的现态为 $Q_2^n Q_1^n Q_0^n = 000$,分别代入式（10-1）和式（10-2）即可求得其次态为 $Q_2^{n+1} Q_1^{n+1} Q_0^{n+1} = 001$,然后再将新的现态代入式（10-1）和式（10-2）进行计算,依次类推,可得到表10-14所示的状态表。

表10-14　3位同步二进制加法计数器状态表

计数脉冲数	现 态			次 态		
	Q_2^n	Q_1^n	Q_0^n	Q_2^{n+1}	Q_1^{n+1}	Q_0^{n+1}
0	0	0	0	0	0	1
1	0	0	1	0	1	0
2	0	1	0	0	1	1
3	0	1	1	1	0	0
4	1	0	0	1	0	1
5	1	0	1	1	1	0
6	1	1	0	1	1	1
7	1	1	1	0	0	0

由表10-14可以看出，图10-21所示同步计数器的各个触发器在计数脉冲的控制下同时工作，在输入第8个计数脉冲后计数器返回到初始的000状态。

如果将图10-21中的 Q_0、Q_1 改接到 $\bar{Q}_0$、$\bar{Q}_1$ 上，就可以构成同步二进制减法计数器。

10.3.2　十进制计数器

在实际工作中，为了便于直接读取数据，常采用十进制计数器。

（1）异步十进制计数器

图10-22所示电路为由4个 JK 触发器组成的8421BCD码异步十进制加法计数器，它是在4位异步二进制加法计数器的基础上经过适当修改获得的。最常用的8421编码方式是取4位二进制数的0000~1001来表示十进制的0~9，而去掉后面的1010~1111六个状态，经过10个脉冲循环一次。

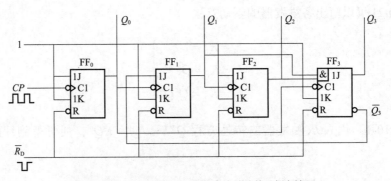

图10-22　8421BCD码异步十进制加法计数器

计数前，在计数器的清零端上 $\bar{R}_D$ 加负脉冲，使电路处于状态 $Q_3Q_2Q_1Q_0 = 0000$。由图10-22可知，FF_1 的 $J_1 = \bar{Q}_3 = 1$，这时，$FF_0 \sim FF_2$ 都为 T' 触发器，而 FF_3 的 $J_3 = Q_2Q_1 = 0$、$K_3 = 1$。因此，输入前7个计数脉冲时，计数器按异步二进制加法计数器的计数规律进行计数。当输入第7个计数脉冲 CP 时，计数器的状态为 $Q_3Q_2Q_1Q_0 = 0111$。这时，FF_3 的 $J_3 = Q_2Q_1 = 1$、$K_3 = 1$，具备翻转条件。

输入第8个计数脉冲CP时，FF_0由1状态翻转到0状态，Q_0输出负跃变。从而使FF_3由0状态翻到1状态，FF_1和FF_2由1状态翻转到0状态，计数器处于$Q_3Q_2Q_1Q_0 = 1000$状态。

输入第9个计数脉冲CP时，FF_0由0状态翻转到1状态，Q_0输出正跃变，其他触发器的状态不变，计数器为$Q_3Q_2Q_1Q_0 = 1001$状态。这时，FF_3的$J_3 = Q_2Q_1 = 0$、$K_3 = 1$，具备翻转到0的条件；FF_1的$J_1 = \bar{Q}_3 = 0$、$K_1 = 1$，FF_1具有保持0状态的功能。

输入第10个计数脉冲CP时，FF_0由1状态翻转到0状态，Q_0输出负跃变，使FF_3由1状态翻到0状态，而FF_2和FF_1保持0状态不变，使计数器由1001状态返回到0000状态，跳过了1010~1111六个状态。同时Q_3输出一个负跃变的进位信号给高位计数器，从而实现了十进制加法计数。

图10-23所示为十进制计数器的工作波形。

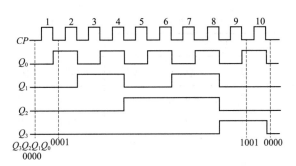

图10-23 十进制计数器的工作波形

（2）同步十进制计数器

图10-24所示电路为由4个JK触发器组成的8421BCD码同步十进制加法计数器，采用下降沿触发。

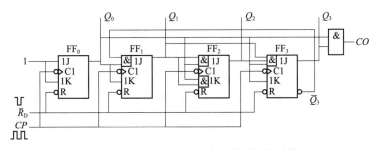

图10-24 8421BCD码同步十进制加法计数器

由图10-22写出驱动方程

$$
\left.
\begin{aligned}
&J_0 = 1,\ K_0 = 1 \\
&J_1 = \bar{Q}_3^n Q_0^n,\ K_1 = Q_0^n \\
&J_2 = Q_1^n Q_0^n,\ K_2 = Q_1^n Q_0^n \\
&J_3 = Q_2^n Q_1^n Q_0^n,\ K_3 = Q_0^n
\end{aligned}
\right\}
\qquad (10\text{-}3)
$$

将式（10-3）分别代入 JK 触发器的特性方程 $Q^{n+1} = J\bar{Q}^n + \bar{K}Q^n$，便得到计数器的状态方程

$$\left.\begin{array}{l}
Q_0^{n+1} = J_0\bar{Q}_0^n + \bar{K}_0 Q_0^n = \bar{Q}_0^n \\[4pt]
Q_1^{n+1} = J_1\bar{Q}_1^n + \bar{K}_1 Q_1^n = \bar{Q}_3^n Q_0^n \bar{Q}_1^n + \bar{Q}_0^n Q_1^n \\[4pt]
Q_2^{n+1} = J_2\bar{Q}_2^n + \bar{K}_2 Q_2^n = Q_1^n Q_0^n \overline{Q_2^n} + \overline{Q_1^n Q_0^n} Q_2^n \\[4pt]
Q_3^{n+1} = J_3\bar{Q}_3^n + \bar{K}_3 Q_3^n = Q_2^n Q_1^n Q_0^n \bar{Q}_3^n + \bar{Q}_0^n Q_3^n
\end{array}\right\} \tag{10-4}$$

计数器工作前先进行复位清零，即计数器的现态为 $Q_3 Q_2 Q_1 Q_0 = 0000$，代入式（10-3）和式（10-4）进行计算，便得到输入第一个计数脉冲 CP 后计数器的次态为 $Q_3 Q_2 Q_1 Q_0 = 0001$。再将 0001 作为新的现态代入式（10-3）和式（10-4）中进行计算，以此类推，可列出表 10-15 所示的状态表。

表10-15　同步十进制加法计数器的状态表

计数脉冲数	现　态				次　态			
	Q_3^n	Q_2^n	Q_1^n	Q_0^n	Q_3^{n+1}	Q_2^{n+1}	Q_1^{n+1}	Q_0^{n+1}
0	0	0	0	0	0	0	0	1
1	0	0	0	1	0	0	1	0
2	0	0	1	0	0	0	1	1
3	0	0	1	1	0	1	0	0
4	0	1	0	0	0	1	0	1
5	0	1	0	1	0	1	1	0
6	0	1	1	0	0	1	1	1
7	0	1	1	1	1	0	0	0
8	1	0	0	0	1	0	0	1
9	1	0	0	1	0	0	0	0

由表 10-15 可以看出，图 10-24 所示同步计数器的各个触发器在计数脉冲的控制下同时工作，在输入第 10 个计数脉冲后计数器返回到初始的 0000 状态。同时，$CO = Q_3^n Q_1^n$ 向高位输出一个下降沿的进位信号。

同步十进制计数器的工作波形如图 10-23 所示。

10.3.3　集成计数器

前面介绍的异步计数器和同步计数器是组成中规模集成计数器的基础。中规模集成计数器种类较多，主要分异步计数器和同步计数器两大类，有二进制计数器、十进制计数器，有加法计数器、可逆计数器。这些计数器通常具有计数、保持、预置数、清零（置0）等多种功能，使用灵活方便。

下面主要介绍常用集成计数器的功能和利用集成计数器构成任意进制计数器的方法。

手把手教你快速
看懂电子电路图

（1）集成同步二进制计数器

图10-25所示是同步二进制计数器CT74LS161的引脚排列图。图中，$D_3D_2D_1D_0$ 为并行数据输入端，$Q_3Q_2Q_1Q_0$ 为输出端，$\overline{LD}$ 为同步置数控制端，$\overline{CR}$ 为异步清零控制端，CT_T 和 CT_P 为计数允许控制端，CO 为进位输出端。

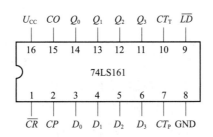

图10-25　同步二进制计数器CT74LS161的引脚排列

表10-16为CT74LS161的功能表。

表10-16　CT74LS161的功能表

功能	输入									输出			
	$\overline{CR}$	$\overline{LD}$	CT_P	CT_T	CP	D_0	D_1	D_2	D_3	Q_0	Q_1	Q_2	Q_3
	异步清零	同步置数	计数允许		时钟脉冲	并行输入				计数输出			
清零	0	×	×	×	×	×	×	×	×	0	0	0	0
置数	1	0	×	×	↑	d_0	d_1	d_2	d_3	d_0	d_1	d_2	d_3
计数	1	1	1	1	↑	×	×	×	×	计数			
保持	1	1	0	×	×	×	×	×	×	保持			
			×	0									

CT74LS161的主要功能如下：

① 异步清零功能。当 $\overline{CR}=0$ 时，不论有无时钟脉冲CP和其他信号输入，计数器被清零，即 $Q_3Q_2Q_1Q_0=0000$。

② 同步并行置数功能。当 $\overline{CR}=1$、$\overline{LD}=0$ 时，在下一个时钟脉冲CP上升沿到来后，各触发器的输出状态与预置的输入数据相同。

③ 保持功能。当 $\overline{CR}=\overline{LD}=1$，且 $CT_T \cdot CT_P=0$ 时，计数器状态保持不变。

④ 计数功能。当 $\overline{CR}=\overline{LD}=1$，且 $CT_T \cdot CT_P=1$ 时，CP端接入计数脉冲时，计数器进行二进制加法计数。进位输出 $CO=Q_3Q_2Q_1Q_0$，由 $Q_3 \sim Q_0$ 的状态决定。

利用集成计数器的清零功能和置数功能可构成任意进制计数器。

① 利用反馈清零法构成N进制计数器　CT74LS161具有异步清零功能，只要异步清零控制端出现清零信号即 $\overline{CR}=0$，计数器便立刻被清零。因此，利用异步清零控制端构成N进制计数器时，应在第N个计数脉冲CP后，计数器输出的高电平通过控制电路产生

一个清零信号加到异步清零输入端上，使计数器清零，便实现了 N 进制计数。

图10-26所示为利用CT74LS161的异步清零功能构成的十进制计数器，它从0000开始计数，当第9个脉冲到来后，输出变为1001。当第10个脉冲到来时，出现1010状态，这时 $\overline{CR} = \overline{Q_3Q_1} = 0$，计数器立刻清零，1010这一状态转瞬即逝，显示不出来，输出立刻回到0000。它经过10个脉冲循环一次，故为十进制计数器。

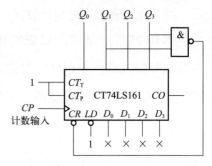

图10-26　利用CT74LS161异步清零功能构成的十进制计数器

② 利用同步置数法构成 N 进制计数器　CT74LS161具有同步并行置数功能。图10-27所示为利用CT74LS161的同步置数功能构成的十进制计数器，当 $\overline{LD} = 0$ 时，并行数据输入端 $D_0 \sim D_3$ 输入的数据并不能被置入计数器，还需再输入一个计数脉冲 CP 后， $D_0 \sim D_3$ 端输入的数据才能被置入计数器。图中，预置数为0000，当第9个计数脉冲到来后，输出状态变为1001。此时，同步置数控制端 $\overline{LD} = \overline{Q_3Q_0} = 0$，当第10个计数脉冲到来后，输出状态变为0000，进行下一个计数循环。它经过10个脉冲循环一次，故为十进制计数器。

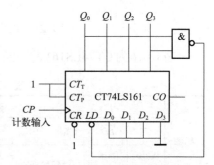

图10-27　利用CT74LS161同步置数功能构成的十进制计数器

（2）集成同步十进制计数器

CT74LS160为集成同步十进制加法计数器，其逻辑功能与同步二进制计数器CT74LS161完全相同。

CT74LS160构成任意进制计数的方法和CT74LS161相同，但一片CT74LS160只能构成十以内的任意进制计数器。图10-28所示电路为CT74LS160构成的六进制计数器。

设计数器从 $Q_3Q_2Q_1Q_0 = 0000$ 状态开始计数，因此取预置数 $D_3D_2D_1D_0 = 0000$。当第5个计数脉冲 CP 到来时，计数器状态为 $Q_3Q_2Q_1Q_0 = 0101$ 时， $\overline{LD} = \overline{Q_2Q_0} = 0$，再输入一个计数脉冲 CP 后， $D_0 \sim D_3$ 端输入的数据才能被置入计数器，进入下一个计数循环。它经过6个脉冲循环一次，故为六进制计数器。

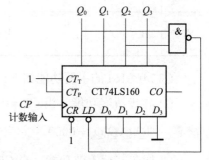

图10-28　CT74LS160构成的六进制计数器

（3）集成异步计数器

图10-29所示为集成异步二-五-十进制计数器CT74LS290的逻辑符号。图中， R_{0A} 和 R_{0B} 为异步清零输入端， S_{9A} 和 S_{9B} 为异步置9输入端， $Q_3 \sim Q_0$ 为输出端。

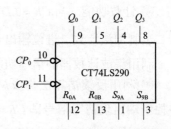

图10-29　CT74LS290的逻辑符号

手把手教你快速
看懂电子电路图

CT74LS290内部包含一个二进制计数器和一个五进制计数器，其工作状态有以下四种情况：

① 当计数脉冲 CP 由 CP_0 输入，从 Q_0 端输出时构成1位二进制计数器。

② 当计数脉冲 CP 由 CP_1 输入，从 $Q_3Q_2Q_1$ 输出时，构成异步五进制计数器。

③ 若将 Q_0 和 CP_0 相连，计数脉冲 CP 由 CP_0 输入，从 $Q_3Q_2Q_1Q_0$ 输出时，则构成8421BCD码异步十进制加法计数器。

④ 若将 Q_3 和 CP_0 相连，计数脉冲 CP 由 CP_1 输入，从高位到低位输出为 $Q_0Q_3Q_2Q_1$ 时，则构成5421BCD码异步十进制加法计数器。

表10-17为CT74LS290的功能表。

表10-17　CT74LS290的功能表

输入					输出				功能说明
R_{0A}	R_{0B}	S_{9A}	S_{9B}	CP	Q_3	Q_2	Q_1	Q_0	
1	1	0	×	×	0	0	0	0	异步清零
1	1	×	0	×	0	0	0	0	
0	×	1	1	×	1	0	0	1	异步置9
×	0	1	1	×	1	0	0	1	
×	0	×	0	↓					计数
0	×	0	×	↓					
0	×	×	0	↓					
×	0	0	×	↓					

图10-30所示电路为利用反馈清零法构成的七进制计数器。

要实现七进制计数器，应将 Q_0 和 CP_1 相连，当计数到7时，其输出 $Q_3Q_2Q_1Q_0 = 0111$，将 Q_2、Q_1、Q_0 三个输出端接到与门构成反馈清零控制电路，使 $R_{0A} = R_{0B} = 1$，立刻清零，0111这一状态转瞬即逝，立即回到0000。它经过7个脉冲循环一次，故为七进制计数器。

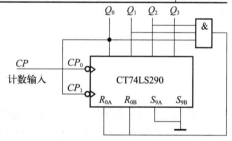

图10-30　利用反馈清零法构成的七进制计数器

10.3.4　计数器级联构成大容量的N进制计数器

为了扩大计数器的计数容量，可将多个集成计数器级联起来，便可获得大容量的 N 进制计数器。

图10-31所示为由两片CT74LS160级联构成的100进制计数器。个位片CT74LS160（1）在计到9以前，其进位输出 $CO = Q_3Q_0 = 0$，CT74LS160（2）的计数允许端 $CT_T = 0$，

保持原状态不变。当个位计到9时，其进位输出 $CO=1$，即十位片的 $CT_T=1$，此时，十位片才能接收 CP 端输入的计数脉冲。所以，输入第10个计数脉冲时，个位片回到0状态，同时使十位片加1。因此，图10-31所示电路为100进制计数器。

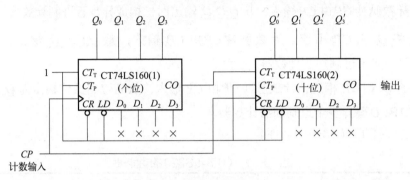

图10-31　由两片CT74LS160构成的100进制计数器

图10-32所示为由两片CT74LS290构成的24进制计数器。当个位片计到4、十位片计到2时，与非门和非门组成的控制电路输出高电平1，使计数器回到初始的0状态，从而实现了24进制计数器。

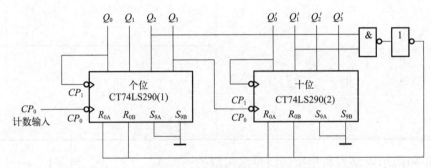

图10-32　由两片CT74LS290构成的24进制计数器

10.4　识读时序逻辑典型应用电路

10.4.1　由双向移位寄存器CT74LS194构成的顺序脉冲发生器

顺序脉冲发生器是指在每个循环周期内，在时间上按一定顺序排列的脉冲信号。产生顺序脉冲信号的电路称为顺序脉冲发生器。在数字系统中，常用以控制某些设备按照预先规定的顺序进行运算或操作。

图10-33所示为顺序脉冲发生器电路，它由双向移位寄存器CT74LS194构成。

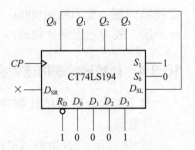

图10-33　CT74LS194构成的顺序脉冲发生器电路

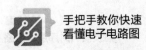

手把手教你快速
看懂电子电路图

设 $D_0D_1D_2D_3 = 0001$，$\overline{R}_D = 1$，Q_0 接左移串行数码输入端 D_{SL}，$S_1 = 1$，先使 $S_0 = 1$，输入时钟脉冲 CP 上升沿后，输入数据置入移位寄存器，此时，$Q_0Q_1Q_2Q_3 = D_0D_1D_2D_3 = 0001$，然后使 $S_0 = 0$，即 $S_1S_0 = 10$。这时，随着移位脉冲 CP 的输入，电路开始左移操作，$Q_3 \sim Q_0$ 依次输出高电平的顺序脉冲，如图10-34所示。

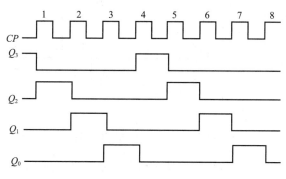

图10-34　顺序脉冲发生器的工作波形

由以上分析可知，每输入4个 CP 脉冲，电路返回初始状态。所以，它也是一个环形计数器。当需要使用顺序脉冲时，可直接由 $Q_3 \sim Q_0$ 取得。

10.4.2　由双向移位寄存器CT74LS194构成的七进制扭环形计数器

图10-35所示为扭环形计数器电路，它由双向移位寄存器CT74LS194和一个与非门组成。

图10-35中，将输出 Q_3 和 Q_2 的信号通过与非门加到右移串行数码输入端 D_{SR} 上，即 $D_{SR} = \overline{Q_3Q_2}$。当输出 Q_3 和 Q_2 中有0时，$D_{SR} = 1$；输出 Q_3 和 Q_2 同时为1时，$D_{SR} = 0$。这是 D_{SR} 输入串行数据的条件。设双向移位寄存器 CT74LS194的初始状态 $Q_0Q_1Q_2Q_3 = 1000$，清零端 $\overline{R}_D$ 为高电平1，由于 $S_1S_0 = 01$，因此，该电路在计数脉冲 CP 的

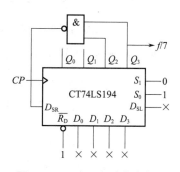

图10-35　由双向移位寄存器 CT74LS194构成的扭环形计数器电路

作用下实现右移操作。电路输入7个计数脉冲时，电路返回初始状态 $Q_0Q_1Q_2Q_3 = 1000$，$Q_0Q_1Q_2Q_3$ 状态变化为 $1000 \rightarrow 1100 \rightarrow 1110 \rightarrow 1111 \rightarrow 0111 \rightarrow 0011 \rightarrow 0001$。因此，图10-35 所示电路为七进制扭环形计数器。

10.4.3　由两片双向移位寄存器CT74LS194构成的8路彩灯控制电路

图10-36所示为由两片双向移位寄存器CT74LS194构成的8路彩灯控制电路。两片 CT74LS194级联构成8位双向扭环形计数器。

图中，虚框内为由555定时器构成的多谐振荡器，其作为时钟源，通过调节信号频率

控制彩灯移动的快慢。电阻 R_2 和电容器 C_1 构成微分电路，起到上电复位的作用。

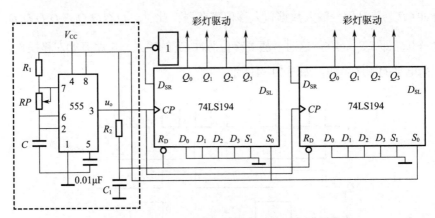

图10-36　由CT74LS194构成的8路彩灯控制电路

接通电源，扭环形移位计数器输出从左至右，将循环经过 $10000000 \rightarrow 11000000 \rightarrow 111$ $00000 \rightarrow 11110000 \rightarrow 11111000 \rightarrow 11111100 \rightarrow 11111110 \rightarrow 11111111 \rightarrow 00000000 \rightarrow 00000001 \rightarrow 00000011 \rightarrow$ $00000111 \rightarrow 00001111 \rightarrow 00011111 \rightarrow 00111111 \rightarrow 01111111 \rightarrow 11111111 \rightarrow 00000000$ 这些状态，控制彩灯首先从左至右从不亮逐一增加到全亮，全亮后全灭，再从右至左从不亮逐一增加到全亮，交替进行。

10.4.4　由CD4060构成的自动循环定时器

采用CD4060的自动循环定时器电路由电源电路、定时器和控制执行电路组成，其电路原理图如图10-37所示。

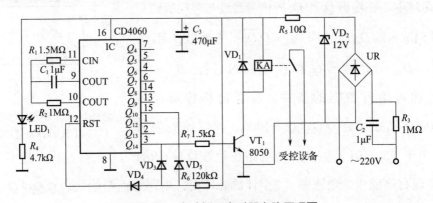

图10-37　自动循环定时器电路原理图

CD4060是一种自带振荡器和14位二进制计数/分频器的CMOS集成电路，其输出端 $Q_4 \sim Q_{14}$ 构成16~16384分频系数，利用其输出特性，可设计出各种用途的电子定时器。

CD4060外接电阻、电容构成 RC 振荡器，其振荡周期 $T = 2.2R_2C_1$。 R_7、 VD_1、 KA、 VT_1 组成驱动电路以控制继电器触点的通断。220V交流电通过电容 C_2 和泄放电阻 R_3 降压后，经过桥堆UR整流、 VD_2 稳压、 R_5 限流及 C_3 滤波后，为IC和其他电路提供12V的直流电压。

手把手教你快速
看懂电子电路图

IC通电工作后，对时钟振荡器产生的振荡信号进行计数和分频处理。当延时接通时间结束后，IC的Q_{14}端（3脚）输出高电平，使VT_1导通，KA吸合，其常开触点将负载的工作电源接通。IC又开始对定时工作时间进行计数。当定时工作时间结束后，IC的Q_{14}端变为低电平，使VT_1截止，KA释放，负载断电。VD_3、VD_4、VD_5和R_6组成与门电路以获得循环复位的高电平，使计数器复位，重新进入下一个定时周期。如此周而复始，使负载按设定的时间间歇地通电工作。

图10-37所示电路参数：延时接通时间为3h，定时工作时间为20min。调整R_2和C_1的参数，或改变IC的$Q_4 \sim Q_{14}$输出端连线即可设定延时接通时间和定时工作时间。

10.4.5　由集成十进制同步可逆计数器CT74LS192组成的30s定时器

图10-38所示为30s定时器电路，由集成十进制同步可逆计数器CT74LS192、七段BCD译码/驱动器CC4511和数码显示器组成。该电路主要完成30s倒计时功能，并通过译码器和数码显示器显示相应的数字。

十位计数器CT74LS192（2）的$D_3D_2D_1D_0 = 0011$，个位计数器CT74LS192（1）的$D_3D_2D_1D_0 = 0000$，减计数器脉冲CP由个位计数器的CP_D端输入，采用秒脉冲。当控制开关S合在"置数"挡时，两片CT74LS192的$\overline{LD}$端为低电平，使计数器置为30。当控制开关合在"开始"挡时，计数器开始减计数，直到0为止。当需要新一轮30s倒计时时，重复上述操作过程即可。

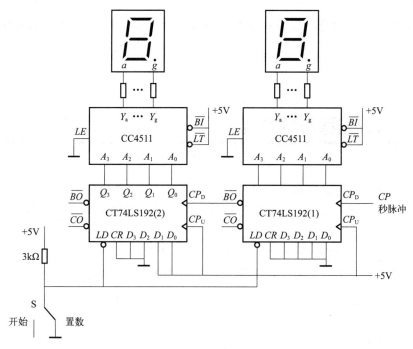

图10-38　30s定时器电路

第 11 章

脉冲波形的产生与整形电路

在数字系统中常用的脉冲波形通常由振荡器直接产生，或利用整形电路将已有的周期信号变换成所需的脉冲波形。

依据电路中稳定状态的数量，矩形脉冲产生电路可分为双稳态电路、单稳态电路及无稳态电路。第 10 章介绍的触发器具有 0、1 两个稳定状态，因此这种电路也被称为双稳态电路。而单稳态触发器只有一个稳定状态，无稳态触发器没有稳定状态。

本章主要介绍无稳态触发器和单稳态触发器的工作原理、集成单稳态触发器及其应用。

11.1 识读无稳态触发器

无稳态触发器没有稳定状态，只有两个暂稳态，无须外加触发脉冲，两个暂稳态能自动交替翻转，从而输出一定频率的矩形脉冲。因无稳态触发器产生的矩形波含有丰富的谐波，故又称多谐振荡器。

无稳态触发器的电路形式较多，可由门电路、集成电路等组成，是一种常用的矩形波发生器。触发器和时序逻辑电路中的时钟脉冲一般由多谐振荡器产生。

11.1.1 基本环形振荡器

（1）电路组成

将奇数个非门电路首尾相接构成一个闭合回路，利用门电路的传输延迟时间就可以实现最简单的环形多谐振荡器，图 11-1（a）所示为由三个非门构成的基本环形振荡器。

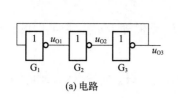
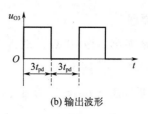

(a) 电路　　　　　　　　　　　　　(b) 输出波形

图11-1　基本环形振荡器

（2）工作原理

设某时刻电路的输出 $u_{O3} = 1$ 即高电平，u_{O3} 的状态反馈到 G_1 门的输入端，经过1个非门的传输延迟时间 t_{pd} 后，$u_{O1} = 0$ 即低电平；再经过1个非门传输延迟时间即 $2t_{pd}$ 后，G_2 门的输出 $u_{O2} = 1$；同理，经过 $3t_{pd}$ 后，G_3 门的输出 $u_{O3} = 0$（低电平）；u_{O3} 的状态再反馈到 G_1 门输入端，使 $u_{O1} = 1$；经 $6t_{pd}$ 后，u_{O3} 又返回高电平，完成一个周期的振荡，周期为 $6t_{pd}$。如此自动反复，即在输出端 u_{O3} 得到连续的方波，如图11-1（b）所示。

当环路中非门的个数为 n（n 为奇数）时，输出方波的振荡频率为

$$f = \frac{1}{2nt_{pd}}$$

基本环形振荡器结构简单、起振容易、便于集成化，但由于门电路的传输延迟时间 t_{pd} 很短，因此其振荡频率极高，且频率不可调，主要应用于集成电路内部要求不高的高频振荡，以及作为普通数字电路中的简易振荡器。

11.1.2 *RC* 环形振荡器

（1）电路组成

为克服基本环形振荡器存在的缺点，通常在环路中串接 *RC* 延迟环节，组成 *RC* 环形振荡器，电路如图11-2（a）所示。

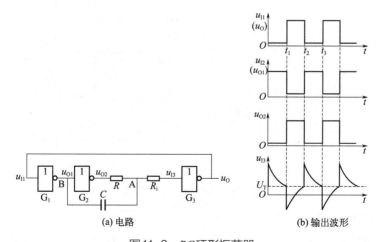

(a) 电路　　　　　　　　　　　　　(b) 输出波形

图11-2　*RC* 环形振荡器

（2）工作原理

因为电阻R_i很小，约100Ω，故 A 点电位V_A近似等于u_{I3}，设非门的阈值电压为U_T，各点波形如图11-2（b）所示。

① 第一个暂稳态（$t_1 \sim t_2$）　t_1时，设$u_O(u_{I1})=1$且$V_A=u_{I3} \leqslant U_T$，则$u_{I2}(u_{O1})=0$，即V_B下降到0，$u_{O2}=1$。由于电容C两端的电压不能突变，因此V_A随着V_B下跳，u_{O2}通过R对电容C充电，V_A即u_{I3}按指数规律上升，在t_2时，$u_{I3}=U_T$，使u_O翻转为0，则$u_{I2}=1$，即V_B上跳到1，$u_{O2}=0$，V_A即u_{I3}随V_B上跳。

② 第二个暂稳态（$t_2 \sim t_3$）　由于$u_{O2}=0$，则电容C经R放电，u_{I3}按指数规律下降，在t_3时，$u_{I3}=U_T$，使u_{O1}回到高电平，开始重复第一个暂稳状态过程。

由于电容C自动充电和放电，因而在u_O端可输出连续的方波脉冲。方波的周期由电容充放电的时间常数决定。如采用TTL门电路，周期近似为

$$T \approx 2.2RC$$

由于RC的充放电时间常数远远大于门电路的传输延迟时间，因此门电路的传输延迟时间可忽略。相对于基本环形振荡器，RC环形振荡器明显增大了环路延迟时间，降低了振荡频率，并可通过改变R和C的数值调节振荡频率。

11.1.3　RC耦合式振荡器

（1）电路组成

RC耦合式振荡器由两个非门组成，电路如图11-3（a）所示。每一个非门输出端与输入端之间连有一个电阻，电阻阻值恰好使非门内的晶体管工作在放大区，一般取$850\Omega \sim 2\text{k}\Omega$。这样，两个非门通过电容$C_1$和$C_2$交叉耦合形成反馈环路，相当于两级放大器经$RC$耦合，形成正反馈回路并产生振荡。

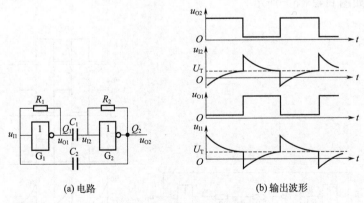

(a) 电路　　　　　　　　　(b) 输出波形

图11-3　RC耦合式振荡器

（2）工作原理

① 第一个暂稳态　当电源电压波动或其他原因使u_{I1}有微小的正跳变时，由于非门工

作在放大区，且电路具有正反馈环，迅速使非门 G_1 饱和导通，u_{O1} 输出低电平。因为电容 C_1 上的电压不能突变，使 u_{I2} 出现下跳，这个负跳变使非门 G_2 截止，u_{O2} 输出高电平，形成 $u_{O1} = 0$、$u_{O2} = 1$ 的暂稳态，即第一个暂稳态。

② 第二个暂稳态　由于 u_{O1} 为低电平、u_{O2} 为高电平，电流经 R_2 对 C_1 充电，并使 u_{I2} 的电位随之上升，当上升到阈值电压 U_T 时，非门 G_2 饱和导通，u_{O2} 输出低电平。同理，电容 C_2 上的电压也不能突变，使 u_{I1} 出现下跳，这个负跳变使非门 G_1 截止，u_{O1} 输出高电平，电路进入第二个暂稳态。

同理，由于 u_{O1} 为高电平、u_{O2} 为低电平，有电流经 R_1 对 C_2 充电，同时 C_1 经 R_2 开始放电，随着充放电过程的进行，u_{I1} 的电位随之上升，当上升到阈值电压 U_T 时，非门 G_1 再次翻转，电路进入第一个暂态过程。如此反复，u_{O1} 和 u_{O2} 交替输出高低电平，形成连续的方波脉冲信号，波形如图 11-3（b）所示。

输出脉冲信号的振荡周期 T 由电容充放电时间常数 $R_2C_1 + R_1C_2$ 决定，若 $R_1 = R_2 = R$ 且 $C_1 = C_2 = C$ 时，则

$$T \approx 1.4RC$$

（3）改进的 RC 耦合式振荡器

对于 RC 振荡器，在非门阈值电压 U_T 确定时，其振荡周期取决于阻容元件 RC 的充放电过程，因此振荡频率的稳定性易受元件性能、电源波动等因素的影响。为改善此问题，在实际应用中，常在 RC 振荡器中串联石英晶体来稳定振荡器的频率，图 11-4 所示为改进的 RC 耦合式振荡器。

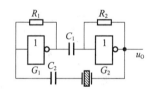

图 11-4　改进的 RC 耦合式振荡器

石英晶体的固有频率 $f_0 = \dfrac{1}{2\pi\sqrt{LC}}$，其中 L、C 为石英晶体的固有参数。石英晶体对固有频率 f_0 信号的阻抗近似为零，而良好的选频特性使得石英晶体对其他频率信号具有较大的阻抗。将石英晶体与 C_2 串联后，只有频率为 f_0 的信号满足正反馈条件，使之迅速起振。因此该电路的振荡频率仅由石英晶体的固有频率 f_0 决定，从而使输出脉冲信号的频率极其稳定，在数字电路中得到了广泛应用。

11.2　识读单稳态触发器

单稳态触发器有稳态和暂稳态两个不同的工作状态，在触发脉冲的作用下，能从稳

态翻转到暂稳态，暂稳态维持一段时间后，自动返回到稳态。

单稳态触发器可由门电路、集成电路等组成，有积分型、微分型等。下面主要介绍微分型单稳态触发器和集成单稳态触发器的工作原理及其应用。

11.2.1　微分型单稳态触发器

（1）电路组成

图11-5（a）所示的微分型单稳态触发器由两个或非门和 RC 电路组成，其中电阻 R 和电容 C 构成微分电路。

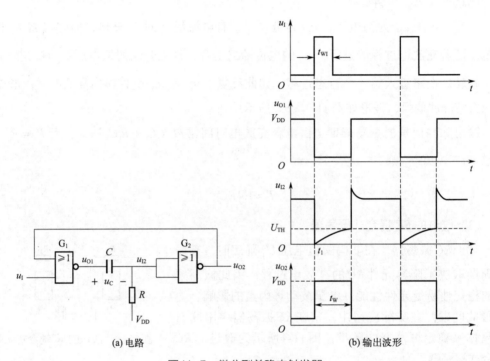

(a) 电路　　　　　　　　　　　　　　(b) 输出波形

图11-5　微分型单稳态触发器

（2）工作原理

① 稳态　当输入电压 u_I 为低电平时，$u_{I2} = V_{DD}$，G_2 门的输出 u_{O2} 为低电平。此时 G_1 门的输入全为0，因此 u_{O1} 输出高电平，使输出电压 u_{O2} 为低电平，电路处于稳定状态。

② 触发进入暂稳态　当 u_I 正跳变到高于 G_1 门的阈值电压 U_{TH} 时，u_{O1} 从原来的1跳变为0，经电容 C 耦合，使 G_2 门的输入电压产生负跳变，这又促使 G_2 门的输出 u_{O2} 产生正跳变，再反馈到 G_1 门的输入端，使 G_1 门产生负跳变。正反馈的结果使 G_1 门的输出由1跳变到0，G_2 门的输出由0跳变到1。

③ 自动返回到稳态　电源 V_{DD} 将对电容 C 充电，随着 u_C 的升高，u_{I2} 也升高，升高到阈值电压时，u_{O2} 下降，使 u_{O1} 上升，又使 u_{I2} 进一步增大，又形成一个正反馈，使 G_1 门的输出由0跳变为1，G_2 门的输出由1跳变为0，即自动返回原来的稳态。

**手把手教你快速
看懂电子电路图**

综合以上分析，图11-5（a）所示微分型单稳态触发器的工作过程如图11-6所示。

单稳态触发器输出脉冲的幅度和脉宽与触发脉冲 u_1 的幅值、形状无关，即利用单稳态触发器可对不规则的输入脉冲进行整形。单稳态触发器输出脉冲的宽度

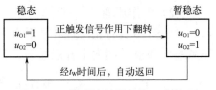

图11-6　单稳态触发器的工作过程

$$t_W = 0.7RC$$

即由 R、C 决定，改变 R、C 的数值即可改变输出脉冲的宽度，因此可用于定时或延时控制。

11.2.2　集成单稳态触发器

集成单稳态触发器有TTL型，如74LS121、74LS123等，也有CMOS型，如CC14528、CC4098等。根据器件工作特性的不同，集成单稳态触发器又可分为不可重复触发型和可重复触发型两类，如图11-7所示。

① 不可重复触发型的单稳态触发器，指其输出一旦被触发，进入暂稳态期间，如果再有新的触发信号输入，也不会影响电路的工作过程，必须等暂稳态结束，电路重新进入稳态后，电路才能接收新的触发信号，出现下一次暂稳态。

② 可重复触发型的单稳态触发器则不同，在电路暂稳态期间，如果再有新的触发信号输入，电路将被重新触发，使得输出暂稳态时间延长，以新的触发信号为起点，再维持一个脉冲宽度的时间。

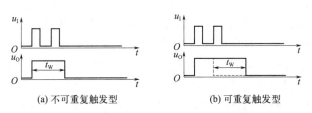

(a) 不可重复触发型　　　　　　(b) 可重复触发型

图11-7　集成单稳态触发器的类型

下面以TTL型可重复触发单稳态触发器74LS123为例进行介绍。

（1）电路组成

74LS123芯片内部含有两个独立的单稳态触发器，其引脚排列和接线如图11-8所示。

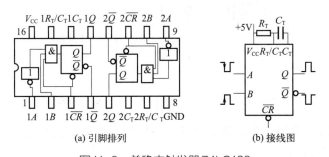

(a) 引脚排列　　　　　　　　(b) 接线图

图11-8　单稳态触发器74LS123

（2）工作原理

74LS123具有正脉冲和负脉冲两种触发方式，由A端输入负脉冲为下降沿触发，若由B端输入正脉冲则为上升沿触发，其功能如表11-1所示。

表11-1　单稳态触发器74LS123的功能表

输入			输出		说明
$\overline{CR}$	A	B	Q	$\overline{Q}$	
0	×	×	0	1	稳态
×	×	0	0	1	
×	1	×	0	1	
1	0	↑	⊓	⊔	触发
↑	0	1	⊓	⊔	
1	↓	1	⊓	⊔	

输出脉冲宽度 t_W 由外接电阻 R_T 和电容 C_T 决定，当 $C_T > 1000PF$ 时，则

$$t_W = 0.45 R_T C_T$$

11.2.3　单稳态触发器应用实例

单稳态触发器广泛应用于脉冲波形的整形、定时、延时等场合。

（1）脉冲整形

实际的数字系统中，脉冲信号的来源不同。例如，信号在传输过程中如果受到外界干扰，会因干扰信号的叠加而变得不规则；从传感器等检测设备上输出的脉冲信号、数字测量得到的脉冲信号等，也会存在不规则的情况。

图11-9所示为电机转速测量系统中的光电转换电路。电机轴上装有一个带孔的圆盘，电机每转一圈，光电耦合器便产生一个脉冲，放大后经电容C耦合输出脉冲信号 u_{O1}。由于光照强弱等因素的影响，脉冲信号 u_{O1} 可能存在边沿不陡、幅度不等等不规则现象，这往往会影响后续计数的可靠性。因此，通常将脉冲信号 u_{O1} 经单稳态触发器整形后，再作为转速计数器的时钟脉冲。

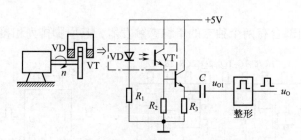

图11-9　电机转速测量系统中的光电转换电路

单稳态触发器能够把这种不规则的输入脉冲信号整形为幅度和宽度都相同的矩形脉冲信号，如图11-10所示，其输出信号幅度 U_m 仅由输出的高低电平决定，而脉冲宽度 t_W

只与定时元件电阻和电容的参数有关。

（2）定时控制

利用集成单稳态触发器的定时功能可构成定时控制电路。图11-11（a）所示电路主要由两片74LS123，即四个单稳态触发器级联构成，可实现四道工序的定时顺序控制及自动循环控制。

电路中，u_I 为启动信号，接第一个单稳态触发器的正脉冲触发端 B_1，当控制开关 S 合在位置1时，负脉冲触发端 A_1 接地。四个单稳态触发器中，用前一个单稳态触发器输出 Q 的下降沿触发后一个单稳态触发器，则四个单稳态触发器将输出顺序脉冲 $Q_1 \sim Q_4$，从而实现四道工序的定时顺序控制。每个单稳态触发器输出脉冲的宽度分别由各自的 R 和 C 决定。当控制开关 S 合在位置2时，第一个单稳态触发器的负脉冲触发端 A_1 接第四个单稳态触发器的输出脉冲 Q_4，从而实现四道工序的自动循环控制，其工作波形如图11-11（b）所示。

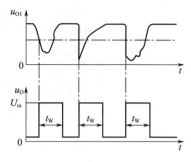

图11-10　单稳态触发器的整形作用

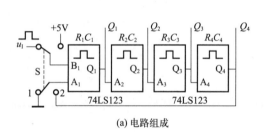

(a) 电路组成

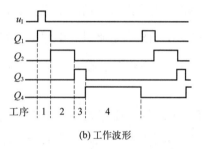

(b) 工作波形

图11-11　集成单稳态触发器构成的定时控制电路

11.3　识读555定时器及应用电路

555定时器是一种数字电路与模拟电路相结合的中规模集成电路，通过其外部电路的不同连接形式，可构成无稳态触发器、单稳态触发器和施密特触发器等脉冲产生与变换电路，成本低，性能可靠，广泛应用于仪器仪表、家用电器、电子测量及自动控制等方面。

11.3.1　识读555定时器

555定时器有TTL定时器CB555和CMOS定时器CC7555，两者的引脚编号和功能一致。下面以CB555为例介绍555定时器的电路组成及工作原理。

（1）CB555定时器的电路组成

CB555定时器的内部组成及引脚排列如图11-12所示。

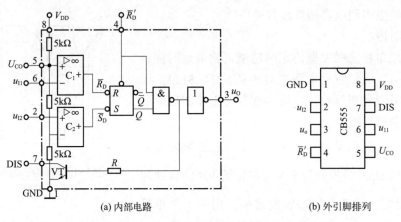

(a) 内部电路　　　　　　　　　(b) 外引脚排列

图11-12　CB555定时器的内部组成及引脚排列

CB555定时器内部含有两个电压比较器 C_1 和 C_2、三个 $5k\Omega$ 的等值串联电阻、一个基本 RS 触发器、一个与非门、一个非门和一个放电管 VT。各引脚功能如下：

1脚 GND 为接地端。

2脚 u_{I2} 为低电平触发端。

3脚 u_O 为输出端，输出电流可达200mA，可直接驱动继电器、发光二极管、扬声器、指示灯等。输出高电平时比电源电压 U_{CC} 低1~3V。

4脚 $\bar{R}_D'$ 为复位端。输入负脉冲或电位低于0.7V时，触发器直接复位（置0），不用时应接高电平。

5脚 U_{CO} 为电压控制端。外接电压可改变内部两个比较器的参考电压。不用时，经 $0.01\mu F$ 的电容接地，以防止引入干扰。

6脚 u_{I1} 为高电平触发端。

7脚 DIS 为放电端。该端与放电管集电极相连，当与非门的输出端为1时，放电晶体管 VT 导通，外接电容元件通过 VT 放电。

8脚 V_{DD} 为电源端，TTL型定时器的工作电压范围是5~16V，CMOS型定时器的工作电压范围是3~18V。

（2）CB555定时器的工作原理

电路内部含三个 $5k\Omega$ 的串联电阻，又可独立实现定时功能，且定时精度高，因此称为555定时器。

在1脚接地、5脚悬空时，8脚电源端接 $+U_{CC}$，经三个 $5k\Omega$ 的串联电阻可提供两个基准电压 $\frac{1}{3}U_{CC}$ 和 $\frac{2}{3}U_{CC}$。电压比较器 C_1 同相输入端的电压为 $\frac{2}{3}U_{CC}$，电压比较器 C_2 反相输入端的电压为 $\frac{1}{3}U_{CC}$。当低电平触发端的输入电压 u_{I2} 高于 $\frac{1}{3}U_{CC}$ 时，C_2 的输出为1；当输入电压低于 $\frac{1}{3}U_{CC}$ 时，C_2 的输出为0，在 $\bar{R}_D$ 为1的情况下，使基本 RS 触发器置1。当高电平触发

手把手教你快速
看懂电子电路图

端的输入电压 u_{I1} 低于 $\frac{2}{3}U_{CC}$ 时，C_1 的输出为1；当输入电压高于 $\frac{2}{3}U_{CC}$ 时，C_1 的输出为0，使基本 RS 触发器置0。基本 RS 触发器置0时，晶体管VT导通；置1时，晶体管VT截止。

CB555定时器的功能表如表11-2所示。

表11-2　CB555定时器的功能表

$\bar{R}'_D$	u_{I1}	u_{I2}	$\bar{R}_D$	$\bar{S}_D$	Q	u_O	VT
0	×	×	×	×	×	低电平电压（0）	导通
1	$>\frac{2}{3}U_{CC}$	$>\frac{1}{3}U_{CC}$	0	1	0	低电平电压（0）	导通
1	$<\frac{2}{3}U_{CC}$	$<\frac{1}{3}U_{CC}$	1	0	1	高电平电压（1）	截止
1	$<\frac{2}{3}U_{CC}$	$>\frac{1}{3}U_{CC}$	1	1	保持	保持	保持

11.3.2　由555定时器构成的无稳态触发器

（1）电路组成

由CB555定时器构成的多谐振荡器如图11-13（a）所示。

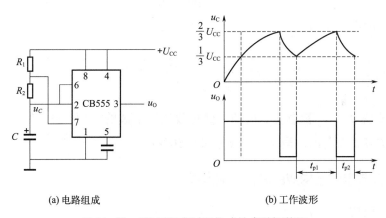

(a) 电路组成　　　　　　(b) 工作波形

图11-13　CB555定时器构成的多谐振荡器

（2）工作原理

接通电源 U_{CC} 后，经 R_1 和 R_2 对电容 C 进行充电，u_C 上升。当 $0<u_C<\frac{1}{3}U_{CC}$ 时，$\bar{S}_D=0$，$\bar{R}_D=1$，将触发器置1，u_O 输出高电平。当 $\frac{1}{3}U_{CC}<u_C<\frac{2}{3}U_{CC}$ 时，$\bar{S}_D=1$，$\bar{R}_D=1$，触发器状态保持不变，u_O 仍输出高电平。

当 u_C 上升到略高于 $\frac{2}{3}U_{CC}$ 时，比较器 C_1 的输出 $\bar{R}_D$ 为0，将触发器置0，u_O 输出低电平。这时放电管VT导通，电容 C 通过 R_2 和VT放电，u_C 下降。当 u_C 下降到略低于 $\frac{1}{3}U_{CC}$

时，比较器 C_2 的输出 $\overline{S}_D$ 为 0，将触发器置 1，u_O 又由低电平变为高电平。这时放电管 VT 截止，U_{CC} 又经 R_1 和 R_2 对电容 C 充电。如此重复上述过程，u_O 输出连续的矩形波，如图 11-13（b）所示。

第一个暂稳态的脉冲宽度 t_{p1}，即电容 C 充电的时间为

$$t_{p1} \approx (R_1 + R_2)C \ln 2 = 0.7(R_1 + R_2)C$$

第二个暂稳态的脉冲宽度 t_{p2}，即电容 C 放电的时间为

$$t_{p2} \approx R_2 C \ln 2 = 0.7 R_2 C$$

振荡周期为

$$T = t_{p1} + t_{p2} \approx 0.7(R_1 + 2R_2)C$$

振荡频率为

$$f = \frac{1}{T} = \frac{1.43}{(R_1 + 2R_2)C}$$

输出波形的占空比为

$$D = \frac{t_{p1}}{t_{p1} + t_{p2}} = \frac{R_1 + R_2}{R_1 + 2R_2}$$

因此，改变 R_1、R_2 和电容 C 的值，便可改变矩形波的周期、频率和占空比。由 555 定时器组成的多谐振荡器，最高工作频率可达 500kHz。

11.3.3　由 555 定时器构成的单稳态触发器

（1）电路组成

由 CB555 定时器构成的单稳态触发器如图 11-14（a）所示。

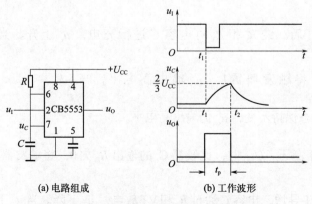

(a) 电路组成　　　　(b) 工作波形

图 11-14　CB555 定时器构成的单稳态触发器

（2）工作原理

单稳态触发器的工作波形如图11-14（b）所示，其工作过程分为以下三个阶段。

① 稳态（$0 \sim t_1$） 没有输入负跃变的触发信号时，u_1为高电平，且大于$\frac{1}{3}U_{CC}$，比较器C_2的输出$\overline{S}_D = 1$。

比较器C_1的输出$\overline{R}_D$的状态分为以下两种情况：a.若基本RS触发器的原状态$Q = 0$，则$\overline{Q} = 1$，晶体管VT饱和导通，u_C为低电平，即6脚为低电平，$\overline{R}_D = 1$，此情况下触发器保持0态不变；b.若基本RS触发器的原状态$Q = 1$，则$\overline{Q} = 0$，晶体管VT截止，U_{CC}通过电阻R对电容C充电，当u_C上升到高于$\frac{2}{3}U_{CC}$时，$\overline{R}_D = 0$，触发器由1态翻转为0态。

综合以上情况，当无触发负脉冲时，触发器稳定在0态，即555定时器的输出u_O为低电平。

② 暂稳态（$t_1 \sim t_2$） 在t_1时刻，2脚输入触发负脉冲，它低于$\frac{1}{3}U_{CC}$，$\overline{S}_D = 0$，触发器置1，555定时器的输出u_O由低电平跳变为高电平，电路进入暂稳态。这时放电管VT截止，U_{CC}又对电容C充电。在t_2时刻，u_C上升到高于$\frac{2}{3}U_{CC}$，$\overline{R}_D = 0$，触发器由1态自动翻转为0态。

③ 恢复稳态（t_2后） t_2时刻之后电容C迅速放电，使$u_C < \frac{2}{3}U_{CC}$，而触发负脉冲已恢复高电平，即$u_1 > \frac{1}{3}U_{CC}$，于是$\overline{S}_D = 1$、$\overline{R}_D = 1$，触发器保持0态不变，输出u_O也为低电平。

单稳态触发器输出脉冲宽度t_w为电容C由0V充到$\frac{2}{3}U_{CC}$所需的时间

$$t_w = RC\ln 3 \approx 1.1RC$$

即暂稳态的持续时间由充电电路的时间常数决定，可通过调节R、C改变输出脉冲的宽度。

11.3.4　由555定时器构成的施密特触发器

施密特触发器的主要特点是：①电路状态转换时对应的输入电平不唯一，即在输入信号从低电平上升和从高电平下降两种情况下不同；②在电路状态转换时，通过电路内部的正反馈过程使输出电压波形的边沿变得很陡。基于以上特点，施密特触发器常用于脉冲波形的变换。

（1）电路组成

将555定时器的2脚低电平触发端和6脚高电平触发端连接在一起，作为信号输入端

u_I，并从 3 脚取出输出信号 u_O，便组成了施密特触发器，如图 11-15 所示。

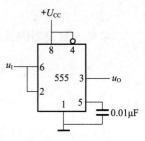

（2）工作原理

在施密特触发器中，由于 555 定时器内部两个电压比较器的参考电压不同，必然使基本 RS 触发器的 $\bar{R}_D$ 和 $\bar{S}_D$ 低电平有效发生在输入信号 u_I 的不同值，这也使输出 u_O 状态跳变时对应的 u_I 不相同，具体工作过程分析如下。

图 11-15　CB555 定时器
构成的施密特触发器

① u_I 从 0 逐渐升高　当 $u_I < \dfrac{1}{3}U_{CC}$ 时，比较器 C_1 的输出 $\bar{R}_D = 1$，比较器 C_2 的输出 $\bar{S}_D = 0$，触发器置 1，555 定时器的输出 u_O 为高电平。当 $\dfrac{1}{3}U_{CC} < u_I < \dfrac{2}{3}U_{CC}$ 时，$\bar{R}_D = 1$，$\bar{S}_D = 1$，触发器状态保持不变，u_O 保持高电平。当 $u_I > \dfrac{2}{3}U_{CC}$ 时，$\bar{R}_D = 0$，$\bar{S}_D = 1$，触发器由 1 态跳变为 0 态，u_O 由高电平跳变为低电平。

因此，u_I 从 0 逐渐升高过程的阈值电压 $u_{T+} = \dfrac{2}{3}U_{CC}$。

② u_I 从高于 $\dfrac{2}{3}U_{CC}$ 逐渐下降　当 u_I 从高于 $\dfrac{2}{3}U_{CC}$ 逐渐下降至 $\dfrac{1}{3}U_{CC} < u_I < \dfrac{2}{3}U_{CC}$ 时，$\bar{R}_D = 1$，$\bar{S}_D = 1$，触发器状态保持不变，u_O 保持低电平。当 $u_I < \dfrac{1}{3}U_{CC}$ 时，$\bar{R}_D = 1$，$\bar{S}_D = 0$，触发器由 0 态跳变为 1 态，u_O 由低电平跳变为高电平。

因此，u_I 从高于 $\dfrac{2}{3}U_{CC}$ 逐渐下降过程的阈值电压 $u_{T-} = \dfrac{1}{3}U_{CC}$。

由上述分析可知，施密特触发器的回差电压为

$$\Delta u_T = u_{T+} - u_{T-} = \frac{1}{3}U_{CC}$$

如果输入 u_I 为三角波，电路的工作波形和施密特触发器的电压传输特性如图 11-16 所示。

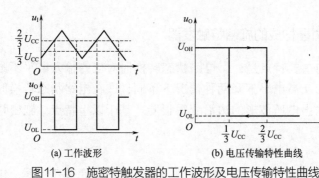

(a) 工作波形　　(b) 电压传输特性曲线

图 11-16　施密特触发器的工作波形及电压传输特性曲线

手把手教你快速
看懂电子电路图

施密特触发器的参考电压还可以由5脚电压控制端 U_{CO} 外接电压给出，这时 $u_{T+} = U_{CO}$，$u_{T-} = \frac{1}{2}U_{CO}$，回差电压 $\Delta u_T = \frac{1}{2}U_{CO}$。通过调节电压控制端 U_{CO} 外接电压即可改变施密特触发器的回差电压。U_{CO} 越大，Δu_T 也越大，电路的抗干扰能力也越强。

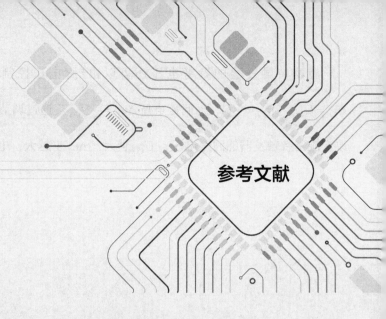

参考文献

[1] 秦曾煌.电工学（下册）电子技术.7版.北京：高等教育出版社,2009.

[2] 杨志忠,卫桦林.数字电子技术.2版.北京：高等教育出版社,2009.

[3] 康华光.电子技术基础数字部分.6版.北京：高等教育出版社,2014.

[4] 康华光.电子技术基础模拟部分.6版.北京：高等教育出版社,2013.

[5] 张兴,黄海宏.电力电子技术.3版.北京：科学出版社,2023.

[6] 李宏,王崇武.现代电力电子技术基础.北京：机械工业出版社,2018.

[7] 黄俊,王兆安.电力电子变流技术.北京：机械工业出版社,1993.

[8] 门宏.怎样识读电子电路图.2版.北京：人民邮电出版社,2018.

[9] 陈海波,等.电子电路识图技能一点通.北京：机械工业出版社,2009.

[10] 蔡杏山.零起步轻松学电子电路.北京：人民邮电出版社,2010.

[11] 胡斌.电子电路识图入门突破.北京：人民邮电出版社,2008.

[12] 蔡杏山.学电子电路超简单.北京：机械工业出版社,2013.

[13] 杨贵恒,王秋虹,等.现代电源技术手册.北京：化学工业出版社,2013.

[14] 刘春辛.电子电路基础、识图、检测与应用.北京：化学工业出版社,2022.

[15] 王煜东.传感器应用电路400例.北京：中国电力出版社,2008.

[16] 赵广林.电路图识读一读通.北京：电子工业出版社,2013.